高等院校应用型本科"十三五"规划教材·基础课类

计算机应用基础

JISUANJI YINGYONG JICHU

▶ **主　编**　杨志峰　汪　海　高　望

▶ **副主编**　李雅琴　何万峰　孔乐迪　潘　玥

華中科技大學出版社

http://www.hustp.com

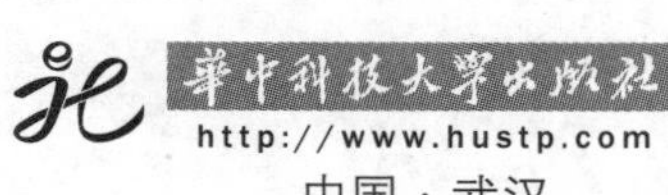

中国·武汉

图书在版编目(CIP)数据

计算机应用基础/杨志峰,汪海,高望主编. —武汉:华中科技大学出版社,2014.12
ISBN 978-7-5609-9831-2

Ⅰ.①计… Ⅱ.①杨… ②汪… ③高… Ⅲ.①电子计算机-高等学校-教材 Ⅳ.①TP3

中国版本图书馆 CIP 数据核字(2014)第 301124 号

计算机应用基础 杨志峰 汪 海 高 望 主编

策划编辑:曾 光
责任编辑:张 琼
封面设计:龙文装帧
责任校对:刘 竣
责任监印:张正林
出版发行:华中科技大学出版社(中国·武汉)
武昌喻家山 邮编:430074 电话:(027)81321915
录 排:华中科技大学惠友文印中心
印 刷:武汉华工鑫宏印务有限公司
开 本:787mm×1092mm 1/16
印 张:15.75
字 数:378 千字
版 次:2017 年 10 月第 1 版第 4 次印刷
定 价:35.00 元

前　言

进入 21 世纪，随着信息技术的飞速发展，计算机应用已经渗透到社会经济发展的各个领域，科技的进步和技术创新对计算机应用的依赖性越来越强。时代的发展对大学生的计算机应用能力提出了更高的要求和标准，强化计算机应用能力的培养已成为各高等院校的共识。高等院校的计算机教育，特别是广大非计算机专业的计算机应用基础教育，在很大程度上决定着未来社会人们应用计算机的水平和掌握信息化技术的程度。高等院校的计算机基础教育应该以培养学生的计算机素质和计算机应用能力为目标，把体现计算机发展、具有时代特征的内容反映到课程教学中来，让学生掌握计算机的新知识和新技术，培养学生利用计算机解决实际问题的能力。

本教材的编写就是基于以上指导思想，全书从“应用”的角度出发，在注重读者的计算机应用技能的培养的同时，兼顾对计算机基本理论和基础知识的介绍。全书主要包括计算机基础知识、Windows 操作系统、Office 办公软件和计算机网络应用基础四个部分的内容。通过本书的学习，读者能够熟悉计算机的发展历史，了解计算机的组成和软、硬件的相关知识，熟练掌握视窗操作系统的安装、备份和还原，了解计算机网络的组成和互联网的使用；能够熟练使用 Word 2003 进行文档的编写与排版，熟练使用 Excel 2003 进行电子表格的制作，熟练使用 PowerPoint 2003 制作演示文稿。理论与实践相结合，同时穿插各种应用实例，培养读者的计算机应用能力。

本书在编写的过程中，力求语言简洁规范、概念清楚、内容通俗易懂。本书适合作为各类高等院校和成人教育各专业的计算机应用基础教材，也适合企、事业单位有关人员及计算机爱好者学习参考。

由于编者水平有限，书中难免有不足之处，我们衷心地希望得到广大读者及专家的批评指正。

编　者

2014 年 12 月

目　　录

第1章 计算机基础知识

计算机是一种神奇的发明，从对人类生活的改变的广泛性和深刻性来说，基本上没有其他发明能与之相媲美了。在20世纪四五十年代，人们认为用自动取款机是荒谬的，因为最小的计算机也有一间房子那么大。而我们看看现在，计算机无处不在，人类的生活已经离不开计算机。

1.1 计算机概述

1.1.1 计算机的发展历程

第二次世界大战结束后，美国军方开始大力发展新式武器。在新式武器的研制中，弹道问题的研究要经过许多复杂的计算过程。这时，依靠以前的计算工具已远远不能满足要求，急需一种能够自动、快速完成计算过程的机器。基于这种背景，1946年美国的宾夕法尼亚大学莫奇利(J. W. Mauchly)和埃克特(J. P. Eckert)主持研制了世界上第一台电子计算机ENIAC，其名字的意思是“电子数值积分和计算机”。ENIAC用了18 000多个电子管，占地170 m^2，总重量为30 t，每秒钟可做5 000次加法运算。

ENIAC实现了程序控制并采用电子线路来完成运算和存储信息。但是，ENIAC所谓的程序控制其实是对线路的连接方式进行改变，以达到控制的目的，所以经常是为了计算一个题目，需要花费很长的时间(数小时或者几天)才能完成线路的连接，而实际计算的过程却很短，只需几秒钟或数分钟就完成了，因此计算机还有巨大的潜能可供挖掘。

1. 第一代计算机(1946年至20世纪50年代末，电子管计算机时代)

从硬件方面来看，第一代计算机基本上都采用了电子管作为计算机的基本元器件，普遍体积庞大、笨重、耗电量大、可靠性差、计算速度慢、维护困难；从软件方面来看，第一代计算机主要都是采用机器语言来进行程序编辑的(20世纪50年代中期开始逐渐使用汇编语言)。这一代计算机主要服务于军事和科学研究，其中具有代表意义的机器有ENIAC、EDVAC、EDSAC、UNIVAC等，我国的典型机种有“103”“104”等。

2. 第二代计算机(1958年至1964年，晶体管计算机时代)

第二代计算机的电子元器件使用的是半导体晶体管，技术的革新使计算速度和可靠性都有了大幅度提高。汇编语言已经普及，在此基础上，逐渐开始使用计算机高级语言(如FORTRAN语言、COBEL语言等)。随着计算机成本的降低，计算机的应用范围开始扩大，由军事、科学领域扩展到数据和事务处理。在这一时期，具有代表意义的机器有IBM 7000系列计算机等。

3. 第三代计算机(1964年至1972年，集成电路计算机时代)

在这一时期，计算机开始逐渐普及，主要采用的是集成电路。由于电子器件的微小化使得计算机体积变小，运算速度变快，价格却更加便宜；在存储容量和存取速度上也有了大幅度的提高，增加了系统的处理能力；系统软件也有了巨大的发展，出现了分时操作系统；在程序设计上采用了结构化的程序设计，简化了软件的开发。在这一时期，具有代表意义的机器有国外的IBM-360，我国的“655”“709”等。

4. 第四代计算机(1972年至今，大规模、超大规模集成电路计算机时代)

第四代计算机使用大规模、超大规模集成电路的电子元器件。在软件方面，操作系统、数据库系统得到飞速发展，软件行业发展成为现代新兴的热门行业。这一代计算机使用了大规模、超大规模集成电路，使得微型计算机异军突起，遍及全球。计算机开始普及，应用领域扩大到了社会的每一个角落。这一代计算机体积越来越小，功能越来越好，造价越来越低，使计算机应用走进了人类的生活之中。典型机种有国外的IBM-307，我国的“银河”“152”等。

1.1.2 计算机的发展趋势

计算机应用的广泛和深入，又向计算机技术本身提出了更高的要求。当前，计算机的发展表现为四种趋向：巨型化、微型化、网络化和智能化。

1. 巨型化

巨型化是指发展高速度、大存储量和强功能的巨型计算机。这是诸如天文、气象、地质、核反应堆等尖端科学的需要，也是记忆巨量的知识信息，以及使计算机具有类似人脑的学习和复杂推理的功能所必需的。巨型机的发展集中体现了计算机科学技术的发展水平。

2. 微型化

微型化就是进一步提高集成度，利用高性能的超大规模集成电路研制质量更加可靠、性能更加优良、价格更加低廉、整机更加小巧的微型计算机。

3. 网络化

网络化就是把各自独立的计算机用通信线路连接起来，形成各计算机用户之间可以相互通信并能使用公共资源的网络系统。网络化能够充分利用计算机的宝贵资源并扩大计算机的使用范围，为用户提供方便、及时、可靠、广泛、灵活的信息服务。

4. 智能化

智能化就是计算机具有模拟人的感觉和思维过程的能力。智能计算机具有解决问题和逻辑推理的功能，具有知识处理和知识库管理的功能等。人与计算机的联系是通过智能接口，用文字、声音、图像等与计算机进行自然对话的。目前，已研制出各种“机器人”，有的能代替人劳动，有的能与人下棋等。智能化使计算机突破了“计算”这一初级的含意，从本质上扩充了计算机的能力，可以越来越多地代替人类脑力劳动。

1.1.3 计算机的分类

计算机发展至今,已经琳琅满目、种类繁多。计算机分类的标准不是一成不变的,只能针对某一时期进行分类。

人们通常用“分代”来表示计算机在历史中的发展状况,而用“分类”来表示计算机在某一代的地域上的发展、分布及使用情况。在我国,以前通常将计算机分成巨、大、中、小、微五类。目前国内外多数书刊基本采用国际通用的分类方法,这是根据美国电气和电子工程师协会(IEEE)1989 年所提出的标准进行划分的,即把计算机分成巨型机、小巨型机、大型主机、小型机、工作站和个人计算机等六大类。

1. 巨型机

巨型机也称为超级计算机,具有强大的运算与处理数据的能力,主要特点表现为速度快和容量大,配有多种丰富的外围设备及完善的软件支持。

巨型机就是一个巨大的计算机的系统,它担负起国家重要的科学研究、国防开发以及国民经济方面的大型计算课题和数据处理等相关工作。例如,使用巨型机进行大范围天气预报,处理卫星照片,原子核物质的探索,洲际导弹、宇宙飞船等的研发。就目前来说,巨型机的研发水平、生产及其应用领域的程度和深度,已成为衡量一个国家经济实力及科技水平的重要标志。

2. 小巨型机

小巨型机也称为小型超级计算机或桌上型超级计算机,是 20 世纪 80 年代出现的新机种。其在技术原理上采用多个高性能的微处理器组成并行多处理器系统,使巨型机小型化。

3. 大型主机

大型主机又被称作大型计算机,在国内通常被称为大、中型机。其特点是大型、通用,内存可达 1 GB 以上,具有强大的信息处理能力。大型主机主要被银行、大型公司、高校和科研单位选用。在网络化的现在,大型主机发展的空间还是很大的。

4. 小型机

小型机结构简单,可靠性高,相比较而言成本较低,使用者不需要经过长期培训即可进行维护和使用,较适合广大中、小用户选用。

5. 工作站

工作站是性能介于个人计算机和小型机之间的一种高档微型计算机。其由于运算速度快,用于独特的领域,如图像处理、计算机辅助设计等方面。工作站与网络系统中的“工作站”,在用词上相同,但是含义不同。网络系统中的“工作站”泛指联网用户的结点,以区别于网络服务器。

6. 个人计算机

个人计算机也就是我们通常说的电脑,一般称呼就是 PC 机。它始现于 20 世纪 70 年代中期,其以设计先进、性能优良、软件品种丰富、功能齐全、价格便宜等优势获得广大用户的认可,从而快速地推动了计算机的普及应用。到目前为止,PC 机已经成为生活中的一件日常家电用品了,除了台式的,还有一体机、笔记本、平板型、手表型等。

1.1.4 计算机的应用

1. 计算机的主要特点

计算机主要有以下几个方面的特点。

1)运算速度快

计算机的CPU采用超大规模集成电路,其运算速度远非其他计算工具所能比拟,而且,其运算速度还以每隔几年提高一个数量级的水平不断加快。

2)存储容量大

存储器不但能够存储大量的信息,而且能够快速准确地写入或读出这些信息。计算机的应用使得从浩如烟海的文献、资料、数据中查找信息并且处理这些信息成为容易的事情。例如,一台普通PC机就可以把一个大型图书馆内的所有文献资料保存起来,并且能够实现快速查找。

3)具有逻辑判断能力

计算机能够根据各种条件来进行判断和分析,从而决定以后的执行方法和步骤。还能够对文字、符号、数字的大小、异同等进行判断和比较,从而决定怎样处理这些信息。计算机被称为“电脑”,便是源于这一特点。

4)高度自动化

计算机内部的操作运算是根据人们预先编制的程序自动控制执行的。只要把包含一连串指令的处理程序输入计算机,计算机便会依次取出指令,逐条执行,完成各种规定的操作,直到得出结果为止。

另外,计算机还具有运算精度高、工作可靠等优点。

2. 计算机的应用

正是由于具备这些优点,计算机的应用才十分广泛。计算机的应用根据工作方式的不同大致可以分为以下几个方面。

1)数值计算

在科学研究和工程设计中,存在着大量烦琐、复杂的数值计算问题,穷尽几代人的精力也无法得到最终的结果,因此人们发明了计算机。数值计算是计算机的第一个应用领域,高速度、高精度地解算复杂的数学问题正是电子计算机的专长,时至今日,它仍然是计算机应用的一个重要领域。

2)数据处理

数据处理又叫作非数值计算,就是利用计算机来加工、管理和操作各种形式的数据资料。与数值计算不同的是,数据处理着眼于对大量的数据进行综合和分析处理,一般不涉及复杂的数学问题,只是要求处理的数据量极大而且经常要求在短时间内处理完毕。例如,企业管理、物资管理、报表统计、账目计算、信息情报检索等。

近年来出现的管理信息系统(MIS)、制造资源规划软件(MRP)、电子信息交换系统(EDI)等,都属于数据处理领域。

3)实时控制

实时控制也叫作过程控制,就是用计算机对工业生产过程中的某些信号自动进行检测，并把检测到的数据存入计算机，再根据需要对这些数据进行处理。实时控制不仅可以提高生产自动化水平，同时也能提高产品的质量、降低成本、减轻劳动强度、提高生产效率。例如，仪器仪表引进计算机技术后所构成的智能化仪器仪表，将工业自动化推向了一个更高的水平。实时控制广泛应用于化工、电子、钢铁、石油、火箭和航天等领域。

4)计算机辅助系统

计算机辅助系统包括计算机辅助设计(CAD)、计算机辅助制造(CAM)、计算机辅助测试(CAT)和计算机辅助教学(CAI)等。

计算机辅助设计是指利用计算机来帮助设计人员进行工程设计，以提高设计工作的自动化程度，节省人力和物力。目前，这种技术已广泛地应用于机械、船舶、飞机和大规模集成电路版图等方面的设计。利用 CAD 技术可以提高设计质量，缩短设计周期，提高设计自动化水平。例如，计算机辅助制图系统提供了一些最基本的作图元素和命令，在这个基础上可以开发出适合不同部门应用的图库。

计算机辅助制造是指利用计算机进行生产设备的管理、控制与操作，从而提高产品质量、降低生产成本、缩短生产周期，大大改善制造人员的工作条件。

计算机辅助测试是指利用计算机进行复杂而大量的测试工作。

计算机辅助教学是指利用计算机帮助教师讲授和帮助学生学习的自动化系统，使学生能够轻松自如地从中学到所需要的知识。

5)模式识别与智能系统

模式识别与智能系统是一种计算机在模拟人的智能方面的应用。例如，根据频谱分析的原理，利用计算机对人的声音进行分解、合成，使机器能辨识各种语音，或合成并发出类似人的声音。又如，利用计算机来识别各类图像，甚至人的指纹等。

综上所述，计算机可以自动高效地处理输入的各类信息，如数值、文字、图像、语音等，然后输出结果。

早期的计算机由于受自身性能等各方面条件的限制，其应用领域比较单一，主要集中在数值计算方面。随着业务需求和计算机技术的进步，计算机已经渗透到社会的各个领域，并且朝着综合性应用的方向发展。例如，一个大型企业的信息管理系统，可以包括多个子系统，如销售管理系统、生产管理系统、财务管理系统、人事管理系统、工程设计系统等，有些子系统主要是用来进行数据处理的，有些主要是用来进行自动控制的，有些既有复杂的数值计算功能，又有强大的数据处理能力。

1.2　数据在计算机内的表示

二进制是一种非常古老的进位制，在现代被用于电子计算机中，旧貌换新颜，所以身价倍增。在现实生活和计数器中，如果表示数的“器件”只有两种状态，如电灯的“亮”与“灭”，开关的“开”与“关”。一种状态表示数码 0，另一种状态表示数码 1，1 加 1 应该等于 2，因为没有数码 2，只能向上一个数位进一，就是采用“满二进一”的原则，这和十进制采用“满十进一”的原则完全相同。

在计算机内部，所有的数据都是以二进制表示的。二进制数据应该是最简单的数字系统了，二进制中只有两个数字符号——0 和 1。“bit”这个词被创造出来表示“binary digit”(二进制数字),它常被译为“比特”。当然,bit有其通常的意义:“一小部分,程度很低或数量很少”。这个意义用来表示比特是非常精确的,因为1比特——一个二进制位,确确实实是一个非常小的量。

那么,为什么如此简单的二进制系统能够表示出客观世界中那么丰富多彩的信息呢?这就需要对信息进行各种方式的编码。

让我们先从一个例子讲起。1775年4月18日,美国革命前夕,麻省的民兵正计划抵抗英军的进攻,派出的侦察员需要将英军的进攻路线传回。作为信号,侦察员会在教堂的塔上点一个或两个灯笼。一个灯笼意味着英军从陆地进攻,两个灯笼意味着英军从海上进攻。但如果一部分英军从陆地进攻,而另一部分英军从海上进攻的话,是否要使用第三只灯笼呢?聪明的侦察员很快就找到了好的办法。每一个灯笼都代表一个比特,点亮的灯笼表示比特值为1,未点亮的灯笼表示比特值为0,因此一个灯笼就能表示出两种不同的状态,两个灯笼就可以表示出如下四种状态:

00=英军不进攻

01=英军从海上进攻

10=英军从陆地进攻

11=英军一部分从海上进攻,另一部分从陆地进攻

这里最本质的概念是信息可能代表两种或多种可能性的一种。例如,当你和别人谈话时,说的每个字都是字典中所有字中的一个。如果给字典中所有的字从1开始编号,我们就可能精确地使用数字进行交谈,而不使用单词。(当然,对话的两个人都需要一本已经给每个字编过号的字典以及足够的耐心。)换句话说,任何可以转换成两种或多种可能的信息都可以用比特来表示。使用比特来表示信息的一个额外好处是我们清楚地知道我们解释了所有的可能性。只要谈到比特,通常是指特定数目的比特位。拥有的比特位数越多,可以传递的不同可能性就越多。只要比特的位数足够多,就可以代表单词、图片、声音、数字等多种信息形式。最基本的原则是:比特是数字,当用比特表示信息时,只要将可能情况的数目数清楚就可以了,这样就决定了需要多少个比特位,从而使得各种可能的情况都能分配到一个编号。

在计算机科学中,信息表示(编码)的原则就是用到的数据要尽量少,如果信息能有效地进行表示,就能把它们存储在一个较小的空间内,并实现快速传输。

1.2.1 计数制的基本概念

按进位的原则进行计数的方法称为进位计数制。

在采用进位计数的数字系统中,如果用r个基本符号(例如0,1,2,…,$r-1$)表示数值,则称其为基r数制,r称为该数制的基。如日常生活中常用的十进制数,就是$r=10$,即基本符号为0,1,2,…,9。如取$r=2$,即基本符号为0、1,则为二进制数。

对于不同的数制,它们有如下共同特点。

(1)每一种数制都有固定的符号集:如十进制数制,其符号有10个,即0,1,2,…,9;二进制数制,其符号有两个,即0和1。

(2)都用位置表示法:处于不同位置的数符所代表的值不同,与所在位置的权值有关。

例如:十进制可表示为:

$$5555.555=5\times10^3+5\times10^2+5\times10+5\times10^0+5\times10^{-1}+5\times10^{-2}+5\times10^{-3}$$

可以看出，各种进位计数制中的权的值恰好是基数的某次幂。因此，对任何一种进位计数制表示的数都可以写出按其权展开的多项式之和，任意一个 r 进制数 N 可表示为：

$$N=d_{m-1}r^{m-1}+d_{m-2}r^{m-2}+\cdots+d_1r+d_0r^0+d_{-1}r^{-1}+d_{-2}r^{-2}+\cdots+d_{k-1}r^{k-1}+d_kr^k$$

式中：$d_i(i=m-1,m-2,\cdots,1,0,\cdots,k-1,k)$ 为该数制采用的基本数符；$r^i(i=m-1,m-2,\cdots,1,0,\cdots,k-1,k)$ 是位权（权）；r 是基数，表示不同的进制数；m 为整数部分的位数；k 为小数部分的位数。

在十进位计数制中，是根据“逢十进一”的原则进行计数的。一般，在基数为 r 的进位计数制中，是根据“逢 r 进一”的原则进行计数的。

在计算机中，常用的是二进制、八进制和十六进制，如表 1-1 所示。其中，二进制用得最为广泛。

表 1-1　计算机中常用的几种进制数的表示

进位制	二进制	八进制	十进制	十六进制
规则	逢二进一	逢八进一	逢十进一	逢十六进一
基数	$r=2$	$r=8$	$r=10$	$r=16$
符号	0,1	0,1,…,7	0,1,…,9	0,1,…,9,A,…,F
位权	2^i	8^i	10^i	16^i
表示形式	B	O	D	H

1. 十进制数

十进制数的主要特点是：

● 有十个数码，即 0～9；

● 进位方式为逢十进一，或者说其基数是 10。

例如，有一个数为 394.01，每位上的数码都表示不同的含义：个位上的 4 表示 $4\times1=4\times10^0$，十位上的 9 表示 $9\times10=9\times10^1$，百位上的 3 表示 $3\times100=3\times10^2$，小数位上的 0 和 1 分别表示 0×10^{-1} 和 1×10^{-2}，因此，该数可以写成：

$$394.01=3\times10^2+9\times10^1+4\times10^0+0\times10^{-1}+1\times10^{-2}$$

2. 二进制数

二进制数的主要特点为：

● 有两个数码，即 0 和 1；

● 进位方式为逢二进一，基数是 2，数位 k 上的权是 2^k。

例如，下面是两个二进制数：

$$(1101)_2=1\times2^3+1\times2^2+0\times2^1+1\times2^0$$
$$=8+4+0+1$$
$$=13$$

$$(1011.11)_2=1\times2^3+0\times2^2+1\times2^1+1\times2^0+1\times2^{-1}+1\times2^{-2}$$
$$=8+2+1+0.5+0.25$$
$$=11.75$$

在书写时，为了区分不同的进制数，通常用加下标的方法表示，如$(11011)_2$、$(101.1)_2$、$(13.73)_{10}$等。如果不使用下标，通常指该数是十进制的。

3. 八进制数

八进制数的主要特点为：

● 有八个数码，即 0～7；

● 进位方式为逢八进一，基数是 8，数位 k 上的权是 8^k。

例如，把八进制数 4321 按位权展开。

$(4321)_8=4\times 8^3+3\times 8^2+2\times 8^1+1\times 8^0$

4. 十六进制数

十六进制数的主要特点为：

● 有十六个数码，即 0～9 及 A、B、C、D、E、F；

● 进位方式为逢十六进一，基数是 16，数位 k 上的权是 16^k。

例如，把八进制数 4321 按位权展开。

$(A4321)_{16}=A\times 16^4+4\times 16^3+3\times 16^2+2\times 16^1+1\times 16^0$

1.2.2 二-十进制转换

在计算机中，为了适应人们的习惯，常采用十进制数方式对数值进行输入和输出。这样在计算机中就要将十进制数转换为二进制数，即用 0 和 1 的不同组合来表示十进制数。将十进制数转换为二进制数的方法很多，但是不管采用哪种方法编码，统称为二-十进制编码，即 BCD 码。

1. 二进制数转换成十进制数

由二进制数转换成十进制数的基本做法是，把二进制数首先写成加权系数展开式，然后按十进制加法规则求和。这种做法称为按权相加法。

例：

$$
\begin{aligned}
(1011.01)_2 &=(1\times 2^3+0\times 2^2+1\times 2^1+1\times 2^0+0\times 2^{-1}+1\times 2^{-2})_{10}\\
&=(8+0+2+1+0+0.25)_{10}\\
&=(11.25)_{10}
\end{aligned}
$$

2. 十进制数转换为二进制数

十进制数转换为二进制数时，由于整数和小数的转换方法不同，所以先将十进制数的整数部分和小数部分分别转换后，再加以合并。

1）十进制整数转换为二进制整数

十进制整数转换为二进制整数采用“除 2 取余，逆序排列”法。具体做法是：用 2 去除十进制整数，可以得到一个商和余数；再用 2 去除商，又会得到一个商和余数，如此进行，直到商为零为止，然后把先得到的余数作为二进制数的低位有效位，后得到的余数作为二进制数的高位有效位，依次排列起来。

例：$(89)_{10}=(1011001)_2$

2|89

2|44……1

2|22……0

2|11……0

2|5……1

2|2……1

2|1……0

0……1

2)十进制小数转换为二进制小数

十进制小数转换成二进制小数采用“乘 2 取整,顺序排列”法。具体做法是:用 2 乘十进制小数,可以得到积,将积的整数部分取出,再用 2 乘余下的小数部分,又得到一个积,再将积的整数部分取出,如此进行,直到积中的小数部分为零,或者达到所要求的精度为止;然后把取出的整数部分按顺序排列起来,先取的整数作为二进制小数的高位有效位,后取的整数作为低位有效位。

例:$(0.625)_{10}=(0.101)_2$

0.625
× 2
———
1.25……1
× 2
———
0.5……0
× 2
———
1.0……1

在二-十进制编码中最常用的一种是 8421 编码。它采用 4 位二进制编码表示 1 位十进制数,其中 4 位二进制数中由高位到低位的每一位权值分别是 2^3、2^2、2^1、2^0,即 8、4、2、1。BCD 码在形式上是 0 和 1 组成的二进制形式,而实际上它表示的是十进制数,只不过是每位十进制数用 4 位二进制编码表示,运算规则和数制都是十进制。

例如,十进制数字 2、3、4、5 的 8421 编码如表 1-2 所示。

表 1-2　8421 编码举例

十进制数字	二-十进制编码(8421 编码)	位　权
2	0010	2^3 2^2 2^1 2^0
3	0011	2^3 2^2 2^1 2^0
4	0100	2^3 2^2 2^1 2^0
5	0101	2^3 2^2 2^1 2^0

例如,$(0111\ 1000\ 0110\ 0100.0101\ 1001)_{BCD}$它所对应的十进制数是 7864.59。

BCD 码比较直观,只要熟悉了 BCD 的十位编码,可以很容易地实现十进制与 BCD 码之间的转换。BCD 码与二进制之间的转换不是直接进行的,要通过十进制实现转换,即

BCD码先转换成十进制，然后再转换成二进制；反之亦然。

1.2.3 字符编码

微机和小型计算机中普遍采用ASCII码(American standard code for information interchange，美国信息交换标准代码)表示字符数据，该编码被ISO(国际化标准组织)采纳，作为国际上通用的信息交换代码。

ASCII码由7位二进制数组成，由于$2^7=128$，所以能够表示128个字符数据。参照表1-3所示的ASCII编码表，我们可以看出ASCII码具有以下特点。

(1)表1-3中前32个字符和最后一个字符为控制字符，在通信中起控制作用。

(2)10个数字字符和26个英文字母由小到大排列，且数字在前，大写字母次之，小写字母在最后，这一特点可用于字符数据的大小比较。

(3)数字0～9由小到大排列，ASCII码分别为48～57，ASCII码与数值恰好相差48。

(4)在英文字母中，A的ASCII码值为65，a的ASCII码值为97，且由小到大依次排列。因此，只要知道了A和a的ASCII码，也就知道了其他字母的ASCII码。

表1-3 ASCII编码表

ASCII码	控制符号	ASCII码	字符符号	ASCII码	字符符号	ASCII码	字符符号
0	NUL(空白)	32	空格	64	@	96	`
1	SOH(序始)	33	!	65	A	97	a
2	STX(文始)	34	“	66	B	98	b
3	ETX(文终)	35	#	67	C	99	c
4	EOT(送毕)	36	$	68	D	100	d
5	ENQ(询问)	37	%	69	E	101	e
6	ACK(应答)	38	&	70	F	102	f
7	BEL(告答)	39	‘	71	G	103	g
8	BS(退格)	40	(	72	H	104	h
9	HT(横表)	41	)	73	I	105	i
10	LF(换行)	42	*	74	J	106	j
11	VT(纵表)	43	+	75	K	107	k
12	FF(换页)	44	•	76	L	108	l
13	CR(回车)	45	-	77	M	109	m
14	SO(移出)	46	.	78	N	110	n
15	SI(移入)	47	/	79	O	111	o
16	DLE(转义)	48	0	80	P	112	p
17	DC1(设控1)	49	1	81	Q	113	q
18	DC2(设控2)	50	2	82	R	114	r

续表

ASCII 码	控制符号	ASCII 码	字符符号	ASCII 码	字符符号	ASCII 码	字符符号
19	DC3(设控 3)	51	3	83	S	115	s
20	DC4(设控 4)	52	4	84	T	116	t
21	NAK(否认)	53	5	85	U	117	u
22	SYN(同步)	54	6	86	V	118	v
23	ETB(组终)	55	7	87	W	119	w
24	CAN(作废)	56	8	88	X	120	x
25	EM(纸尽)	57	9	89	Y	121	y
26	SUB(取代)	58	=	90	Z	122	z
27	ESC(换码)	59	=	91	[	123	{
28	FS(卷隙)	60	＜	92	\	124	|
29	GS(勘隙)	61	=	93	]	125	}
30	RS(录隙)	62	＞	94	^	126	～
31	US(元隙)	63	?	95	_	127	(除)

ASCII 编码表中用单词缩写表示的字符一般是控制符，其他是图示符，如 A、* 等。将该表中的左、上两栏中的二进制串合二为一，就得到对应位置字符的 ASCII 码值。例如，字符 A 的 ASCII 码为 1000001，十进制值为 65。

尽管只用七个二进制位就可以对 ASCII 编码表中的全部字符进行编码，但为了方便，在计算机中，一个 ASCII 码占用一个字节(八个二进制位)存储，多余的一位用作奇偶校验。

1.2.4　汉字编码

英文为拼音文字，构成全部字符集的字符个数只有 128 个，因此采用 7 位编码。汉字是非拼音文字，数目众多。1981 年，我国颁布了《信息交换用汉字编码字符集・基本集》(GB 2312—1980)，这是汉字交换码的国家标准，故称“国标码”。该字符集收录了 6 763 个汉字和 687 个其他字母和符号，共 7 000 多个字符。

根据一字一码的原则，国标码规定，每个字符由一个两字节代码组成，每个字节的最高位为 0，其余 7 位用于组成各种不同的码值，共有 128×128＝16 384 个，汉字编码只使用了其中的一部分。

1.3　微型计算机硬件基础

个人计算机(personal computer，PC)硬件系统是由主机板(包括 CPU、主存储器 RAM、CPU 外围芯片组、总线插槽)，外设接口卡，外部设备(如硬盘、显示器、键盘、鼠标)

以及电源等部件所组成。

除了硬件系统外，一台完整的计算机系统还应包含软件系统，如操作系统、维护程序、应用程序等。一台没有软件的计算机是没有用处的。反过来看，没有硬件，软件也是无法运行的。计算机硬件和软件的关系如同电视机和电视节目的关系一样，是相辅相成的。

1.3.1　硬件系统的组成

一个完整的计算机系统必须要由硬件和软件两部分组成，微型计算机也一样。微型计算机系统是由硬件系统和软件系统组成的，本节主要讨论其中的硬件系统。

1. 硬件系统

计算机的硬件是指计算机系统中那些看得见、摸得着的实际装置，它是整个计算机系统的基础。计算机硬件系统必须包含五大组成部件，它们分别是：运算器、控制器、存储器、输入设备和输出设备。硬件是计算机能够基本运行的物质基础，计算机的性能指标(如计算速度、精度、存储容量、可靠性等)基本上取决于硬件的配置。

1)硬件系统组成

微机虽小，五脏俱全，微机具有许多强大的功能和很高的性能，因此在计算机系统组成上基本上与大型电子计算机系统没有区别。所以，一台微机的硬件系统也由五个部分组成，即运算器、控制器、存储器、输入设备、输出设备。运算器主要负责指令的执行；控制器的基本作用是协调并且控制计算机的各个部件按照程序中预先排好的指令序列执行指令的操作；存储器是具有记忆功能的器件，用于存储程序以及需要使用到的数据和运算结果；而输入设备和输出设备则主要是负责从外部设备进行程序和数据的输入，并将运算出来的结果进行输出。微机的基本硬件组成如图 1-1 所示。

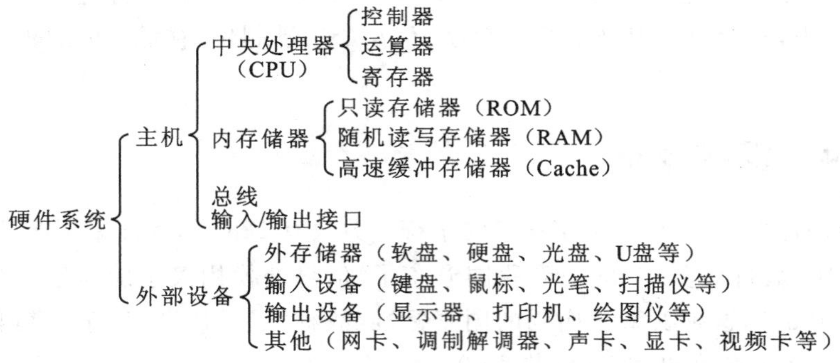

图 1-1　微机基本硬件组成

2)微机的基本结构

任何一台计算机都由运算器、控制器、存储器、输入设备和输出设备五大部件组成，缺一不可。在计算机系统中，各部件通过地址总线、数据总线、控制总线联系起来，在 CPU 的管理下，协调一致地工作。各种数据以及程序从输入设备输入到存储器内进行存储：在控制器的操控下，逐条地从存储器中取出程序中所包含的指令，并根据指令到指定的地址取出所需的数据，然后送到运算器进行运算；运算的结果再存放到存储器，最终由输出设备进行输出。整个过程都是在控制器的操控下完成的。对于普通用户而言，计算机的硬件只是用户所面对的对象，如键盘、鼠标、显示器、硬盘、光盘和打印机等，计算机本身只是一个由多种硬件组合在一起的机器。

从外观来分，微型计算机有台式、立式和笔记本等多种类型。典型的台式微型计算机硬件系统外观示意图如图 1-2 所示。

图 1-2　典型的台式微型计算机硬件系统外观示意图

2. 微机系统的三个层次

微型计算机系统从局部到全局分为三个基本层次：微处理器、微型计算机和微型计算机系统。

1）微处理器

微处理器（microprocessor unit，MPU）是由一片或几片大规模集成电路所组成的中央处理器。微处理器与传统的中央处理器相比，具有体积小、重量小和容易模块化等优点。微处理器的基本组成部件有寄存器堆、运算器、时序控制电路，以及数据总线和地址总线。微处理器能够完成取指令、执行指令，以及与外部的存储器和逻辑部件进行交换信息等操作。微处理器是微型计算机的运算控制部分。它与存储器和外围芯片组建成为微型计算机。

2）微型计算机

微型计算机（microcomputer）简称“微型机”“微机”，由于其一些功能比较智能，所以也被称为“微电脑”。微型计算机是由大规模集成电路组成的、体积较小的电子计算机。它是以微处理器为核心，配以内存储器及输入/输出（I/O）接口电路和相应的辅助电路而构成的机器。把微型计算机集成在一个芯片上即构成单片微型计算机（single chip microcomputer）。

3）微型计算机系统

微型计算机系统（microcomputer system）简称“微机系统”，即由微型计算机、显示器、输入/输出设备等组成的计算机系统，配有操作系统、各种应用软件和多种工具性软件等。

综上所述的三个层次中，单纯的微处理器或微型计算机都不能独立工作，只有组合成为微型计算机系统才是完整的计算机，才具有实用意义，才能正常工作。

1.3.2　计算机主机系统

微型计算机系统通常被封装在目前的主机机箱内，主要包括主板、总线、微处理器（CPU）、内存储器系统、输入/输出接口等五个部分。

1. 计算机主板

主板，又被称作主机板、系统板或母板；它安装在机箱内，是微机基本的也是重要的部件之一。主板一般为矩形电路板，上面安装了组成计算机的主要电路系统，一般有 BIOS 芯片、I/O 控制芯片、键盘和面板控制开关接口、指示灯插接件、扩充插槽、主板及插卡的直流电源供电接插件等元件，如图 1-3 所示。

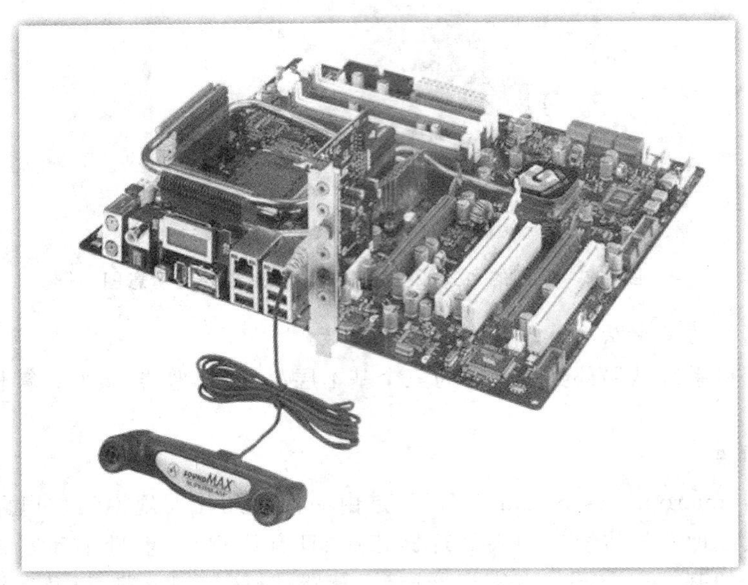

图 1-3　主板

主板采用了开放式结构。主板上大都有 6～8 个扩展插槽，供 PC 机外围设备的控制卡(适配器)插接。通过更换这些插卡，可以对微机的相应子系统进行局部升级，使厂家和用户在配置机型方面有更大的灵活性。总之，主板在整个微机系统中扮演着举足轻重的角色。可以说，主板的类型和档次决定着整个微机系统的类型和档次，主板的性能影响着整个微机系统的性能。

在电路板下面，是错落有致的电路布线；在上面，则为棱角分明的各个部件：插槽、芯片、电阻、电容等。当主机加电时，电流会在瞬间通过 CPU、南北桥芯片、内存插槽、AGP 插槽、PCI 插槽、IDE 接口以及主板边缘的串口、并口、PS/2 接口等。随后，主板会根据 BIOS(基本输入输出系统)来识别硬件，并进入操作系统，发挥出支撑系统平台工作的功能。

主板是微机系统中最大的一块电路板，是由多层印制电路板和焊接在其上的 CPU 插槽、内存槽、高速缓存、控制芯片组、总线扩展(ISA、PCI、AGP)、外设接口(键盘口、鼠标口、COM 口、LPT 口、GAME 口)、CMOS 和 BIOS 控制芯片等构成。主板按结构分为 AT 主板和 ATX 主板，按其大小分为标准板、Baby 板、Micro 板等几种。

主板的主要功能有两个：一是提供安装 CPU、内存和各种功能卡的插槽，部分主板甚至将一些功能卡的功能制作在主板上；二是为各种常用外部设备，如打印机、扫描仪、调制解调器、外部存储器等提供通用接口。

1)常见的 PC 机主板的分类

(1)按主板上使用的 CPU 分类。

主板按使用的 CPU 分类,有 386 主板、486 主板、奔腾(Pentium,即 586)主板、高能奔腾(Pentium Pro,即 686)主板、Intel 370 针脚系列(810 主板、815 主板)、Intel 478 针脚系列(845 主板、865 主板)、Intel 775 针脚系列(915 主板、945 主板、965 主板、G31 主板、P31 主板、G41 主板、P41 主板)。同一级的 CPU 往往还有进一步的划分,如奔腾主板,就有是否支持多能奔腾(P55C,MMX 要求主板内建双电压),是否支持 Cyrix 6x86、AMD 5k86(都是奔腾级的 CPU,要求主板有更好的散热性)等区别。

(2)按主板上 I/O 总线的类型分类。

主板按 I/O 总线的类型分为:

ISA(industry standard architecture)工业标准体系结构总线;

EISA(extension industry standard architecture)扩展标准体系结构总线;

MCA(micro channel architecture)微通道总线。

此外,为了解决 CPU 与高速外设之间传输速度慢的问题,出现了两种局部总线,它们是:①VESA(Video Electronic Standards Association)视频电子标准协会局部总线,简称 VL 总线。②PCI(peripheral component interconnect)外围部件互联局部总线,简称 PCI 总线。486 级的主板多采用 VL 总线,而奔腾主板多采用 PCI 总线。目前,继 PCI 之后又开发了更外围的接口总线,它们是:USB(universal serial bus)通用串行总线,IEEE1394(美国电气及电子工程师协会 1394 标准)俗称"火线"(fire ware)。

(3)按逻辑控制芯片组分类。

这些芯片组中集成了对 CPU、CACHE、I/O 和总线的控制,586 以上的主板对芯片组的作用尤为重视。Intel 公司出品的用于 586 主板的芯片组有:LX 早期的用于 Pentium 60 和 66 MHz CPU 的芯片组。

NX 海王星(Neptune),支持 Pentium 75 MHz 以上的 CPU,在 Intel 430 FX 芯片组推出之前很流行,现在已不多见。

FX 在 430 和 440 两个系列中均有该芯片组,前者用于 Pentium,后者用于 Pentium Pro。HX Intel 430 系列,用于可靠性要求较高的商用微机。VX Intel 430 系列,在 HX 基础上针对普通的多媒体应用做了优化和精简。TX Intel 430 系列的最新芯片组,专门针对 Pentium MMX 技术进行了优化。GX、KX Intel 450 系列,用于 Pentium Pro,GX 为服务器设计,KX 用于工作站和高性能桌面 PC。MX Intel 430 系列专门用于笔记本电脑的奔腾级芯片组。非 Intel 公司的芯片组有:VT82C5xx 系列 VIA 公司出品的 586 芯片组。

SiS 系列由 SiS 公司出品,在非 Intel 芯片组中名气较大。

Opti 系列由 Opti 公司出品,采用的主板商较少。

(4)按主板结构分类。

AT 标准尺寸的主板,IBM PC/A 机首先使用而得名,有的 486、586 主板也采用 AT 结构布局。

Baby AT 袖珍尺寸的主板,比 AT 主板小,因而得名。很多原装机的一体化主板首先采用此主板结构。

ATX &127 为改进型的 AT 主板，如图 1-4 所示，对主板上元件布局做了优化，有更好的散热性和集成度，需要配合专门的 ATX 机箱使用。

一体化主板上集成了声音、显示等多种电路，一般不需再插卡就能工作，具有高集成度和节省空间的优点，但也有维修不便和升级困难的缺点。在原装品牌机中采用较多。NLX Intel 最新的主板结构，最大特点是主板、CPU 的升级方便，不再需要每推出一种 CPU 就必须更新主板设计。此外，还有一些上述主板的变形结构，如华硕主板就大量采用了 3/4 Baby AT 尺寸的主板结构。

图 1-4　ATX 主板物理结构

(5)按功能分类。

PnP 功能主板：带有 PnP BIOS 的主板配合 PnP 操作系统可帮助用户自动配置主机外设，做到“即插即用”。

节能(绿色)功能主板：一般在开机时有能源之星(Energy Star)标志，能在用户不使用主机时自动进入等待和休眠状态，在此期间降低 CPU 及各部件的功耗。

无跳线主板：一种新型的主板，是对 PnP 主板的进一步改进。在这种主板上，连 CPU 的类型、工作电压等都无须用跳线开关，均自动识别，只需用软件略做调整即可。经过 Remark 的 CPU 在这种主板上将无所遁形，486 以前的主板一般没有上述功能，586 以上的主板均配有 PnP 和节能功能，部分原装品牌机中还可通过主板控制主机电源的通断，进一步做到智能开/关机，这在兼容机主板上还很少见，但肯定是将来的一个发展方向。无跳线主板将是主板发展的另一个方向。

(6)其他主板分类方法。

主板按结构特点分类还可分为基于 CPU 的主板、基于适配电路的主板、一体化主板等类型。基于 CPU 的一体化的主板是目前较佳的选择。

按印制电路板的工艺分类，主板又可分为双层结构板、四层结构板、六层结构板等，目前以四层结构板的产品为主。

按元件安装及焊接工艺分类，主板又有表面安装焊接工艺板和DIP传统工艺板。

按照主板的构成来分，主板的平面是一块PCB(印刷电路板)，一般采用四层板或六层板。相对而言，为节省成本，低档主板多为四层板(主信号层、接地层、电源层、次信号层)，而六层板则增加了辅助电源层和中信号层，因此，六层PCB的主板抗电磁干扰能力更强，主板也更加稳定。

2)主板主要部件

(1)芯片部分主要包括以下部件。

BIOS芯片：是一块方块状的存储器，里面存有与该主板搭配的基本输入/输出系统程序；能够让主板识别各种硬件，还可以设置引导系统的设备、调整CPU外频等。BIOS芯片是可以写入的，这方便用户更新BIOS的版本，以获取更好的性能及对计算机最新硬件的支持，当然不利的一面便是会让主板遭受诸如CIH病毒的袭击。

南北桥芯片：横跨AGP插槽左、右两边的两块芯片就是南北桥芯片。南桥多位于PCI插槽的上面；而CPU插槽旁边，被散热片盖住的就是北桥芯片。芯片组以北桥芯片为核心，一般情况下，主板的命名都是以北桥的核心名称命名的(如P45的主板就是用的P45的北桥芯片)。北桥芯片主要负责处理CPU、内存、显卡三者间的“交通”，由于发热量较大，因而需要散热片散热。南桥芯片则负责硬盘等存储设备和PCI之间的数据流通。南桥和北桥合称芯片组。芯片组在很大程度上决定了主板的功能和性能。需要注意的是，AMD平台中部分芯片组因AMD CPU内置内存控制器，可采取单芯片的方式，如nVIDIA nForce 4便采用无北桥的设计。从AMD的K58开始，主板内置了内存控制器，因此北桥便不必集成内存控制器，这样不但降低了芯片组的制作难度，同样也减少了制作成本。现在在一些高端主板上将南北桥芯片封装在一起，只有一个芯片，这样大大提高了芯片组的功能。

RAID控制芯片：相当于一块RAID卡的作用，可支持多个硬盘组成各种RAID模式。目前主板上集成的RAID控制芯片主要有两种：HPT372 RAID控制芯片和Promise RAID控制芯片。

(2)扩展槽部分主要包括以下部件。

所谓的“插拔部分”是指这部分的配件可以用“插”来安装，用“拔”来反安装。

内存插槽：内存插槽一般位于CPU插座下方。

AGP插槽：颜色多为深棕色，位于北桥芯片和PCI插槽之间。AGP插槽有1×、2×、4×和8×之分。AGP4×的插槽中间没有间隔，AGP2×则有。在PCI Express出现之前，AGP显卡较为流行，其传输速度最高可达到2133 MB/s(AGP8×)。

PCI Express插槽：随着3D性能要求的不断提高，AGP已越来越不能满足视频处理带宽的要求，目前主流主板上显卡接口多转向PCI Express。PCI Express插槽有1×、2×、4×、8×和16×之分。

PCI插槽：PCI插槽多为乳白色，是主板的必备插槽，可以插上软Modem、声卡、股票接受卡、网卡、多功能卡等设备。

CNR插槽：多为淡棕色，长度只有PCI插槽的一半，可以接CNR的软Modem或网卡。这种插槽的前身是AMR插槽。CNR与AMR的不同之处在于:CNR增加了对网络的支持性,并且占用的是ISA插槽的位置。共同点是它们都是把软Modem或是软声卡的一部分功能交由CPU来完成。这种插槽的功能可在主板的BIOS中开启或禁止。

(3)对外接口部分主要包括以下部件。

硬盘接口:硬盘接口可分为IDE接口和SATA接口。在老型号的主板上,多集成两个IDE接口,通常IDE接口都位于PCI插槽下方,从空间上则垂直于内存插槽(也有横着的)。而新型主板上,IDE接口大多缩减,甚至没有,代之以SATA接口。

软驱接口:连接软驱所用,多位于IDE接口旁,比IDE接口略短一些,因为它是34针的,所以数据线也略窄一些。

COM接口(串口):目前大多数主板都提供了两个COM接口,分别为COM1和COM2,作用是连接串行鼠标和外置Modem等设备。COM1接口的I/O地址是03F8h-03FFh,中断号是IRQ4;COM2接口的I/O地址是02F8h-02FFh,中断号是IRQ3。由此可见,COM2接口比COM1接口的响应具有优先权,现在市面上已很难找到基于该接口的产品。

PS/2接口:功能比较单一,仅能用于连接键盘和鼠标。一般情况下,鼠标的接口为绿色,键盘的接口为紫色。PS/2接口的传输速率比COM接口的传输速率稍高一些,但经过多年的使用,虽然现在绝大多数主板依然配备该接口,但支持该接口的鼠标和键盘越来越少,大部分外设厂商也不再推出基于该接口的外设产品,更多的是推出USB接口的外设产品。不过值得一提的是,由于该接口使用非常广泛,因此很多使用者即使使用USB,也更愿意通过PS/2-USB转接器插到PS/2上使用,外加键盘、鼠标的寿命都非常长,因此该接口现在依然使用率极高,但在不久的将来,被USB接口所完全取代的可能性极大。

USB接口:USB接口是现在最为流行的接口,最大可以支持127个外设,并且可以独立供电,其应用非常广泛。USB接口可以从主板上获得500 mA的电流,支持热拔插,真正做到了即插即用。一个USB接口可同时支持高速和低速USB外设的访问,由一条四芯电缆连接,其中两条是正负电源,另外两条是数据传输线。高速外设的传输速率为12 Mb/s,低速外设的传输速率为1.5 Mb/s。此外,USB 2.0标准最高传输速率可达480 Mb/s。USB 3.0已经开始出现在最新主板中。

LPT接口(并口):一般用来连接打印机或扫描仪。其默认的中断号是IRQ7,采用25脚的DB-25接头。并口的工作模式主要有三种。①SPP标准工作模式。SPP数据是半双工单向传输,传输速率较高,仅为15 Kb/s,但应用较为广泛,一般设为默认的工作模式。②EPP增强型工作模式。EPP采用双向半双工数据传输,其传输速率比SPP的高很多,可达2 Mb/s,目前已有不少外设使用此工作模式。③ECP扩充型工作模式。ECP采用双向全双工数据传输,传输速率比EPP的还要高一些,但支持的设备不多。现在使用LPT接口的打印机与扫描仪已经很少了,多使用USB接口的打印机与扫描仪。

MIDI接口:声卡的MIDI接口和游戏杆接口是共用的。接口中的两个针脚用来传送MIDI信号,可连接各种MIDI设备,例如电子键盘等,现在市面上已很难找到基于该接口的产品。

SATA接口:SATA的全称是serial advanced technology attachment(串行高级技术附件,一种基于行业标准的串行硬件驱动器接口),是由Intel、IBM、Dell、APT、Maxtor和

Seagate 公司共同提出的硬盘接口规范，在 IDF Fall 2001 大会上，Seagate 宣布了 Serial ATA 1.0 标准，正式宣告了 SATA 规范的确立。SATA 规范将硬盘的外部传输速率理论值提高到了 150 MB/s，比 PATA 标准 ATA/100 高出 50%，比 ATA/133 也要高出约 13%，而随着未来后续版本的发展，SATA 接口的速率还可扩展到 2X 和 4X(300 MB/s 和 600 MB/s)。从其发展计划来看，未来的 SATA 也将通过提升时钟频率来提高接口传输速率，让硬盘也能够超频。

2. 计算机总线

现代计算机系统的复杂结构，使各部件之间需要有一个能够有效高速传输各种信息的通道，这就是总线。总线由一组导线和相关的控制、驱动电路组成。在计算机系统中，总线被视为一个独立部件。

总线(bus)是计算机各种功能部件之间传送信息的公共通信干线，它是由导线组成的传输线束，按照计算机所传输的信息种类，计算机的总线可以划分为数据总线、地址总线和控制总线，分别用来传输数据、数据地址和控制信号。总线是一种内部结构，它是 CPU、内存、输入/输出设备传递信息的公用通道，主机的各个部件通过总线相连接，外部设备通过相应的接口电路再与总线相连接，从而形成了计算机硬件系统。微型计算机是以总线结构来连接各个功能部件的。

当总线空闲(其他器件都以高阻态形式连接在总线上)且一个器件要与目的器件通信时，发起通信的器件驱动总线，发出地址和数据。其他以高阻态形式连接在总线上的器件如果收到(或能够收到)与自己相符的地址信息后，即接收总线上的数据。发送器件完成通信，将总线让出(输出变为高阻态)。

在微机中总线一般分为内部总线、系统总线和外部总线三种。内部总线是微机内部各外部芯片与 CPU 之间的连线，用于芯片一级的互联；系统总线是微机中各插件板与主板之间的连线，用于插件板一级的互联；外部总线是微机和外部设备之间的连线，微机作为一种设备，通过该总线和其他设备进行通信，它用于设备一级的互联。

另外，从广义上说，计算机通信方式可以分为并行通信和串行通信，相应的通信总线称为并行总线和串行总线。并行通信速度快、实时性好，但由于占用线多，不适于小型化产品；而串行通信速率虽低，但在数据通信吞吐量不是很大的情况下则显得更加简易、方便、灵活。随着微电子技术和计算机技术的发展，总线技术也在不断地发展和完善，并各具特色。

1)内部总线

内部总线就是微处理器级总线，也叫前端总线，包括地址总线(address bus，AB)、数据总线(data bus，DB)和控制总线(control bus，CB)，从 CPU 引脚上引出，用来实现 CPU 与外围控制芯片(包括主存、Cache 等)之间的连接。其中地址总线用来产生访问内存的地址。不同的微处理器，其地址总线的位数(或称总线宽度)不一样。现代微型机 CPU 的地址总线宽度一般为 32 位。数据总线用于实现数据的输入和输出。现在常用的“奔腾 4”CPU 的数据总线宽度为 64 位，即一次可同时传送 64 位二进制码。控制总线用于传输各种控制信号。CPU 总线的性能参数与具体的微处理器有关，没有统一的标准。

(1)12C 总线。12C(Inter-Ic)总线由 Philips 公司推出，是近年来在微电子通信控制领域广泛采用的一种新型总线标准。它是同步通信的一种特殊形式，具有接口线少、控制方式简化、通信速率较高等优点。

(2) SPI 总线。串行外部设备接口(serial peripheral interface,SPI)总线技术是 Motorola 公司推出的一种同步串行接口。Motorola 公司生产的绝大多数 MCU(微控制器)都配有 SPI 硬件接口,如 68 系列的 MCU。SPI 总线是一种三线同步总线,其硬件功能很强大,所以与 SPI 有关的软件就相当简单,使 CPU 有更多的时间处理其他事务。

(3)SCI 总线。串行通信接口(serial communication interface,SCI)也是由 Motorola 公司推出的。它是一种通用异步通信接口 UART,与 MC-51 的异步通信功能基本相同。

2)系统总线

系统总线也称为 I/O 通道总线,同样包括地址线(AB)、数据线(DB)和控制线(CB),用于 CPU 与接口卡的连接。为使各种接口卡能够在各种系统中实现"即插即用",系统总线的设计要求与具体的 CPU 型号无关,而有自己统一的标准,以便按照这种标准设计各类适配卡。常见的总线标准有 ISA 总线、PCI 总线、AGP 总线等。

ISA(industry standard architecture)总线是工业标准体系结构总线的简称,是由美国 IBM 公司推出的,主要用于早期的 IBM-PC/XT、AT 及其兼容机上。现在奔腾机中还保留有 ISA 总线插槽,ISA 总线有 98 只引脚。

EISA 总线是 1988 年由 Compag 等 9 家公司联合推出的总线标准,是在 ISA 总线的基础上使用双层插槽,在原来 ISA 总线的 98 条信号线上又增加了 98 条信号线,也就是在两条 ISA 信号线之间添加一条 EISA 信号线。在使用中,EISA 总线完全与 ISA 总线兼容。

VESA(video electronics standard association)总线是 1992 年由 60 家附件卡制造商联合推出的一种局部总线,简称为 VL 总线(VESA local bus)。它的推出为微机系统总线体系结构的革新奠定了基础。该总线系统考虑到 CPU 与主存和 Cache 的直接相连,通常把这部分总线称为 CPU 总线或主总线,其他设备通过 VL 总线与 CPU 总线相连,所以 VL 总线称为局部总线。它定义了 32 位数据线,且可通过扩展槽扩展到 64 位,可与 CPU 同步工作。VESA 是一种高速、高效的局部总线,可支持 386SX、386DX、486SX、486DX 及奔腾微处理器。

PCI(peripheral component interconnect)总线是外设部件互联总线的简称,也称局部总线,是由美国 Intel 公司推出的 32/64 位标准总线。PCI 总线是一种与 CPU 隔离的总线结构,并能与 CPU 同时工作。这种总线适应性强、速度快、数据传输率为 133 MB/s,适用于 Pentium 以上的微型计算机。PCI 总线是当前较流行的总线,它定义了 32 位数据总线,且可扩展为 64 位。PCI 总线主板插槽的体积比原 ISA 总线插槽还小,其功能相比 VESA、ISA 有极大的改善,支持突发读写操作,最大传输速率可达 132 MB/s,可同时支持多组外部设备。PCI 局部总线不能兼容现有的 ISA、EISA、MCA(microchannel architecture)总线,但不受制于处理器,是基于奔腾等新一代微处理器而发展的总线。

以下所列举的几种系统总线一般都用于商用 PC 机中,在计算机系统总线中,还有另一大类为适应工业现场环境而设计的系统总线,比如 STD 总线、VME 总线、PC/104 总线等。当前工业计算机的热门总线之一就是 Compact PCI。Compact PCI 的意思是"坚实的 PCI",是当今第一个采用无源总线底板结构的 PCI 系统,是最新的一种工业计算机标准。Compact PCI 是在原来 PCI 总线基础上改造而来的,它利用 PCI 的优点,提供满足工业环境应用要求的高性能核心系统，同时还考虑充分利用传统的总线产品（如 ISA、STD、VME 或 PC/104）来扩充系统的 I/O 和其他功能。

AGP(accelerated graphics port)总线，亦即加速图形端口，它是一种专为提高视频带宽而设计的总线规范。严格地说，AGP 不能称为总线，因为它是点对点连接的，即在控制芯片和 AGP 显示接口之间建立一个直接的通路，使 3D 图形数据不通过 PCI 总线而直接送入显示子系统，这样就能突破由 PCI 总线形成的系统瓶颈。

3)外部总线

外部总线是指计算机主机与外部设备接口的总线，实际上是一种外设的接口标准。当前在微型计算机上常用的接口标准有：IDE(integrated drive electronics，集成驱动器电子标准)、EIDE(enhanced integrated drive electronics，增强型集成驱动器电子标准)、SCSI(small computer system interface，小型计算机系统接口)、USB(universal serial bus，通用串行总线)和 IEEE 1394 五种。前三种主要与硬盘、光驱等 IDE 设备连接，后面两种新型外部总线可以用来连接多种外部设备。

(1)RS-232 C 总线。RS-232 C 是美国电子工业协会(Electronic Industry Association，EIA)制定的一种串行物理接口标准。RS 是英文“推荐标准”的缩写，其中 232 为标识号，C 表示修改次数。RS-232 总线设有 25 条信号线，包括一个主通道和一个辅助通道，在多数情况下主要使用主通道，对于一般双工通信，仅需几条信号线就可实现，如一条发送线、一条接收线及一条地线。RS-232 C 标准规定，驱动器允许有 2 500 pF 的电容负载，通信距离将受此电容限制，例如，采用 150 pF/m 的通信电缆时，最大通信距离为 15 m；若每米电缆的电容量减小，通信距离可以增加。RS-232 属单端信号传送，存在共地噪声和不能抑制共模干扰等问题，因此一般用于 20 m 以内的通信。

(2)RS-485 总线。RS-485 串行总线标准可以满足通信距离要求为几十米到上千米的场合。RS-485 采用平衡发送和差分接收，因此具有抑制共模干扰的能力。加上总线收发器具有高灵敏度，能检测低至 200 mV 的电压，故传输信号能在千米以外得到恢复。RS-485 采用半双工工作方式，任何时候只能有一点处于发送状态，因此，发送电路需由使能信号加以控制。RS-485 用于多点互联时非常方便，可以省掉许多信号线。应用 RS-485 可以联网构成分布式系统，其允许最多并联 32 台驱动器和 32 台接收器。

(3)IEEE-488 总线。IEEE-488 总线是并行总线接口标准。IEEE-488 总线用来连接系统，如微计算机、数字电压表、数码显示、其他仪器仪表等设备。它按照位并行、字节串行双向异步方式传输信号，连接方式为总线方式，仪器设备直接并联于总线上而不需中介单元，但总线上最多可连接 15 台设备。最大传输距离为 20 m，信号传输速度一般为 500 KB/s，最大传输速度为 1 MB/s。

(4)USB。通用串行总线是由 Intel、Compag、Digital、IBM、Microsoft、NEC、Northern Telecom 等 7 家计算机和通信公司共同推出的一种新型接口标准。它基于通用连接技术，实现外设的简单、快速连接，达到方便用户、降低成本、扩展 PC 连接外设范围的目的。USB 总线不需要单独的供电系统，它可以为外设提供电源。USB 技术的突出特点之一是速度快，USB 的最高传输率可达 12 Mb/s，比串口快 100 倍，比并口快近 10 倍。

除了以上这种按层次结构来划分总线的方法外，还有一种方式就是按总线所处的位置简单地将其分为 CPU 片内总线（或称 CPU 总线）和片外总线。按这种分类法，CPU 芯片以外的所有总线都称为片外总线。

CPU 片内总线用于 CPU 内部的信息传输(如运算器和寄存器之间的数据传送总线)。早期出现的微处理器,内部各部件之间的通信用一条总线实现。而现代 CPU 片内都采用了三条总线结构,其中两条用于传送操作数,一条总线传送运算结果。

3. CPU

中央处理器(central processing unit)的缩写,即 CPU。CPU 是计算机中的核心配件,只有火柴盒那么大,几十张纸那么厚,如图 1-5 所示,但它却是一台计算机的运算核心和控制核心。计算机中所有操作都由 CPU 负责读取指令,CPU 是对指令译码并执行指令的核心部件。

图 1-5　中央处理器

CPU 负责系统的数值运算和逻辑判断等核心工作,并将运算结果分送内存或其他部件,以控制计算机的整体运作。CPU 内部结构可分为控制单元、逻辑单元和存储单元三大部分。CPU 的发展历程,也是计算机硬件体系结构和理论的发展历程。CPU 是判断计算机性能的首要标准,它一般安插在主板的 CPU 插槽上。

1)CPU 的工作原理

CPU 的主要工作原理是执行储存于被称为程式里的一系列指令。在此讨论的是遵循普遍的架构设计的装置。程式以一系列数字储存在计算机记忆体中。差不多所有的 CPU 的工作原理可分为四个阶段:提取、解码、执行和写回。

第一阶段提取,从程式记忆体中检索指令(为数值或一系列数值)。由程式计数器(program counter)指定程式记忆体的位置,程式计数器保存供识别目前程式位置的数值。换言之,程式计数器记录了 CPU 在目前程式里的踪迹。

提取指令之后,程式计数器根据指令式长度增加记忆体单元。指令的提取常常必须从相对较慢的记忆体寻找,导致 CPU 等候指令的送入。

CPU 根据从记忆体提取到的指令来决定其执行行为。在解码阶段,指令被拆解为有意义的片断。根据 CPU 的指令集架构(ISA)定义将数值解译为指令。

一部分的指令数值为运算码(opcode),其指示要进行哪些运算。其他的数值通常供给指令必要的资讯,诸如一个加法(addition)运算的运算目标。这样的运算目标提供一个常数值(即立即值),或是一个空间的定址值:暂存器或记忆体位址,以定址模式决定。

在早前的设计中,CPU 里的指令解码部分是无法改变的硬体装置。不过在众多抽象且复杂的 CPU 和指令集架构中,一个微程式时常用来帮助转换指令为各种形态的信号。

这些微程式在已成品的 CPU 中往往可以重写，方便变更解码指令。

在提取和解码阶段之后，接着进入执行阶段。在执行阶段中，连接到各种能够进行所需运算的 CPU 部件。

例如，要求一个加法运算，算数逻辑单元(arithmetic logic unit，ALU)将会连接到一组输入和一组输出。输入提供了要相加的数值，而且输出将含有总和结果。ALU 内含电路系统，以于输出端完成简单的普通运算和逻辑运算(比如加法和位元运算)。如果加法运算产生一个对该 CPU 处理而言过大的结果，在标志暂存器里，运算溢出(arithmetic overflow)标志可能会被设置(参见以下的数值精度探讨)。

最终阶段，写回，以一定格式将执行阶段的结果简单地写回。运算结果极常被写进 CPU 内部的暂存器，以供随后指令快速存取。在其他案例中，运算结果可能写进速度较慢，但容量较大且较便宜的主记忆体。某些类型的指令会操作程式计数器，而不直接产生结果资料。这些一般称作"跳转"，并在程式中带来循环行为、条件性执行(透过条件跳转)和函式。

许多指令也会改变标志暂存器的状态位元。这些标志可用来影响程式行为，缘于它们时常显出各种运算结果。

例如，以一个"比较"指令判断两个值的大小，根据比较结果在标志暂存器上设置一个数值。这个标志可借由随后的跳转指令来决定程式动向。

在执行指令并写回结果资料之后，程式计数器的值会递增，反复整个过程，下一个指令周期正常提取下一个顺序指令。如果完成的是跳转指令，程式计数器将会修改成跳转到的指令位址，且程式继续正常执行。许多复杂的 CPU 可以一次提取多个指令、解码，并且同时执行。

2)CPU 的基本结构

CPU 包括运算逻辑部件、寄存器部件(见图 1-6)和控制部件。CPU 从存储器或高速

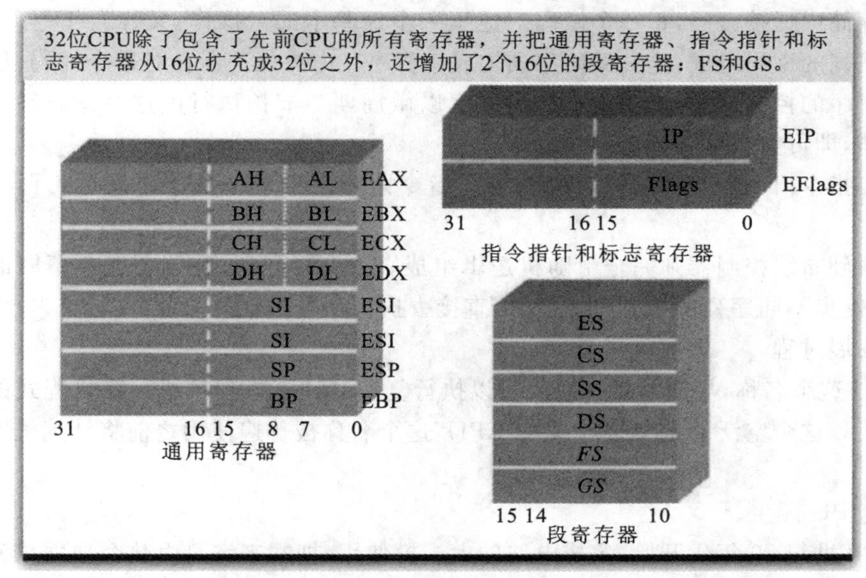

图 1-6　32 位 CPU 的寄存器

缓冲存储器中取出指令，放入指令寄存器，并对指令译码。它把指令分解成一系列的微操作，然后发出各种控制命令，执行微操作系列，从而完成一条指令的执行。

指令是计算机规定执行操作的类型和操作数的基本命令。指令由一个字节或者多个字节组成，其中包括操作码字段、一个或多个有关操作数地址的字段，以及一些表征机器状态的状态字和特征码。有的指令中也直接包含操作数本身。

(1)运算逻辑部件，既可以执行定点或浮点的算术运算操作、移位操作及逻辑操作，也可以执行地址的运算和转换。

(2)寄存器部件，包括通用寄存器、专用寄存器和控制寄存器。

通用寄存器又可分为定点数和浮点数两类，它们用来保存指令中的寄存器操作数和操作结果。

通用寄存器是中央处理器的重要组成部分，大多数指令都要访问到通用寄存器。通用寄存器的宽度决定计算机内部的数据通路宽度，其端口数目往往可影响内部操作的并行性。

专用寄存器是为了执行一些特殊操作所需用的寄存器。

控制寄存器通常用来指示机器执行的状态，或者保持某些指针，有处理状态寄存器、地址转换目录的基地址寄存器、特权状态寄存器、条件码寄存器、处理异常事故寄存器及检错寄存器等。

有的时候，中央处理器中还有一些缓存，用来暂时存放一些数据指令，缓存越大，CPU的运算速度越快。

(3)控制部件，主要负责对指令译码，并且发出为完成每条指令所要执行的各个操作的控制信号。

其结构有两种：一种是以微存储为核心的微程序控制方式；另一种是以逻辑硬布线结构为主的控制方式。

微存储中保持微码，每一个微码对应于一个最基本的微操作，又称微指令；各条指令由不同序列的微码组成，这种微码序列构成微程序。中央处理器在对指令译码以后，即发出一定时序的控制信号，按给定序列的顺序以微周期为节拍执行由这些微码确定的若干个微操作，即可完成某条指令的执行。

简单指令由 3～5 个微操作组成，复杂指令则要由几十个微操作甚至几百个微操作组成。

逻辑硬布线控制器则完全由随机逻辑组成。指令译码后，控制器通过不同的逻辑门的组合，发出不同序列的控制时序信号，直接去执行一条指令中的各个操作。

3)发展过程

CPU 这个名称，早期是对一系列可以执行复杂的计算机程序或计算机程式的逻辑机器的描述。这个空泛的定义很容易在“CPU”这个名称被普遍使用之前将计算机本身也包括在内。

(1)CPU 诞生。

从 20 世纪 70 年代开始，集成电路的大规模使用，把本来需要由数个独立单元构成的 CPU 集成为一块微小但功能空前强大的微处理器，这时 CPU 这个名称才真正在电子计算机产业中得到广泛应用。尽管与早期相比，CPU 在物理形态、设计制造和具体任务的执行上都有了戏剧性的发展，但是其基本的操作原理一直没有改变。

1971 年，当时还处在发展阶段的 Intel 公司推出了世界上第一台真正的微处理器——4004。

4004 含有 2 300 个晶体管，功能有限，而且处理速度还很慢，但是它毕竟是划时代的产品，从此以后，Intel 公司便与微处理器结下了不解之缘。可以这么说，CPU 的发展历程其实也就是 Intel 公司 X86 系列 CPU（见图 1-7）的发展历程，就通过它来展开的"CPU 历史之旅"。

图 1-7　intel i486 处理器

（2）起步的角逐。

1978 年，Intel 公司再次领导潮流，首次生产出 16 位微处理器，并命名为 i8086，同时还生产出与之相配合的数字协处理器 i8087，这两种芯片使用相互兼容的指令集，但在 i8087 指令集中增加了一些专门用于对数、指数和三角函数等数学计算的指令。由于这些指令集应用于 i8086 和 i8087，所以人们也把这些指令集中统一称为 X86 指令集。

虽然以后 Intel 公司又陆续生产出第二代、第三代等更先进的新型 CPU，但都仍然兼容原来的 X86 指令，而且 Intel 公司在后续 CPU 的命名上沿用了原先的 X86 序列，直到后来因商标注册问题，才放弃了继续用阿拉伯数字命名。至于在后来发展壮大的其他公司，例如 AMD 和 Cyrix 等，在 486 以前（包括 486）的 CPU 都是按 Intel 的命名方式为自己的 X86 系列 CPU 命名的，但到了 586 时代，市场竞争越来越激烈了，由于商标注册问题，它们已经无法继续使用与 Intel 的 X86 系列相同或相似的命名，只好另外为自己的 586、686 兼容 CPU 命名了。

1979 年，Intel 公司推出了 8088 芯片，它仍旧属于 16 位微处理器，内含 29 000 个晶体管，时钟频率为 4.77 MHz，地址总线为 20 位，可使用 1 MB 内存。8088 内部数据总线都是 16 位，外部数据总线是 8 位，而它的兄弟 8086 是 16 位。

（3）微机时代的来临。

1981 年，8088 芯片首次用于 IBM 的 PC 机中，开创了全新的微机时代。也正是从 8088 开始，PC 的概念开始在全世界范围内扩展开来。

早期的 CPU 通常是为大型及特定应用的计算机而订制的，但是这种开发昂贵的为特定应用定制 CPU 的方法在很大程度上已经让位于开发便宜、标准化、广泛适用的处理器类。

这个标准化趋势始于由单个晶体管组成的大型机和微机时代，随着集成电路的出现而加速。集成电路使得更为复杂的 CPU 可以在很小的空间中设计和制造出来。

1982 年，Intel 公司已经推出了划时代的最新产品——80286 芯片，该芯片比 8086 芯片和 8088 芯片都有了飞跃的发展，虽然它仍旧是 16 位结构，但是在 CPU 的内部含有 13.4万个晶体管，时钟频率由最初的 6 MHz 逐步提高到 20 MHz。从 80286 芯片开始，CPU 的工作方式也演变出两种：实模式和保护模式。

1985 年，Intel 公司推出了 80386 芯片，它是 80X86 系列中的第一种 32 位微处理器，而且制造工艺也有了很大的进步，与 80286 芯片相比，80386 芯片内部含有 27.5 万个晶体管，时钟频率为 12.5 MHz，后提高到 20 MHz、25 MHz、33 MHz。80386 芯片的内部和外部数据总线都是 32 位的，地址总线也是 32 位的，可寻址高达 4 GB 的内存。它除具有实模式和保护模式外，还增加了一种叫虚拟 86 的工作方式，可以通过同时模拟多个 8086 处理器来提供多任务能力。

除了标准的 80386 芯片，也就是经常说的 80386 DX 芯片外，出于不同的市场和应用考虑，Intel 公司又陆续推出了一些其他类型的 80386 芯片，如 80386 SX 芯片、80386 SL 芯片、80386 DL 芯片等。

1988 年，Intel 公司推出的 80386 SX 芯片是市场定位在 80286 芯片和 80386 DX 芯片之间的一种芯片，其与 80386 DX 芯片的不同在于外部数据总线和地址总线皆与 80286 芯片相同，分别是 16 位和 24 位(即寻址能力为 16 MB)。

图 1-8 所示为 AMD 公司的 CPU。

图 1-8　AMD 公司 CPU

(4)高速 CPU 时代的腾飞。

1990 年，Intel 公司推出的 80386 SL 芯片和 80386 DL 芯片都是低功耗、节能型芯片，主要用于便携机和节能型台式机。80386 SL 芯片与 80386 DL 芯片的不同在于前者是基于 80386 SX 芯片的，后者是基于 80386 DX 芯片的，但两者皆增加了一种新的工作方式——系统管理方式。进入系统管理方式后，CPU 就自动降低运行速度、控制显示屏和硬盘等其他部件暂停工作，甚至停止运行，进入"休眠"状态，以达到节能目的。

1989 年，大家耳熟能详的 80486 芯片由 Intel 公司推出，这种芯片的伟大之处就在于它突破了 100 万个晶体管的界限，集成了 120 万个晶体管。80486 芯片的时钟频率从 25 MHz 逐步提高到了 33 MHz、50 MHz。80486 芯片是将 80386 芯片和数字协处理器 80387 及一个 8 KB 的高速缓存集成在一个芯片内，并且在 80X86 系列中首次采用了 RISC(精简指令集)技术，可以在一个时钟周期内执行一条指令。它还采用了突发总线方式，大大提高了与内存的数据交换速度。

由于这些改进，80486 芯片的性能比带有 80387 数字协处理器的 80386 DX 芯片提高了 4 倍。80486 芯片和 80386 芯片一样，也陆续出现了几种类型。上面介绍的最初类型是 80486 DX 芯片。

1990 年，Intel 公司推出了 80486 SX，它是 486 类型中的一种低价格机型，其与 80486 DX的区别在于它没有数字协处理器。80486 DX2 由于用了时钟倍频技术，也就是说，芯片内部的运行速度是外部总线运行速度的两倍，即芯片内部以 2 倍于系统时钟的速度运行，但仍以原有时钟速度与外界通信。80486 DX2 的内部时钟频率主要有 40 MHz、50 MHz、66 MHz 等。80486 DX4 也是采用了时钟倍频技术的芯片，它允许其内部单元以 2 倍或 3 倍于外部总线的速度运行。为了支持这种提高了的内部工作频率，它的片内高速缓存扩大到 16 KB。80486 DX4 的时钟频率为 100 MHz，其运行速度比 66 MHz 的 80486 DX2快 40%。80486 芯片也有 SL 增强类型，其采用系统管理方式，用于便携机或节能型台式机。

CPU 的标准化和小型化都使得这一类数字设备（香港译为“电子零件”）在现代生活中的出现频率很高。现代微处理器出现在包括从汽车到手机到儿童玩具在内的各种物品中。

（5）酷睿时代。

2007 年 5 月，结束了“奔腾时代”的英特尔并没有像媒体及分析师预言的一样，将奔腾品牌束之高阁，而是继续延用，并为其移植了酷睿架构，从而让这一为大众所熟知的老品牌散发出熠熠光彩，坚定而有力地向 AMD 发出挑战。而与此同时，英特尔曾经为满足中低端用户而推出的赛扬处理器，亦于同一时间更换上酷睿新装（见图 1-9），顺利驶进了“酷睿时代”的快车道。这样正是印证了 Intel 的一句广告词“开动酷睿时代”。

图 1-9　Intel 酷睿 i7 处理器

4）微处理器的性能

（1）主频，也叫时钟频率，单位是兆赫兹（MHz）或千兆赫兹（GHz），用来表示 CPU 的运算、处理数据的速度。

CPU 的主频＝外频×倍频系数。很多人认为主频就决定着 CPU 的运行速度，这不仅是片面的，而且对于服务器来讲，这种认识也出现了偏差。至今，没有一个确定的公式能够实现主频和实际的运算速度两者之间的数值关系，即使是两大处理器厂家 Intel（英特尔）公司和 AMD 公司，在这点上也存在着很大的争议，从 Intel 的产品的发展趋势可以看出，Intel 公司很注重加强自身主频的发展。

主频和实际的运算速度存在一定的关系，但并不是简单的线性关系。所以，CPU 的主频与 CPU 实际的运算能力是没有直接关系的，主频表示在 CPU 内数字脉冲信号振荡的速度。CPU 的运算速度还要看 CPU 的流水线、总线等各方面的性能指标。

主频和实际的运算速度是有关的，只能说主频仅仅是 CPU 性能表现的一个方面，而不代表 CPU 的整体性能。

(2)外频是 CPU 的基准频率，单位是兆赫兹。CPU 的外频决定着整块主板的运行速度。通俗地说，在台式机中，所说的超频，都是超 CPU 的外频（当然一般情况下，CPU 的倍频都是被锁住的）。但对于服务器 CPU 来讲，超频是绝对不允许的。前面说到 CPU 决定着主板的运行速度，两者是同步运行的，如果把服务器 CPU 超频了，改变了外频，会产生异步运行（台式机很多主板都支持异步运行），这样会造成整个服务器系统的不稳定。

目前绝大部分计算机系统中外频与主板前端总线不是同步的，而外频与前端总线(FSB)频率又很容易被混为一谈，下面谈谈两者的区别。

(3)前端总线(FSB)频率（即总线频率），直接影响 CPU 与内存数据交换的速度。有一个公式可以计算，即数据带宽＝（总线频率×数据位宽）/8，数据传输最大带宽取决于所有同时传输的数据的宽度和传输频率。比如现在的支持 64 位的至强 Nocona，是前端总线是 800 MHz，按照公式，它的数据传输最大带宽是 6.4 GB/s。

外频与前端总线频率的区别：前端总线的速度指的是数据传输的速度，外频是 CPU 与主板之间同步运行的速度。也就是说，100 MHz 外频特指数字脉冲信号在每秒钟振荡 1 亿次；而 100 MHz 前端总线指的是每秒钟 CPU 可接受的数据传输量是 100 MHz×64bit÷8bit/Byte＝800 MB/s。

其实现在“HyperTransport”构架的出现，让这种实际意义上的前端总线频率发生了变化。IA-32 架构必须有三大重要的构件，即内存控制器 Hub(MCH)、I/O 控制器 Hub 和 PCI Hub，像 Intel 公司很典型的芯片组 Intel 7501、Intel7505 芯片组，为双至强处理器量身定做的，它们所包含的 MCH 为 CPU 提供了频率为 533 MHz 的前端总线，配合 DDR 内存，前端总线带宽可达到 4.3 GB/s。但处理器性能的不断提高同时给系统架构带来了很多问题。而“HyperTransport”构架不但解决了问题，而且更有效地增大了总线带宽，比方 AMD Opteron 处理器，灵活的 HyperTransport I/O 总线体系结构让它整合了内存控制器，使处理器不通过系统总线传给芯片组而直接和内存交换数据。

(4)CPU 的位和字长。

位：在数字电路和计算机技术中采用二进制，代码只有“0”和“1”，其中无论是“0”或是“1”在 CPU 中都是 1“位”。

计算机技术中对 CPU 在单位时间内（同一时间）能一次处理的二进制数的位数叫字长。所以，能处理字长为 8 位数据的 CPU 通常就叫 8 位的 CPU。同理，32 位的 CPU 就能在单位时间内处理字长为 32 位的二进制数据。

字节和字长的区别：由于常用的英文字符用 8 位二进制就可以表示，所以通常就将 8 位称为一个字节。字长的长度是不固定的，对于不同的 CPU，字长的长度也不一样。8 位的 CPU 一次只能处理一个字节，而 32 位的 CPU 一次就能处理 4 个字节，同理，字长为 64 位的 CPU 一次可以处理 8 个字节。

(5)倍频系数。

倍频系数是指 CPU 主频与外频之间的相对比例关系。在相同的外频下，倍频越高，CPU 的主频也越高。但实际上，在相同外频的前提下，高倍频的 CPU 本身意义并不大。这是因为 CPU 与系统之间数据传输速度是有限的，一味追求高主频而得到高倍频的 CPU 就会出现明显的“瓶颈”效应——CPU 从系统中得到数据的极限速度不能够满足 CPU 运算的速度。一般除了工程样板的 Intel 的 CPU 都是锁了倍频的，少量的如 Intel 酷睿 2 核心的奔腾双核 E6500 K 和一些至尊版的 CPU 不锁倍频，而 AMD 之前都没有锁，现在 AMD 推出了黑盒版 CPU(即不锁倍频版本，用户可以自由调节倍频，调节倍频的超频方式比调节外频稳定得多)。

(6)缓存。

缓存大小也是 CPU 的重要指标之一，而且缓存的结构和大小对 CPU 速度的影响非常大，CPU 内缓存的运行频率极高，一般和处理器同频运作，工作效率远远大于系统内存和硬盘。实际工作时，CPU 往往需要重复读取同样的数据块，而缓存容量的增大，可以大幅度提升 CPU 内部读取数据的命中率，而不用再到内存或者硬盘中寻找，以此提高系统性能。但是，由于 CPU 芯片面积和成本的因素，缓存都很小。

L1　Cache(一级缓存)是 CPU 第一层高速缓存，分为数据缓存和指令缓存。内置的 L1 高速缓存的容量和结构对 CPU 的性能影响较大，不过高速缓冲存储器均由静态 RAM 组成，结构较复杂，在 CPU 管芯面积不能太大的情况下，L1 级高速缓存的容量不可能做得太大。一般服务器 CPU 的 L1 缓存的容量通常在 32～256 KB。

L2　Cache(二级缓存)是 CPU 的第二层高速缓存，分内部和外部两种芯片。内部的芯片二级缓存运行速度与主频相同，而外部的二级缓存则只有主频的一半。L2 级高速缓存容量也会影响 CPU 的性能，原则上是越大越好。

L3　Cache(三级缓存)分为两种，早期的是外置的，现在的都是内置的。L3 缓存的应用可以进一步缩短内存延迟，同时提高大数据量计算时处理器的性能。缩短内存延迟和提高大数据量计算能力对游戏都很有帮助。而在服务器领域，增加 L3 缓存在性能方面仍然有显著的提升。比方具有较大 L3 缓存的配置利用物理内存会更有效，故它比较慢的磁盘 I/O 子系统可以处理更多的数据请求。具有较大 L3 缓存的处理器提供更有效的文件系统缓存行为及较短消息和处理器队列长度。

其实最早的 L3 缓存被应用在 AMD 发布的 K6-Ⅲ处理器上，当时的 L3 缓存受限于制造工艺，并没有被集成进芯片内部，而是集成在主板上。在只能够和系统总线频率同步的 L3 缓存同主内存其实差不了多少。后来使用 L3 缓存的是英特尔公司为服务器市场所推出的 Itanium 处理器。接着就是 P4EE 和至强 MP。Intel 公司还打算推出 9 MB L3 缓存的 Itanium 2 处理器和以后 24 MB L3 缓存的双核心 Itanium 2 处理器。

但基本上 L3 缓存对处理器的性能提高显得不是很重要，比方配备 1 MB L3 缓存的

Xeon MP 处理器却仍然不是 Opteron 的对手，由此可见，前端总线的增加，要比缓存增加带来更有效的性能提升。

(7)CPU 扩展指令集。

CPU 依靠指令来计算和控制系统，每款 CPU 在设计时就规定了一系列与其硬件电路相配合的指令系统。指令也是 CPU 的重要指标，指令集是提高微处理器效率的有效工具之一。从现阶段的主流体系结构讲，指令集可分为复杂指令集和精简指令集两部分（指令集共有四个种类），而从具体运用看，如 Intel 的 MMX(multimedia extended，此为 AMD 猜测的全称，Intel 并没有说明词源)、SSE、SSE2(streaming-single instruction multiple data-extensions 2)、SSE3、SSE4 系列和 AMD 的 3DNow！等都是 CPU 的扩展指令集，分别增强了 CPU 的多媒体、图形图像和 Internet 等的处理能力。通常会把 CPU 的扩展指令集称为"CPU 的指令集"。SSE3 指令集也是目前规模最小的指令集，此前 MMX 包含 57 条命令，SSE 包含 50 条命令，SSE2 包含 144 条命令，SSE3 包含 13 条命令。目前 SSE4 也是最先进的指令集，英特尔酷睿系列处理器已经支持 SSE4 指令集，AMD 会在未来双核心处理器当中加入对 SSE4 指令集的支持，全美达的处理器也将支持这一指令集。

(8)CPU 内核和 I/O 工作电压。

从 586 CPU 开始，CPU 的工作电压分为内核电压和 I/O 电压两种，通常 CPU 的内核电压小于等于 I/O 电压。其中：内核电压根据 CPU 的生产工艺而定，一般制作工艺越简单，内核电压越低；I/O 电压一般都在 1.6～5 V。低电压能解决耗电过多和发热过高的问题。

(9)制造工艺。

制造工艺的微米是指 IC 内电路与电路之间的距离。制造工艺的趋势是向密度愈高的方向发展。密度愈高的 IC 电路设计，意味着在同样大小面积的 IC 中，可以拥有密度更高、功能更复杂的电路设计。现在主要有 180 nm、130 nm、90 nm、65 nm、45 nm。最近 Intel 公司已经有 32 nm 的制造工艺的酷睿 i3/i5 系列了。

而 AMD 则表示，自己的产品将会直接跳过 32 nm 工艺(2010 年第三季度生产少许 32 nm 产品，如 Orochi、Llano)，于 2011 年中期发布 28 nm 的产品(名称未定)。

5)CPU 的主要生产厂商

市面上 CPU 的生产厂商并不多，其中在微机领域，Intel 公司和 AMD 公司占了绝大部分的市场。其他公司也有生产 CPU 的，例如我国的龙芯等。

(1)Intel 公司，创建于 1968 年。在短短的 30 多年内，Intel 公司创下了令人瞩目的辉煌成就。图 1-10 所示为 Intel 公司的标志。1971 年推出全球第一个微处理器，1981 年，IBM 采用 Intel 生产的 8088 微处理器推出全球第一台 IBM PC 机，1984 年入选全美一百家最值得投资的公司，1992 年成为全球最大的半导体集成电路厂商，1994 年其营业额达到了 118 亿美元，在 CPU 市场大约占据了 80%的份额。Intel 公司引领着 CPU 的世界潮流，从 286、386、486、Pentium、昙花一现的 Pentium Pro、Pentium Ⅱ、Pentium Ⅲ、Pentium 4 到现在主流的 Core 双核，它始终推动着微处理器的更新换代。Intel 公司的 CPU 不仅性能出色，而且在稳定性、功耗方面都十分理想。

图 1-10　Intel 公司标志

(2)AMD 公司，创建于 1969 年，总公司设于美国硅谷，是集成电路供应商，专为电脑、通信及电子消费类市场供应各种芯片产品，其中包括用于通信及网络设备的微处理器、闪存，以及基于硅片技术的解决方案等。图 1-11 所示为 AMD 公司的标志。AMD 公司是唯一能与 Intel 公司竞争的 CPU 生产厂家，AMD 公司的产品现在已经形成了以 Athlon XP、Duron、Sempron、Athlon 64 等为核心的一系列产品。AMD 公司认为，由于在 CPU 核心架构方面的优势，同主频的 AMD 处理器具有更好的整体性能。同时，因为产品得到多家合作伙伴以及众多整机生产厂商的支持，早期产品中兼容性不好的问题已经基本解决。AMD 的产品的特点是性能较高而且价格便宜。

(3)VIA 公司(即威盛公司)。VIA CyrixⅢ(C3)处理器是由威盛公司生产的，其最大的特点就是价格低廉，性能实用，对于经济比较紧张的用户具有很大的吸引力。图 1-12 所示为 VIA 公司的标志。

图 1-11　AMD 公司标志

图 1-12　VIA 公司标志

(4)IBM 公司和 Cyrix 公司。

IBM 公司在服务器芯片上一向占有强势地位，但对于微机芯片却迟迟不能打开市场。和 Cyrix 公司合并后，IBM 公司终于拥有了自己的 X86 芯片生产线，其产品将会日益完善和完备。图 1-13 所示为 IBM 公司标志。

图 1-13　IBM 公司标志

(5)IDT公司,是处理器厂商的后起之秀,但其产品现在还不太成熟。

中国一向有不少的芯片厂商,但是在通用PC芯片市场上一直没有什么市场份额。现在龙芯等芯片也开始进入通用PC的市场。

事实上,IDT公司和Cyrix公司已经被中国台湾的VIA公司所收购。目前威盛公司的CPU产品主要面向嵌入式设备。

4.存储器

1)存储器系统的概念

存储器(memory)是计算机系统中的记忆设备,用来存放程序和数据。计算机中的全部信息,包括输入的原始数据、计算机程序、中间运行结果和最终运行结果都保存在存储器中。它根据控制器指定的位置存入和取出信息。

存储器是用来存储程序和数据的部件,有了存储器,计算机才有记忆功能,才能保证正常工作。按用途存储器可分为主存储器(内存)和辅助存储器(外存)。外存通常是磁性介质或光盘等,能长期保存信息。内存指主板上的存储部件,用来存放当前正在执行的数据和程序,但仅用于暂时存放程序和数据,关闭电源或断电,数据就会丢失。

2)存储器的分类

(1)存储器按存储介质分类如下。

半导体存储器:用半导体器件组成的存储器。

磁表面存储器:用磁性材料做成的存储器。

(2)存储器按存储方式分类如下。

随机存储器:任何存储单元的内容都能被随机存取,且存取时间和存储单元的物理位置无关。

顺序存储器:只能按某种顺序来存取,存取时间和存储单元的物理位置有关。

(3)存储器按存储器的读写功能分类如下。

只读存储器(ROM):存储的内容是固定不变的,只能读出而不能写入的半导体存储器。

随机读写存储器(RAM):既能读出又能写入的半导体存储器。

(4)存储器按信息的可保存性分类如下。

非永久记忆性存储器:断电后信息即消失的存储器。

永久记忆性存储器:断电后仍能保存信息的存储器。

(5)存储器按存储器用途分类如下。

存储器根据在计算机系统中所起的作用,可分为主存储器、辅助存储器、高速缓冲存储器、控制存储器等。

为了解决对存储器要求容量大、速度快、成本低三者之间的矛盾,目前通常采用多级存储器体系结构,即使用高速缓冲存储器、主存储器和外存储器。

(6)存储器按名称简称、用途特点分类如下。

高速缓冲存储器Cache:高速存取指令和数据,存取速度快,但存储容量小。

主存储器:内存存放计算机运行期间的大量程序和数据,存取速度较快,存储容量不大。

外存储器:外存,存放系统程序和大型数据文件及数据库,存储容量大,制作成本低。

现代计算机系统中的存储器在总体上可分为两大类:内存和外存。内存位于系统主机板上,可以同 CPU 直接进行信息交换。其主要特点是:运行速度较快,容量相对较小,在系统关机(即电源断开)后其内部存放的信息会丢失。外存储器虽然也安装在主机箱中,但它已属于外部设备的范畴。原因是它与 CPU 之间不能直接进行信息交换,而必须通过接口电路进行。外存的主要特点是:存储容量大,存取速度相对内存要慢很多,但存储的信息很稳定,无须电源支撑,系统关机后信息依然保存。

3)存储器的层次结构

按照与 CPU 的接近程度,存储器分为内存储器与外存储器,简称内存与外存。内存储器又常称为主存储器(简称主存),属于主机的组成部分;外存储器又常称为辅助存储器(简称辅存),属于外部设备。CPU 不能像访问内存那样,直接访问外存,外存要与 CPU 或 I/O 设备进行数据传输,必须通过内存进行。在 80386 以上的高档微机中,还配置了高速缓冲存储器,这时内存包括主存与高速缓存两部分。对于低档微机,主存即为内存。

把存储器分为几个层次(见图 1-14)主要基于下述原因。

(1)合理解决速度与成本的矛盾,以得到较高的性能价格比。半导体存储器速度快,但价格高,容量不宜做得很大,因此仅用作与 CPU 频繁交流信息的内存储器。磁盘存储器价格较便宜,可以把容量做得很大,但存取速度较慢,因此用作存取次数较少,且需存放大量程序、原始数据(许多程序和数据是暂时不参加运算的)和运行结果的外存储器。计算机在执行某项任务时,仅将与此有关的程序和原始数据从磁盘调入容量较小的内存,通过 CPU 与内存进行高速的数据处理,然后将最终结果通过内存再写入磁盘。这样的配置价格适中,综合存取速度则较快。

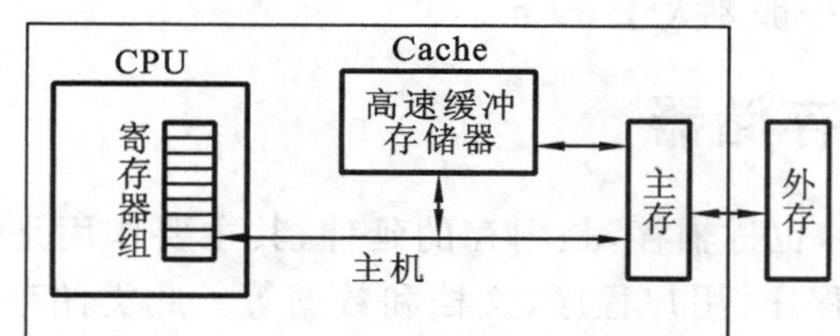

图 1-14　各存储器层次

为解决高速的 CPU 与速度相对较慢的主存之间的矛盾,还可使用高速缓存。它采用速度很快、价格更高的半导体静态存储器,甚至与微处理器做在一起,存放当前使用最频繁的指令和数据。当 CPU 从内存中读取指令与数据时,将同时访问高速缓存与主存。如果所需内容在高速缓存中,就能立即获取;如没有,则再从主存中读取。高速缓存中的内容是根据实际情况及时更换的。这样,通过增加少量成本即可获得很高的速度。

(2)使用磁盘作为外存,不仅价格便宜,可以把存储容量做得很大,而且在断电时它所存放的信息也不丢失,可以长久保存,且复制、携带都很方便。

4)内存储器

内存储器也称为主存或内存,是微型机的一个重要组成部分。计算机执行的所有程序和操作的数据都要先放入内存,因此其工作速度和存储容量对系统的整体性能、系统所能解决问题的规模和效率都有很大的影响。内存是直接与 CPU 相联系的存储设备,是微型计算机工作的基础,位于主板上。通常,内存储器分为只读存储器、随机读/写存储器和高速缓冲存储器三类。

(1)只读存储器(read only memory,ROM),是指只能读数据而不能往其中写数据的存储器。ROM 中的数据是由设计者和制造商事先编制好固化在里面的一些程序,使用者不能随意更改。ROM 主要用于检查计算机系统的配置情况并提供最基本的输入/输出控制程序,其特点是计算机断电后存储器中的数据仍然存在。

(2)随机读/写存储器(random access memory,RAM),是计算机工作的存储区,一切要执行的程序和数据都要先装入该存储器内。随机读/写的含义是指既能从中读数据,也可以往其中写数据。通常所说的 128 MB 内存就是指 RAM。该设备主要有两个特点:一是存储器中的数据可以反复使用,只有向存储器写入新数据时存储器中的内容才被更新;二是存储器中的信息会随着计算机的断电自然消失,所以说,RAM 是计算机处理数据的临时存储区。要想使数据长期保存起来,必须将数据保存在外存中。目前微机中的 RAM 大多采用半导体存储器,基本上是以内存条的形式进行组织的,其优点是扩展方便,用户可根据需要随时增加内存;常见的内存条根据主板上的内存插槽类型有 SDRAM(168 线)、DDR(184 线)和 Rambus 内存三种类型,它的存取速度用纳秒(ns)来计算,在内存条上标有－6、－7、－8 等字样,该读数越小,说明内存速度越快。存储容量有 64 MB、128 MB 和 256 MB 等几种。使用时只要将内存条插在主板的内存插槽上即可。

(3)高速缓冲存储器,是指在 CPU 与内存之间设置一级或两极高速小容量的存储器。在计算机工作时,系统先将数据由外存读入 RAM 中,再由 RAM 读入 Cache 中,然后 CPU 直接从 Cache 中取数据进行操作。设置高速缓存就是为了解决 CPU 速度与 RAM 的速度不匹配问题。通常,Cache 的容量在 32～256 KB 之间,存/取速度在 15～35 ns 之间,而 RAM 存/取速度一般要大于 80 ns。

1.3.3 外部存储器

外部存储器即外存,也称辅存,是内存的延伸,其主要作用是长期存放计算机工作所需要的系统文件、应用程序、用户程序、文档和数据等。此类储存器一般断电后仍然能保存数据。常见的外部存储器有硬盘、光盘、U 盘等。

1. 硬盘存储器

硬盘(hard disc drive,HDD;全名为温彻斯特式硬盘)是计算机主要的存储媒介之一,由一个或者多个铝制或者玻璃制的碟片组成。这些碟片外覆盖有铁磁性材料。绝大多数硬盘都是固定硬盘,被永久性地密封固定在硬盘驱动器中。

1)硬盘的工作原理

硬盘的存储容量较大,目前流行的硬盘容量一般在 80 GB～1.5 TB 之间,存取速度比早期的硬盘有了很大的提高,是目前微机系统配置中必不可少的外存储器。

硬盘是在合金材料表面涂上一层很薄的磁性材料,通过磁层的磁化来存储信息。硬盘主要由磁头、盘片和控制电路组成。信息存储在盘片上,由磁头负责读写。

硬盘是利用特定的磁粒子的极性来记录数据的。磁头在读取数据时,将磁头粒子的不同极性转换成不同的电脉冲信号,再利用数据转换器将这些原始信号变成计算机可以识别、使用的数据;写操作正好与此相反。

当硬盘收到指令时,磁头根据收到的地址,通过磁盘的转动找到正确的位置,读取出需要的信息并将其保存在硬盘的缓冲区中，缓冲区中的数据通过硬盘接口与外界进行数据交换，从而完成读取、写入、修改、删除数据的操作。

2)硬盘的结构

硬盘主要包括盘片、磁头、盘片主轴电机、控制电机、磁头控制器、数据转换器、接口、缓存等几部分，如图 1-15 所示。

图 1-15　硬盘的内部结构图

(1)磁头　磁头是硬盘中最昂贵的部件，也是硬盘技术中最重要和最关键的一环。传统的磁头是读写合一的电磁感应式磁头，但是，硬盘的读、写却是两种截然不同的操作，为此，这种二合一磁头在设计时必须要同时兼顾到读、写两种特性，从而造成了硬盘设计上的局限。而 MR 磁头，即磁阻磁头，采用的是分离式的磁头结构：写入磁头仍采用传统的磁感应磁头(MR 磁头不能进行写操作)，读取磁头则采用新型的 MR 磁头，即所谓的感应写、磁阻读。这样，在设计时就可以针对两者的不同特性分别进行优化，以得到最好的读/写性能。另外，MR 磁头是通过阻值变化而不是电流变化去感应信号幅度的，因而对信号变化相当敏感，读取数据的准确性也相应提高。而且，由于读取的信号幅度与磁道宽度无关，故磁道可以做得很窄，从而提高了盘片密度，这也是 MR 磁头被广泛应用的最主要原因。目前，MR 磁头已得到广泛应用，而采用多层结构和磁阻效应更好的材料制作的 GMR 磁头也逐渐普及。

(2)磁道　当磁盘旋转时，磁头若保持在一个位置上，则每个磁头都会在磁盘表面划出一个圆形轨迹，这些圆形轨迹就叫作磁道。这些磁道用肉眼是根本看不到的，因为它们仅是盘面上以特殊方式磁化了的一些磁化区，磁盘上的信息便是沿着这样的轨道存放的。相邻磁道之间并不是紧挨着的，这是因为磁化单元相隔太近时磁性会相互产生影响，同时也为磁头的读写带来困难。一张 1.44 MB 的 3.5 英寸软盘，一面有 80 个磁道，而硬盘上的磁道密度则远远大于此值，通常一面有成千上万个磁道。

(3)扇区　磁盘上的每个磁道被等分为若干个弧段,这些弧段便是磁盘的扇区,每个扇区可以存放512个字节的信息,磁盘驱动器在向磁盘读取和写入数据时,要以扇区为单位。

(4)柱面　硬盘通常由重叠的一组盘片构成,每个盘面都被划分为数目相等的磁道,并从外缘的"0"开始编号,具有相同编号的磁道形成一个圆柱,称之为磁盘的柱面。磁盘的柱面数与一个盘面上的磁道数是相等的。由于每个盘面都有自己的磁头,因此,盘面数等于总的磁头数。所谓硬盘的CHS,即cylinder(柱面)、head(磁头)、sector(扇区),只要知道了硬盘的CHS的数目,即可确定硬盘的容量,硬盘的容量=柱面数×磁头数×扇区数×512B。

3)硬盘的主要性能技术指标

(1)容量　硬盘作为计算机系统的数据存储器,容量是硬盘最主要的参数。

硬盘的容量以兆字节(MB)或千兆字节(GB)为单位,1 GB=1024 MB。但硬盘厂商在标称硬盘容量时通常取1 GB=1000 MB,因此我们在BIOS中或在格式化硬盘时看到的容量会比厂家的标称值要小。

硬盘的容量指标还包括硬盘的单碟容量。所谓单碟容量,是指硬盘单片盘片的容量。

对于用户而言,硬盘的容量就像内存一样,永远只会嫌少不会嫌多。Windows操作系统带给我们的除了更为简便的操作外,还带来了文件大小与数量的日益膨胀,一些应用程序动辄就要"吃掉"上百兆的硬盘空间,而且还有不断增大的趋势。因此,在购买硬盘时适当地超前是明智的。

一般情况下硬盘容量越大,单位字节的价格就越便宜,但是超出主流容量的硬盘例外。

(2)转速　转速(rotational speed或spindle speed)是硬盘内电机主轴的旋转速度,也就是硬盘盘片在一分钟内所能完成的最大转数。转速是标示硬盘档次的重要参数之一,它是决定硬盘内部传输率的关键因素之一,在很大程度上直接影响到硬盘的速度。硬盘的转速越快,硬盘寻找文件的速度也就越快,相对的硬盘的传输速度也就得到了提高。硬盘转速以每分钟多少转来表示,单位为转/分钟(r/min)。转速越快,内部传输率就越快,访问时间就越短,硬盘的整体性能也就越好。

硬盘的主轴马达带动盘片高速旋转,产生浮力使磁头飘浮在盘片上方。要将所要存取资料的扇区带到磁头下方,转速越快,则等待时间也就越短。因此,转速在很大程度上决定了硬盘的速度。

较高的转速可缩短硬盘的平均寻道时间和实际读写时间,但硬盘转速的不断提高也带来了温度升高、电机主轴磨损加大、工作噪音增大等负面影响。笔记本电脑硬盘转速低于台式机硬盘,在一定程度上是受到这个因素的影响。笔记本电脑内部空间狭小,通常笔记本电脑硬盘的尺寸(2.5寸)也被设计得比台式机硬盘的尺寸(3.5寸)小,转速提高造成的温度上升,对笔记本电脑本身的散热性能提出了更高的要求;噪音变大,又必须采取必要的降噪措施,这些都对笔记本电脑硬盘制造技术提出了更多的要求。同时,转速提高,而其他维持不变,则意味着电机的功耗将增大,单位时间内消耗的电就越多,电池的工作时间缩短,这样笔记本电脑的便携性就受到影响。所以,笔记本电脑硬盘一般都采用相对较低转速(如4 200 r/min)的硬盘。

(3)平均访问时间　平均访问时间(average access time)是指磁头从起始位置到达目标磁道位置,并且从目标磁道上找到要读写的数据扇区所需的时间。

平均访问时间体现了硬盘的读写速度,它包括了硬盘的寻道时间和等待时间,即平均访问时间＝平均寻道时间＋平均等待时间。

硬盘的平均寻道时间(average seek time)是指硬盘的磁头移动到盘面指定磁道所需的时间。这个时间当然越短越好,目前硬盘的平均寻道时间通常在 8 ms 到 12 ms 之间,而 SCSI 硬盘平均寻道时间应不长于 8 ms。

硬盘的等待时间,又叫潜伏期(latency),是指磁头已处于要访问的磁道,等待所要访问的扇区旋转至磁头下方的时间。平均等待时间为盘片旋转一周所需的时间的一半,一般应在 4 ms 以下。

(4)传输率　硬盘的数据传输率(data transfer rate)是指硬盘读写数据的速度,单位为兆字节/秒(MB/s)。硬盘数据传输率又包括内部数据传输率和外部数据传输率。

内部传输率(internal transfer rate)也称为持续传输率(sustained transfer rate),它反映了硬盘缓冲区未用时的性能。内部传输率主要依赖于硬盘的旋转速度。

外部传输率(external transfer rate)也称为突发数据传输率(burst data transfer rate)或接口传输率,它标称的是系统总线与硬盘缓冲区之间的数据传输率,外部数据传输率与硬盘接口类型和硬盘缓存的大小有关。

目前 Fast ATA 接口硬盘的最大外部传输率为 16.6 MB/s,而 Ultra ATA 接口的硬盘则达到 33.3 MB/s。

(5)缓存　缓存是硬盘控制器上的一块内存芯片,具有极快的存取速度,是硬盘内部存储和外界接口之间的缓冲器。由于硬盘的内部数据传输速度和外界介面传输速度不同,缓存在其中起到一个缓冲的作用。缓存的大小与速度是直接影响硬盘的传输速度的重要因素。当硬盘存取零碎数据时需要不断地在硬盘与内存之间交换数据,缓存大,则可以将那些零碎数据暂存在缓存中,减轻外系统的负荷,也提高了数据的传输速度。

4)硬盘的接口方式

硬盘所采用的接口方式在很大程度上会影响硬盘的最大外部数据传输率,从而影响计算机的整体性能。

(1)ATA　全称 advanced technology attachment,是用传统的 40-pin 并口数据线连接主板与硬盘的,外部接口速度最快为 133 MB/s,因为并口线的抗干扰性太差,且排线占空间,不利于计算机散热,故将逐渐被 SATA 所取代。

(2)IDE　全称为 integrated drive electronics,即电子集成驱动器,俗称 PATA 并口。

(3)SATA　使用 SATA 口的硬盘又叫串口硬盘。2001 年,由 Intel、APT、Dell、IBM、希捷、迈拓这几大厂商组成的 Serial ATA 委员会正式确立了 Serial ATA 1.0 规范,2002 年,虽然串行 ATA 的相关设备还未正式上市,但 Serial ATA 委员会已抢先确立了 Serial ATA 2.0 规范。Serial ATA 采用串行连接方式,串行 ATA 总线使用嵌入式时钟信号,具备了更强的纠错能力,与以往相比其最大的区别在于能对传输指令(不仅仅是数据)进行检查,如果发现错误会自动纠正,这在很大程度上提高了数据传输的可靠性。串行接口还具有结构简单、支持热插拔的优点。

(4)SATA2　希捷在 SATA 的基础上加入 NCQ 本地命令阵列技术,并提高了磁盘速率。

SCSI全称为small computer system interface(小型机系统接口),历经多代的发展,从早期的SCSI-II,到目前的Ultra320 SCSI以及Fiber-Channel(光纤通道),接头类型也有多种。SCSI硬盘广为工作站、个人计算机及服务器所使用,因为它的转速快,且数据传输时占用CPU运算资源较少,但是单价也比同样容量的ATA及SATA硬盘昂贵。

SAS硬盘是新一代的SCSI技术,和SATA硬盘相同,都是采取序列式技术以获得更高的传输速度。此外,SAS硬盘也采取了措施对系统内部空间等进行优化。

由于SAS硬盘可以与SATA硬盘共享同样的背板,因此在同一个SAS存储系统中,可以用SATA硬盘来取代部分昂贵的SCSI硬盘,节省整体的存储成本。

5)硬盘的流行技术

硬盘的容量越来越大,传输速率越来越快,硬盘技术也在不断发展,一些新的硬盘技术不断出现。下面简单介绍硬盘的主要技术。

(1)玻璃盘片　玻璃盘片具有质地坚硬、表面平滑、对温度变化不敏感的特点。使用它替代铝质盘片可以提高硬盘的总体性能,尤其是高转速时耐高温、稳定性比铝质材料有明显提高,同时还可以有效降低盘片的生产成本。

尽管一些硬盘厂商早已在进行这方面的研究,但真正将玻璃盘片投入市场的是IBM公司。IBM公司的Deskstar(桌面之星)系列中的GXP(7200 r/min)和140 GN(5400 r/min)就是采用玻璃盘片的产品。

(2)液态轴承马达　硬盘转速的提高带来了磨损加剧、温度升高、噪声增大等一系列问题。于是,液态轴承马达被引入到硬盘技术中。液态轴承马达使用的是黏膜液态轴承,以油膜代替滚珠,这样可以避免金属面的直接摩擦,将噪声降至最小,将温度降至最低,同时油膜可有效吸收震动,使抗震能力得到提高。

(3)数据保护和防震动技术　数据安全永远是人们最关心的问题。随着磁盘性能的大幅提升,硬盘容量越来越大,转速越来越快,传输率也越来越大,人们对数据的安全性也越来越关心。硬盘厂商开发了一系列新的数据保护和防震动技术,来保障数据的完整性和可靠性。

2.光盘存储器

1)光盘

光盘是以光信息作为存储物的载体,用来存储数据的一种物品。光盘分不可擦写光盘(如CD-ROM、DVD-ROM等)和可擦写光盘(如CD-RW、DVD-RAM等)。

高密度光盘是不同于磁性载体的光学存储介质,用聚焦的氢离子激光束处理记录介质的方法存储和再生信息,又称激光光盘。

由于软盘的容量太小,光盘凭借大容量得以广泛使用。音乐CD是一种光盘,影视VCD、DVD也是一种光盘。

现在一般的硬盘容量在3 GB到3TB之间,软盘基本被淘汰,CD光盘的最大容量大约是700 MB,DVD盘片单面4.7 GB,最多能刻录约4.59 GB的数据(因为DVD的1 GB=1000 MB,而硬盘的1 GB=1024 MB)双面8.5 GB,最多约能刻录8.3 GB的数据,蓝光(BD)的则比较大,其中HD DVD单面单层15 GB、双层30 GB;BD单面单层25 GB、双面50 GB。

2)光驱

光驱连接计算机,是用来读写光盘内容的机器,是台式机里比较常见的一个配件。目前,光驱可分为 CD-ROM 驱动器、DVD 光驱(DVD-ROM)、康宝(COMBO)和刻录机等。

(1)光驱的基本结构　光驱通常由激光头、主轴电机、伺服电机、系统控制器等几个部分组成。激光头由一组透镜和一个发光二极管组成,它发出的激光经过聚焦后照在凹凸不平的盘片上,并通过反射光的强度来读取信号。目前市场上的 DVD-ROM 驱动器主要有单激光头和双激光头之分。单激光头也就是用同一个光头读取 DVD 和 CD-ROM 信号,双激光头则主要采用两个光头读取 DVD 和 CD-ROM 信号。

主轴电机负责为光盘运行提供动力,并在读取盘数据时提供快速的数据定位功能。

伺服电机是一个小型的由计算机控制的电机,用来移动和定位激光头到正确的位置读取数据。

系统控制器主要协调各部分的工作,是光驱的控制中心。

(2)光驱的主要技术指标有以下几个。

①传输速率(sustained data transfer rate),是评价光驱的重要指标之一,通常以倍速为单位。在 1985 年 Sony 和 Philips 联合推出了第一款光驱,速率为 150 Kb/s,人们将这个速率定义为单速,以后的光驱均以这个速率为基本单位,例如 2 倍速、4 倍速、8 倍速及现在的 40 倍速、50 倍速等光驱。

②接口方式,是指光驱和计算机系统进行数据传输的连接方式。光驱的接口和硬盘与计算机的接口是完全相同的。目前可以用来连接 CD-ROM 与 PC 的接口主要有 IDE、SCSI、USB 和 PCMCIA(主要用于笔记本计算机)。其中,IDE 和 SCSI 是最为常用的两种接口,主要应用于桌面系统。

③缓存大小。和硬盘一样,所有的光存储设备上都具有缓存。通常光驱缓存比硬盘的小,一般在 128 KB～1 MB 之间。缓存主要用于临时存放从光盘中读取的数据,然后再发送给计算机系统进行处理。和硬盘缓存的作用一样,光驱缓存也是用来解决光驱与计算机系统之间巨大的速率差异的。

3)常用光盘

(1)CD　CD 是当今应用最广泛的光盘,CD 驱动器是许多微机的标准配置。CD 驱动器的一个重要特性是速度。旋转速度之所以重要是因为它决定了从 CD 传输数据的快慢。例如,24×或 24 倍速的 CD 驱动器每秒可传送 3.6 MB 的数据,而 32×的 CD 驱动器每秒可传送 4.8 MB 的数据。显然,在计算机系统中,速度越快的驱动器从 CD 读取数据就越快。

CD 有 CD-ROM、CD-R、CD-RW 等三种基本类型。

①CD-ROM 表示的是只读 CD。只读意味着用户不能在 CD 中写入或擦掉数据,即用户只能访问制造商所记录的数据。

②CD-R 表示可写 CD,用户只可以写一次,此后就只能读取,读取次数没有限制。

③CD-RW 表示的是可重复读写 CD,读取次数没有限制。

(2)DVD　最早出现的 DVD 叫数字视频光盘,是一种只读型光盘。DVD 光盘必须由专用的播放器播放。随着计算机技术的不断发展及革新,IBM、HP、APPLE、SONY、Philips 等众多厂商于 1995 年 12 月共同制定统一的 DVD 规格,并且将原先的数字视频光盘改成现在的"数字通用光盘"。DVD 以 MPEG.2 为标准，每张光盘可存储的容量达到 4.7 GB 以上。

DVD 的基本类型有 DVD-ROM、DVD-Video、DVD-Audio、DVD-R、DVD-RW、DVD-RAM 等。

①DVD-ROM 表示只读 DVD。

②DVD-Video 是用来读取数字影音信息的 DVD 规格。

③DVD-Audio 是用来读取数字音乐信息的 DVD 规格，着重于超高音质的表现。

④DVD-R 表示用户可以写一次，此后就只能读取，读取次数没有限制的光盘。与 CD-R 光盘一样，DVD-R 光盘可与 DVD-ROM 兼容。

⑤DVD-RAM 为一种可重复读写数字信息的 DVD 规格。

⑥DVD-RW 为另一种可以重复读写数字信息的 DVD 规格。DVD-RW 与 DVD-RAM 的擦写方式不同，应用的领域也不相同。DVD-RAM 的记录格式也是采用 CD-R 中常见的技术。但是 DVD-RW 不能与 DVD-ROM 兼容。

4)刻录机

由于光存储技术的飞速发展，一种更先进的光存储设备 CD-RW(光盘刻录机)已经十分普及，正逐渐代替光驱成为计算机的标准外设。CD-RW 刻录机不仅具有光驱的全部功能，而且还能在 CD-R 光盘上写入数据及反复擦写 CD-RW 光盘。

光盘刻录机按照其功能可以分为 CD-R 和 CD-RW 刻录机两种，其中绝大多数属于 CD-RW 刻录机。从外观上看，一般刻录机与光驱相似。

CD-R 刻录机：使用 CD-R 刻录机刻录光盘之后，光盘内的数据不可更改，光盘也是一次性的。CD-R 刻录机不仅可以刻录 CD-R 光盘，而且也可以作为一台普通光驱使用。更重要的是，任一光驱都可以读取用 CD-R 刻录机刻录的光盘，十分方便。

CD-RW 刻录机：使用 CD-RW 刻录机可以在同一张可擦写光盘上进行多次数据擦写操作。

CD-RW 刻录机完全具备 CD-R 刻录机的功能，因此，CD-RW 刻录机不仅可以刻录 CD-RW 光盘，而且可以刻录 CD-R 光盘。

读写速度是刻录机的主要性能指标，包括数据的读取速度和写入速度。写入速度是最重要的指标，一般和价格成正比。对于 CD-RW 刻录机而言，还有复写速度和擦写速度。

理论上说，写入速度越快，性能越好。但是，除了价格问题之外，还需要考虑刻录盘的问题，并不是所有刻录盘都支持高速刻录。由于技术的限制，刻录机的写入速度一般比它的读取速度慢。

在刻录机包装盒及大部分刻录机的正面会顺序标出写入速度、擦写速度和读取速度。例如，40×12×48×表示此款刻录机的写入速度为 40 倍速，复写速度为 12 倍速，读取速度为 48 倍速。

3. 可移动外存储器

软盘存储容量较小，也比较容易损坏，已经被一种可移动的存储器所取代。这就是 U 盘和可移动硬盘。

1)闪存盘(U 盘)

U 盘，全称"USB 闪存盘"，英文名"USB flash disk"。它是一个 USB 接口的无须物理驱动器的微型大容量移动存储产品，可以通过 USB 接口与计算机连接，实现即插即用。U 盘的称呼最早来源于朗科公司生产的一种新型存储设备，名曰“优盘”，使用 USB 接口进行连接。USB 接口连到计算机的主机后，U 盘的资料可与计算机交换。而之后生产的类似技术的设备由于朗科公司已进行专利注册，而不能再称之为“优盘”，而改称谐音的“U 盘”。后来 U 盘这个称呼因其简单易记而广为人知，而直到现在这两者也已经通用，并对它们不再作区分。

2）USB 硬盘

USB 硬盘（移动硬盘，见图 1-16），顾名思义，是以硬盘为存储介质，与计算机之间交换大容量数据，强调便携性的存储产品。市场上绝大多数的移动硬盘都是以标准硬盘为基础的，而只有很少部分的是微型硬盘（1.8 英寸硬盘等），但价格因素决定着主流移动硬盘还是以标准笔记本硬盘为基础。移动硬盘数据的读写模式与标准 IDE 硬盘是相同的。移动硬盘多采用 USB、IEEE1394 等传输速度较快的接口，可以较高的速度与系统进行数据传输。

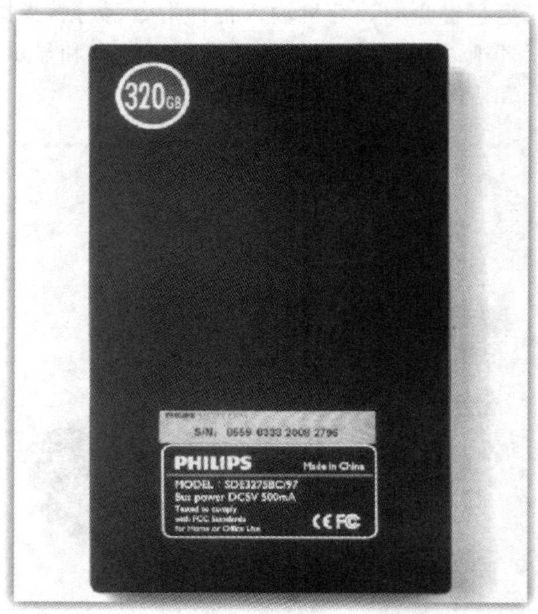

图 1-16　USB 硬盘

1.3.4　常用外部设备

我们已经知道，计算机的硬件系统由主机和外部设备两部分组成。微处理器在运行中所需要的程序和数据由外部设备输入，而处理的结果则要输出到外部设备中去。控制并实现信息输入/输出的就是输入/输出系统（input/output system，简称 I/O 系统）。

外部设备简称外设，是计算机系统中输入、输出设备（包括外存储器）的统称。外部设备对数据和信息起着传输、转送和存储的作用，是计算机系统中的重要组成部分。外部设备涉及主机以外的任何设备。外部设备是附属的或辅助的与计算机连接起来的设备。外部设备能扩充计算机系统。

1. 输入/输出系统概述

在计算机系统中,一般将除 CPU 和内存储器之外的部分称为输入/输出系统,输入/输出系统提供了处理器与外部世界进行信息交换的各种手段。在这里,外部世界可以是提供数据输入/输出的设备、操作控制台、辅助存储器或其他处理器,也可以是各种通信设备及使用系统的人等。除这些硬件设备外,信息的交换还必须要有相应的控制软件以及实现各种设备与微处理器连接的接口电路。所以,计算机的输入/输出系统由三部分构成,即输入/输出接口、输入/输出软件、输入/输出设备。

2. 输入设备

输入设备主要用于把信息与数据转换成电信号,并通过计算机的接口电路将这些信息传送至计算机的存储设备中。常用的输入设备有键盘和扫描仪等。

1)键盘

键盘(见图 1-17)是最常见的计算机输入设备,它广泛应用于微型计算机和各种终端设备上。计算机操作者通过键盘向计算机输入各种指令、数据,指挥计算机工作。计算机的运行情况输出到显示器上,操作者可以很方便地利用键盘和显示器与计算机对话,对程序进行修改、编辑,控制和观察计算机的运行。

图 1-17 键盘

键盘按照应用可以分为台式机键盘、笔记本电脑键盘、工控机键盘、速录机键盘、双控键盘、超薄键盘六大类。

(1)双 USB 控制键盘 一个双 USB 控制键盘可以控制两台计算机,切换快捷方便。目前只有国内的 3R 品牌。

一般台式机键盘的分类可以根据击键数、按键工作原理、键盘外形分类。

键盘按照工作原理和按键方式的不同,可以划分为以下四种。

①机械键盘:采用类似金属接触式开关,工作原理是使触点导通或断开,具有工艺简单、噪声大、易维护的特点。

②塑料薄膜式键盘:键盘内部共分四层,实现了无机械磨损。其特点是低价格、低噪声和低成本,已占领市场绝大部分份额。

③导电橡胶式键盘:触点的结构是通过导电橡胶相连的。键盘内部有一层凸起带电的导电橡胶,每个按键都对应一个凸起,按下时把下面的触点接通。这种类型的键盘是市场上由机械键盘向薄膜键盘的过渡产品。

④无接点静电电容键盘:使用类似电容式开关的原理,通过按键时改变电极间的距离引起电容容量改变从而驱动编码器。特点是无磨损且密封性较好。

键盘的按键数曾出现过83键、93键、96键、101键、102键、104键、107键等。104键的键盘是在101键键盘的基础上为Windows 9X平台提供的,它增加了三个快捷键(有两个是重复的),所以也被称为Windows 9X键盘。但在实际应用中,习惯使用Windows 9X键盘的用户并不多。在某些需要大量输入单一数字的系统中还有一种小型数字录入键盘,基本上就是将标准键盘的小键盘独立出来,以达到缩小体积、降低成本的目的。

按文字输入同时击打按键的数量,键盘可分为单键输入键盘、双键输入键盘和多键输入键盘。现在大家常用的键盘属于单键输入键盘,速录机键盘属于多键输入键盘,最新出现的四节输入法键盘属于双键输入键盘。

(2)常规的键盘有机械式按键和电容式按键两种。

在工控机键盘中还有一种轻触薄膜按键的键盘。机械式键盘是最早被采用的结构,一般类似金属接触式开关的原理使触点导通或断开,具有工艺简单、维修方便、手感一般、噪声大、易磨损的特性,大部分廉价的机械键盘采用铜片弹簧作为弹性材料,铜片易折、易失去弹性,使用一段时间后故障率升高,现在已基本被淘汰,取而代之的是电容式键盘。电容式键盘是基于电容式开关的键盘,原理是通过按键改变电极间的距离产生电容量的变化,暂时形成振荡脉冲允许通过的条件。理论上这种开关是无触点非接触式的,磨损率极小甚至可以忽略不计,也没有接触不良的隐患,噪声小,容易控制手感,可以制造出高质量的键盘,但工艺较机械结构复杂。还有一种用于工控机的键盘,为了完全密封采用轻触薄膜按键,只适用于特殊场合。

(3)键盘的外形分为标准键盘和人体工程学键盘。

目前台式PC机的键盘都采用活动式键盘,键盘作为一个独立的输入部件,具有自己的外壳。键盘面板根据档次采用不同的塑料压制而成,部分优质键盘的底部采用较厚的钢板以增加键盘的质感和刚性,不过这样一来无疑增加了成本,所以不少廉价键盘直接采用塑料底座的设计。为了适应不同用户的需要,键盘的底部设有折叠的支撑脚,展开支撑脚可以使键盘保持一定倾斜度,不同的键盘会提供单段、双段甚至三段的角度调整。

键盘的接口有AT接口、PS/2接口和最新的USB接口,现在的台式机多采用PS/2接口,大多数主板都提供PS/2键盘接口。而较老的主板常常提供AT接口,也被称为“大口”,现在已经不常见了。USB接口作为新型的接口,一些公司迅速推出了USB接口的键盘,USB接口只是一个卖点,对性能的提高收效甚微,愿意尝试且USB端口够用的用户可以选择。

人体工程学键盘是在标准键盘上将指法规定的左手键区和右手键区这两大板块左右分开,并形成一定角度,使操作者不必有意识地夹紧双臂,保持一种比较自然的形态,这种设计的键盘被微软公司命名为自然键盘(natural keyboard),对于习惯盲打的用户可以有效地减少左、右手键区的误击率，如字母“G”和“H”。有的人体工程学键盘还有意加大常用键如空格键和回车键的面积，在键盘的下部增加护手托板，给以前悬空手腕以支持点，减少由于手腕长期悬空导致的疲劳。这些都可以视为人性化的设计。

人体工程学又叫人类工学或人类工程学，以人-机关系为研究的对象，以实测、统计、分析为基本的研究方法。具体到产品上来，也就是在产品的设计和制造方面完全按照人体的生理解剖功能量身定做，更加有益于人体的身心健康。人体工程学键盘是把普通键盘分成两部分，并呈一定角度展开，以适应人手的角度，输入者不必弯曲手腕，从而有效地减少腕部疲劳。

使用计算机和打字机都需要进行键盘操作，目前工作人员长时间从事键盘操作往往产生手腕、手臂、肩背的疲劳，影响工作和休息。从人体工程学的角度看，要想提高作业效率及能持久地操作，操作者应能采用舒适、自然的作业姿势，工作人员因现有的键盘操作条件而采用不正常的姿势，是导致身体疲劳的主要原因。因为在目前的工作台上操作键盘，如果工作人员手腕放在台面上，由于键盘的键面高于工作台面，必然要让腕部上翘，时间一长会引起腕关节疼痛；而悬腕或悬肘的操作虽然较为灵活，但由于手部缺乏支撑，手臂或肩背的肌肉不得不保持紧张，故不能持久，也易疲劳。对于这个问题，人体工程学现有的研究结论是“键盘自台面至中间一行键的高度应尽量降低”。键盘前沿厚度超过 50 mm 就会引起腕部过分上翘，从而加重手部负荷。此厚度最好保持在 30 mm 左右，必要时可加掌垫，即通过减薄键盘本身的厚度和在键盘前增加手部的支撑件来解决。键盘可减薄的程度是有限的。

中间分离的键盘可以使使用者的手部及腕部较为放松，处于一种自然的状态，这样可以防止并有效减轻腕部肌肉的劳损。这种键盘的键处于一种对于使用者而言舒适的角度。

(4)四节输入法键盘。

最近，一种称为四节输入法的键盘出现，该键盘与 Qwerty 键盘布局和输入方法都有区别，其合适的键盘尺寸，广阔的语种适应性，便于盲打的入手简便性以及按键式鼠标替代方案使其成为新一代键盘的有力竞争者。

四节输入法键盘的特别之处在于将 26 个英文字母按字母表结构和顺序分为四节，每节有七个或六个字母，并按每节首字母命名为 A、H、O、U 四节，举例说明，A 节输入 a、b、c、d、e、f、g 七个字母，O 节输入 o、p、q、r、s、t 六个字母，以左手小指、无名指、中指和食指分别掌控四个节位键，以右手食指、中指、无名指和小指的七个中上键位输入对应的字母，按四个上键输前四个，三个中键输后三个的口诀输入，因此，小指上键只输入 d 和 k 两个字母。双手可同时击键，输入对应字母，输入速度与现行键盘相当。

四节输入法键盘有以下优点。

①按键数量少，只有 50 键，因此键盘尺寸可按男士双手并列操作的需要设计，采用独有的通用技术实现男女通用，该通用键盘纯键面尺寸只有 21.5 cm×11.7 cm。四节输入法键盘适合直接用于 12 英寸和 10 英寸笔记本电脑，折叠式键盘可实现 5 英寸袖珍笔记本电脑通用。

②布局简单，使用方便。该键盘右手核心键区只有 14 键，可直接输入数字，按分节方式可输入字母，单独击四个节位键，可进行音调标注。输入操作辅助功能键采用中间布

局，操作简便。

③字符输入能力强大，该键盘具有至少 10 倍切换力，可轻松实现 110 个通用字符的输入。

④国际适用性强：留有 7 个字母的空间，对于主流文字的 33 个以内字母的语种具有强大的兼容性，适于俄文(33 个字母)、阿拉伯文(31 个字母)、德文(30 个字母)、西班牙文(29 个字母)以及其他 26 个以内的欧美文字。日文采用该布局时，只需右手核心键区 11 个或 12 个键位，即可全部完成字母直接输入，为日文字母盲打输入提供了便利。

⑤易于盲打。左、右手核心键区依掌形设计，只需找好适合的姿势和角度，即可进行直接盲打训练。

⑥独有的按键式鼠标替代方案：利用左手核心 12 键中的 9 键和左手拇指键，对鼠标实用功能进行替代，设有通常和迅速两种鼠标移动模式和减速控制键，可实现迅速移动、慢速移动、标速移动及点击准确移动，减速控制更强化了鼠标移动的灵活性和准确性。

四节输入法键盘顺应键盘功能化的趋势，键盘设有输入和鼠标功能两种状态，适用于多媒体功能和上网功能，全键盘 50 键可直接实现 50 种左右的实用功能，可外加 10 种左右组合功能。功能操作空前便捷。

(5)超通用台式机键盘。

为了进一步减少四节输入法键盘的推广阻力，四节输入法键盘的发明人推出了超通用台式机键盘，该键盘采用两面设计，一面为现行键盘，另一面为双规格四节输入法键盘，按左右布局排列，其左侧为成人通用键盘，右侧为学生规格键盘。

超通用台式机键盘的推出，解决了两种键盘布局的竞争问题，同时解决了四节输入法键盘两种最常用规格一次购置的问题等。

除了硬件方面的通用化设计，发明人还利用虚拟延展技术解决了规格转换过程中出现的按键刮碰干扰问题，这一技术同样适用于现行键盘规格转换过程中出现的按键刮碰现象。

2)鼠标

鼠标(见图 1-18)全称为显示系统纵横位置指示器，因形似老鼠而得名“鼠标”(我国香港、台湾地区称为滑鼠)。鼠标的标准称呼应该是“鼠标器”，英文名为 mouse。鼠标的使用是为了使计算机的操作更加简便，代替键盘输入烦琐的指令。

图 1-18　鼠标

按鼠标的工作原理划分，目前市场上的鼠标主要包括以下几类。

机械鼠标，主要由滚球、辊柱和光栅信号传感器组成。当拖动鼠标时，带动滚球转动，滚球又带动辊柱转动，装在辊柱端部的光栅信号传感器产生的光电脉冲信号反映出鼠标器在垂直和水平方向的位移变化，再通过电脑程序的处理和转换来控制屏幕上光标箭头的移动。

光电鼠标，是通过检测鼠标器的位移，将位移信号转换为电脉冲信号，再通过程序的处理和转换来控制屏幕上的光标箭头的移动。光电鼠标用光电传感器代替了滚球。这类传感器需要特制的、带有条纹或点状图案的垫板配合使用。

鼠标还可按外形分为两键鼠标、三键鼠标、滚轴鼠标和感应鼠标。

两键鼠标和三键鼠标的左、右按键功能完全一样，一般情况下，我们用不着三键鼠标的中间按键，但在使用某些特殊软件(如 AutoCAD 等)时，这个键也会起一些作用。

滚轴鼠标和感应鼠标在笔记本电脑上用得很普遍，往不同方向转动鼠标中间的滑轮，或在感应板上移动手指，光标就会向相应方向移动，当光标到达预定位置时，按一下鼠标或感应板，就可执行相应功能。

无线鼠标和 3D 振动鼠标，都是比较新颖的鼠标。

无线鼠标是为了适应大屏幕显示器而生产的。所谓“无线”，即没有电线连接，而是采用电池无线遥控，鼠标器有自动休眠功能，因此安装的电池可用很长时间。

3D 振动鼠标是一种新型的鼠标器，它不仅可以当作普通的鼠标器使用，而且具有以下几个特点。

①具有全方位立体控制能力。它具有前、后、左、右、上、下六个移动方向，而且可以组合出前右、左下等移动方向。

②外形和普通鼠标不同，一般由一个扇形的底座和一个能够活动的控制器构成。

③具有振动功能，即触觉回馈功能。玩某些游戏时，当你“被敌人击中”时，你会感觉到鼠标也振动了。

④真正的三键式鼠标。在 DOS 或 Windows 环境下，鼠标的中间键和右键都大派用场。

3. 输出设备

输出设备是人与计算机交互的一种部件，用于数据的输出。它把各种计算结果数据或信息以数字、字符、图像、声音等形式表示出来。常见的输出设备有显示器、打印机、绘图仪、影像输出系统、语音输出系统、磁记录设备等。

1)显示器及显示卡

(1)显示器是最重要的输出设备，经过计算机处理过的数据信息首先通过它显示出来，以便用户同计算机进行交流。显示器属于计算机的 I/O 设备，即输入/输出设备。它可以分为 CRT、LCD 等多种。它是一种将一定的电子文件通过特定的传输设备显示到屏幕上再反射到人眼的显示工具。显示器的形状就像电视机，按照显示管对角线的尺寸可分为 14 英寸、15 英寸、17 英寸、19 英寸或更大的显示器。显示器也同电视机一样分为单色和彩色两种类型。单色显示器(简称为单显)价格便宜，一般在超市用做收银机配件，它一般用于那些对色彩要求不高，而又要求长期连续工作的部门。

显示器按照显示管分类，有阴极射线管(CRT)显示器(采用电子枪产生图像)、液晶显示器(LCD)及新出现的等离子(PDP)显示器等。

CRT 显示器是一种使用阴极射线管的显示器，阴极射线管主要由电子枪、偏转线圈、荫罩、荧光粉层及玻璃外壳五部分组成。它是目前应用广泛的显示器之一，CRT 纯平显示器具有可视角度大、无坏点、色彩还原度高、色度均匀、可调节的多分辨率模式、响应时间极短等优点，而且现在的 CRT 显示器价格要比 LCD 便宜不少。按照不同的标准，CRT 显示器可划分为不同的类型。

LCD 即液晶显示屏，其优点是机身薄、占地小、辐射小，给人以一种健康产品的形象。但实际情况并非如此，使用液晶显示屏不一定可以保护到眼睛，这需要看各人使用计算机的习惯。

显示器市场上比较权威的认证标志是 TCO 系列认证标志，对显示器的辐射、节能、环保、画面品质等方面提出了要求。

由于用户直接面对的就是显示器，因此选择一款好的显示器十分必要。著名的显示器制造商主要有索尼、飞利浦、三星、优派、NEC、美格、宏基、明基等。

（2）显示卡（见图 1-19），全称显示接口卡，又称为显示适配器、显示器配置卡，简称为显卡，是个人计算机最基本的组成部分之一。显卡的用途是将计算机系统所需要的显示信息进行转换驱动，并向显示器提供行扫描信号，控制显示器的正确显示，是连接显示器和个人计算机主板的重要元件，是人机对话的重要设备之一。显卡作为计算机主机里的一个重要组成部分，承担输出显示图形的任务，对于从事专业图形设计的人来说，显卡非常重要。民用显卡图形芯片供应商主要包括 AMD(ATI)和 Nvidia(英伟达)两家。

图 1-19　显示卡

2）打印机

打印机是计算机的输出设备之一，用于将计算机的处理结果打印到相关介质上。衡量打印机性能的指标有打印分辨率、打印速度和噪声三项。

打印机是计算机重要的输出设备，由一根打印电缆与计算机上的并行口相连接。打印机是能将计算机的运算结果或中间结果以人所能识别的数字、字母、符号和图形等，依照规定的格式印在纸上的设备。打印机正向轻、薄、短、小、低功耗、高速度和智能化方向发展。打印机的种类很多，按打印元件对纸是否有击打动作，分为击打式打印机与非击打式打印机两类。按打印字符结构，打印机分为全形字打印机和点阵字符打印机两类。按一行字在纸上形成的方式，打印机分为串式打印机与行式打印机两类。按所采用的技术，打印机分为柱形、球形、喷墨式、热敏式、激光式、静电式、磁式、发光二极管式等类型。

（1）点阵字符打印机，由走纸装置、控制和存储电路、插头、色带等组成。打印头是关键部件。打印头由若干根钢针组成，由钢针打印点，通过点拼成字符。打印时 CPU 通过并行端口送出信号，使打印头的一部分打印针打击色带，使色带接触打印纸进行着色，而另一部分打印针不动，这样便打印出字符。

常见的点阵字符打印机的打印头有 9 针、24 针。常见型号有 EPSON RX、MX、PX 等 9 针打印机，M-3070、M-1724、LQ-1600 K 等 24 针打印机。点阵字符打印机比较灵活、使用方便、质量较高，但噪声比较大，且速度慢。

(2)喷墨式打印机，因其有着良好的打印效果与较低的价位等优点而占领了广大中低端市场。此外，喷墨式打印机还具有更为灵活的纸张处理能力，在打印介质的选择上，喷墨式打印机也具有一定的优势：既可以打印信封、信纸等普通介质，还可以打印各种胶片、照片纸、光盘封面、卷纸、T 恤转印纸等特殊介质。

(3)激光式打印机，是近年来高科技发展的一种新产物，也是有望代替喷墨式打印机的一种机型，分为黑白和彩色两种，它为我们提供了更高质量、更快速度、更低成本的打印方式。其中低端黑白激光式打印机的价格目前已经降到了几百元，达到了普通用户可以接受的水平。虽然激光式打印机的价格要比喷墨式打印机昂贵得多，但从单页的打印成本上讲，激光式打印机则要便宜很多。而彩色激光式打印机的价位很高，应用范围较窄，很难被普通用户接受。

3)绘图仪

绘图仪(见图 1-20)是计算机的图形输出设备，分为平台式和滚筒式两种，是能按照人们要求自动绘制图形的设备。它可将计算机的输出信息以图形的形式输出，主要可绘制各种管理图表和统计图、大地测量图、建筑设计图、电路布线图、各种机械图与计算机辅助设计图等。最常用的是 X-Y 绘图仪。

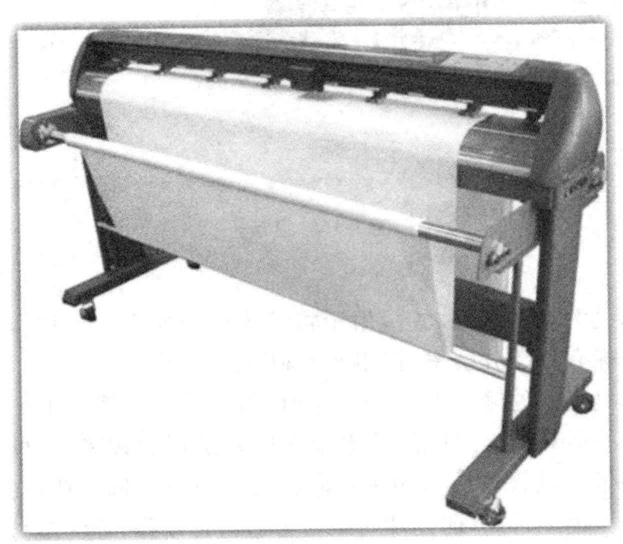

图 1-20　绘图仪

4. 其他外部设备

随着计算机系统功能的不断扩大，所连接的外部设备也越来越多，外部设备的种类也越来越多，如声卡、视频卡、调制解调器、扫描仪、数码相机、手写笔、游戏杆等。

1)声卡

声卡(见图 1-21)也叫音频卡(我国香港、台湾地区称之为声效卡),声卡是多媒体技术中最基本的组成部分,是实现声波/数字信号相互转换的一种硬件。声卡的基本功能是把来自话筒、磁带、光盘的原始声音信号加以转换,输出到耳机、扬声器、扩音机、录音机等声响设备,或通过音乐设备数字接口(MIDI)使乐器发出美妙的声音。

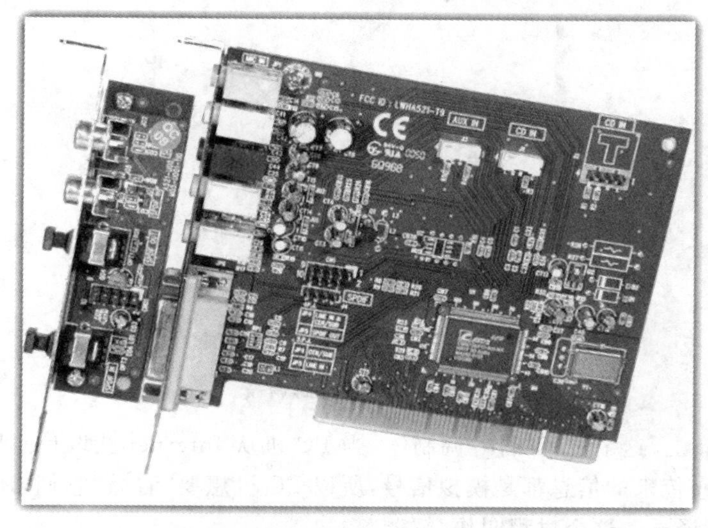

图 1-21　声卡

声卡的安装方法是将其插到计算机主板的任何一个总线插槽中即可,要求声卡类型要与总线类型一致,然后通过 CD 音频线和 CD-ROM 音频接口相连。同样,在完成了声卡的硬件连接后,还需要安装相应的声卡驱动程序和作为输出设备的音箱。

2)视频卡

视频采集卡也叫视频卡,是将模拟摄像机、录像机、LD 视盘机、电视机输出的视频信号等输出的视频数据或者视频、音频的混合数据输入计算机,并转换成计算机可辨别的数字数据,存储在计算机中,成为可编辑处理的视频数据文件。视频卡按照其用途可以分为广播级视频采集卡、专业级视频采集卡、民用级视频采集卡三类。

3)调制解调器

调制解调器(modem,见图 1-22),其实是 modulator(调制器)与 demodulator(解调器)的简称,中文称为调制解调器(我国香港、台湾地区称之为数据机)。根据 modem 的谐音,也称之为“猫”。

所谓调制,就是把数字信号转换成电话线上传输的模拟信号;解调,即把模拟信号转换成数字信号。

调制解调器是模拟信号和数字信号的“翻译员”。电子信号分两种,一种是模拟信号,另一种是数字信号。我们使用的电话线路传输的是模拟信号,而 PC 机之间传输的是数字信号。所以,当你想通过电话线把自己的计算机连入 Internet 时,就必须使用调制解调器来“翻译”两种不同的信号。连入 Internet 后,当 PC 机向 Internet 发送信息时,由于电话线传输的是模拟信号,所以必须要用调制解调器来把数字信号“翻译”成模拟信号,才能

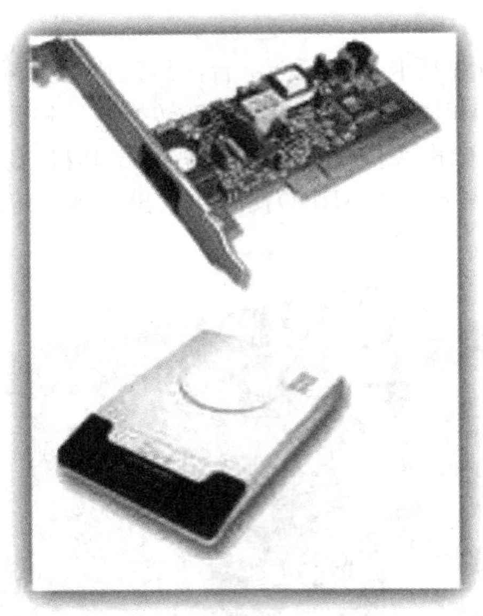

图 1-22 调制解调器

传送到 Internet 上，这个过程叫作“调制”。当 PC 机从 Internet 获取信息时，由于通过电话线从 Internet 传来的信息都是模拟信号，所以 PC 机想要“看懂”它们，还必须借助调制解调器这个“翻译员”，这个过程叫作“解调”。

4)扫描仪

扫描仪是一种计算机外部仪器设备，通过捕获图像并将之转换成计算机可以显示、编辑、存储和输出的数字化输入设备。照片、文本页面、图纸、美术图画、照相底片、菲林软片，甚至纺织品、标牌面板、印制板样品等三维对象都可作为扫描对象。

5)数码相机

数码相机，英文全称 digital still camera(DSC)，简称 digital camera(DC)，是数码照相机的简称，又名数字式相机。数码相机是一种利用电子传感器把光学影像转换成电子数据的照相机。数码相机按用途分为单反相机(见图 1-23)、卡片相机、长焦相机和家用相机等类型。

图 1-23 单反相机

1.4　计算机软件的概念

1.4.1　计算机软件的概念

大家都知道，可应用的计算机由硬件和软件构成，其实看得见、摸得着的算硬件，比如硬盘、主板等，摸不着的就算软件了。

软件是一系列按照特定顺序组织的计算机数据和指令的集合。一般来讲，软件被划分为编程语言、系统软件、应用软件和介于系统软件和应用软件之间的中间件。其中系统软件为计算机使用提供最基本的功能，但是并不针对某一特定应用领域。而应用软件则恰好相反，不同的应用软件根据用户和所服务的领域提供不同的功能。

按照冯·诺依曼的计算机体系，计算机就是接受输入、进行处理、反馈结果，其实软件也是这样，提供界面，接受用户的输入，根据逻辑进行处理，把结果反馈给用户。

1. 计算机软件的组成

计算机软件由程序和有关的文档组成。程序是指令序列的符号表示，文档是软件开发过程中建立的技术资料。程序是软件的主体，一般保存在存储介质（如软盘、硬盘和光盘）中，以便在计算机上使用。文档对于使用和维护软件尤其重要，随着软件产品发布的文档主要是使用手册，其中包含了该软件产品的功能介绍、运行环境要求、安装方法、操作说明和错误信息说明等。某个软件要求的运行环境是指运行它至少应有的硬件和其他软件的配置，也就是说，在计算机系统层次结构中，它是该软件的下层（内层）至少应有的配置（包括对硬件的设备和指标要求、软件的版本要求等）。

2. 计算机软件的作用

计算机软件是计算机的灵魂，是计算机应用的关键。如果没有适应不同需要的计算机软件，人们就不可能将计算机广泛地应用于人类社会的生产、生活、科研、教育等领域。目前，以信息技术、信息产业为代表的高新技术日益引起人们的关注，成为新的经济增长点。计算机软件技术作为信息技术的基础之一，已成为信息产业的主要组成部分。

1.4.2　计算机软件的分类

一般来讲，软件被划分为系统软件、应用软件，其中系统软件包括操作系统和支撑软件（微软公司又发布了嵌入式系统，即硬件级的软件，它能使计算机及其他设备运算速度更快更节能）。

系统软件为计算机使用提供最基本的功能，可分为操作系统和支撑软件两类，其中操作系统是最基本的软件；系统软件负责管理计算机系统中各种独立的硬件，使得它们可以协调工作。系统软件使得计算机使用者和其他软件将计算机当作一个整体而不需要顾及到底每个硬件是如何工作的。

操作系统是管理计算机硬件与软件资源的程序，同时也是计算机系统的内核与基石。操作系统身负诸如管理与配置内存、决定系统资源供需的优先次序、控制输入与输出设备、操作网络与管理文件系统等基本事务。操作系统也提供一个让使用者与系统交互的操作接口。操作系统分为 BSD、DOS、Linux、Mac OS、OS/2、QNX、Unix、Windows 等。

支撑软件是支撑各种软件的开发与维护的软件，又称为软件开发环境（SDE）。它主要包括环境数据库、各种接口软件和工具组。著名的软件开发环境有 IBM 公司的 Web Sphere 等。工具组包括一系列基本的工具，比如编译器、数据库管理、存储器格式化、文件系统管理、用户身份验证、驱动管理、网络连接等方面的工具。

但是，系统软件并不针对某一特定应用领域。而应用软件则相反，不同的应用软件根据用户和所服务的领域提供不同的功能。

应用软件是为了某种特定的用途而开发的软件。它可以是一个特定的程序，也可以是一组功能联系紧密、可以互相协作的程序的集合（比如微软公司的 Office 软件），还可以是一个由众多独立程序组成的庞大的软件系统（比如数据库管理系统）。

1. 系统软件

系统软件是指控制和协调计算机及外部设备，支持应用软件开发和运行的系统，是无须用户干预的各种程序的集合，主要功能是调度、监控和维护计算机系统，负责管理计算机系统中各种独立的硬件，使得它们可以协调工作。系统软件使得计算机使用者和其他软件将计算机当作一个整体而不需要顾及到底每个硬件是如何工作的。

下面分别介绍它们的功能。

1）操作系统

操作系统是管理、控制和监督计算机软、硬件资源协调运行的程序系统，由一系列具有不同控制和管理功能的程序组成，它是直接运行在计算机硬件上的最基本的系统软件，是系统软件的核心。操作系统是计算机发展中的产物，它的主要目的有两个：一是方便用户使用计算机，是用户和计算机的接口，比如用户键入一条简单的命令就能自动完成复杂的功能，这就是操作系统帮助的结果；二是统一管理计算机系统的全部资源，合理组织计算机工作流程，以便充分、合理地发挥计算机的功能。操作系统通常应包括下列五大功能模块。

处理器管理：当多个程序同时运行时，解决处理器（CPU）时间的分配问题。

作业管理：完成某个独立任务的程序及其所需的数据组成一个作业。作业管理的任务主要是为用户提供一个使用计算机的界面使其方便地运行自己的作业，并对所有进入系统的作业进行调度和控制，尽可能高效地利用整个系统的资源。

存储器管理：为各个程序及其使用的数据分配存储空间，并保证它们互不干扰。

设备管理：根据用户提出使用设备的请求进行设备分配，同时还能随时接收设备的请求（称为中断），如要求输入信息。

文件管理：主要负责文件的存储、检索、共享和保护，为用户提供文件操作的方便。

操作系统的种类繁多，按其发展前后过程，通常分成以下六类。

（1）单用户操作系统，主要特征是计算机系统内一次只能支持运行一个用户程序。这类系统的最大缺点是计算机系统的资源不能充分利用。微型机的 DOS、Windows 操作系统属于这一类。

（2）批处理操作系统，是 20 世纪 70 年代运行于大、中型计算机上的操作系统。当时由于单用户单任务操作系统的 CPU 使用效率低，I/O 设备资源未充分利用，因而产生了多道批处理操作系统。多道是指多个程序或多个作业同时存在和运行，故也称为多任务操作系统。IBM 公司的 DOS/VSE 就是这类系统。

(3)分时操作系统，是一种具有如下特征的操作系统：在一台计算机周围挂上若干台近程或远程终端，每个用户可以在各自的终端上以交互的方式控制作业运行。在分时系统管理下，虽然各用户使用的是同一台计算机，但却能给用户一种“独占计算机”的感觉。实际上是分时操作系统将 CPU 时间资源划分成极小的时间片(毫秒量级)，轮流分给每个终端用户使用，一个用户的时间片用完后，CPU 就转给另一个用户，前一个用户只能等待下一次轮到。由于人的思考、反应和键入的速度通常比 CPU 的速度慢得多，所以只要同时上机的用户不超过一定数量，人们不会有延迟的感觉，好像每个用户都独占着计算机。

(4)实时操作系统。在某些应用领域，要求计算机对数据能进行迅速处理。例如，在自动驾驶仪控制下飞行的飞机、导弹的自动控制系统中，计算机必须对测量系统测得的数据及时、快速地进行处理和反应，以便达到控制的目的，否则就会失去战机。这种有响应时间要求的快速处理过程叫作实时处理过程，当然，响应的时间要求可长可短，可以是秒、毫秒或微秒级的。对于这类实时处理过程，批处理操作系统或分时操作系统均无能为力，因此产生了另一类操作系统——实时操作系统。配置实时操作系统的计算机系统称为实时系统。

实时系统按其使用方式可分成两类：一类是广泛用于钢铁、化工生产及炼油过程控制，武器制导等各个领域中的实时控制系统；另一类是广泛用于自动订票系统、情报检索系统、银行业务系统、超级市场销售系统中的实时数据处理系统。

(5)网络操作系统。计算机网络是通过通信线路将地理上分散且独立的计算机联结起来的一种网络，有了计算机网络之后，用户可以突破地理条件的限制，方便地使用远处的计算机资源。提供网络通信和网络资源共享功能的操作系统称为网络操作系统。

(6)微机操作系统，随着微机硬件技术的发展而发展，从简单到复杂。微软公司开发的 DOS 是单用户单任务系统，而 Windows 操作系统则是单用户多任务系统，是当前微机中广泛使用的操作系统之一。Linux 是一个源码公开的操作系统，目前已被越来越多的用户所采用，是 Windows 操作系统强有力的竞争对手。

2)语言处理系统(翻译程序)

程序设计语言处理系统随被处理的语言及其处理方法和处理过程的不同而异。不过，任何一个语言处理系统通常都包含有一个翻译程序，它把一种语言的程序翻译成等价的另一种语言的程序。被翻译的语言和程序分别称为源语言和源程序，翻译生成的语言和程序分别称为目标语言和目标程序。

语言处理系统是对软件语言进行处理的程序子系统。

除了机器语言外，其他用任何软件语言书写的程序都不能直接在计算机上执行，都需要对它们进行适当的处理。语言处理系统的作用是把用软件语言书写的各种程序处理成可在计算机上执行的程序，或最终的计算结果，或其他中间形式。

不同级别的软件语言有不同的处理方法和处理过程。关于需求级、功能级、设计级和文档级软件语言的处理方法和处理过程是软件语言、软件工具和软件开发环境的重要研究内容之一。关于实现级语言即程序设计语言的处理方法和处理过程发展较早，技术较为成熟，其处理系统是基本软件系统之一。这里，语言处理系统仅针对程序设计语言的处理而言。

按照不同的源语言、目标语言和翻译处理方法，可把翻译程序分成若干种类。从汇编语言到机器语言的翻译程序称为汇编程序，从高级语言到机器语言或汇编语言的翻译程序称为编译程序。按源程序中指令或语句的动态执行顺序，逐条翻译并立即解释执行相应功能的处理程序称为解释程序。除了翻译程序外，语言处理系统通常还包括正文编辑程序、宏加工程序、连接编辑程序和装入程序等。

程序设计语言处理系统主要包括正文编辑程序、宏加工程序、编译程序、汇编程序、解释程序、连接编辑程序、装入程序、编译程序的编译程序、自编译程序、交叉编译程序和并行编译程序等。

正文编辑程序用于创建和修改源程序正文文件。一个源程序正文可以编辑成一个文件，也可以分成多个模块，编辑成若干个文件。用户可以使用各种编辑命令通过键盘、鼠标器等输入设备输入要编辑的元素或选择要编辑的文件。正文编辑程序根据用户的编辑命令来创建正文文件，或对文件进行各种删除、修改、移动、复制及打印等操作。

宏加工程序把源程序中的宏指令扩展成等价的预先定义的指令序列。对源程序进行编译之前应先对源程序进行宏加工。

编译程序把用高级语言书写的程序翻译成等价的机器语言程序或汇编语言程序。编译过程可分为分析和综合两个部分。分析部分包括词法分析、语法分析和语义分析三步。分析的目的是检查源程序的语法和语义的正确性，并建立符号表、常数表和中间语言程序等数据对象。综合的目的是为源程序中的常数、变量、数组等各种数据对象分配存储空间，并将分析的结果综合成可高效运行的目标程序。汇编程序把用汇编语言书写的程序翻译成等价的机器语言程序。

解释程序按源程序中语句的动态执行顺序，从头开始，翻译一句执行一句，再翻译一句再执行一句，直至程序执行终止。与编译方法根本不同的是：解释方法是边翻译边执行，翻译和执行是交叉在一起的；而编译方法却把翻译和执行截然分开，先把源程序翻译成等价的机器语言程序，这段时间称为编译时刻，然后再执行翻译成的目标程序，这段时间称为运行时刻。正因为解释程序是边翻译边执行，所以要把源程序及其所处理的数据一起交给解释程序进行处理。

编译方法和解释方法各有优缺点。编译方法的最大优点是执行效率高，缺点是运行时不能与用户进行交互，因此比较适用于规模较大或运行时间较长或要求运行效率较高的程序的语言，更适用于写机器或系统软件和支撑软件的语言。解释方法的优点是解释执行时能方便地实现与用户进行交互，缺点是执行效率低，因此比较适用于交互式语言。

连接编辑程序将多个分别编译或汇编过的目标程序段组合成一个完整的目标程序。组合成的目标程序可以是能直接执行的二进制程序，也可以是要再定位的二进制程序。

装入程序将保存在外存介质上的目标程序以适于执行的形式装入内存并启动执行。

编译程序的编译程序是产生编译程序的编译程序。它接受用某种适当的表示体系描述的某一语言类中任意语言 A 的词法规则、语法规则、语义规则和(或)代码生成规则，并从这些描述产生出用目标语言 B 写的关于语言 A 的全部或部分编译程序。这样便可显著提高编译程序的开发效率。

自编译程序是用被编译的语言即源语言自身来书写的编译程序。利用自编译技术，可以从具有自编译能力的语言 L 的一个足够小的子集 L0 的编译程序出发，逐步构造出 L 的编译程序，也可从 L 的未优化的编译程序出发，构造优化的编译程序。

交叉编译程序是一种编译程序，它自身在甲机器上运行，生成的目标代码是乙机器的代码。

并行编译程序是并行语言的编译程序，或是将串行语言程序并行化的编译程序，后者又称为自动并行编译程序。

一个程序特别是中、大规模的程序难免有错误。发现并排除源程序中的错误是语言处理系统的任务之一。通常源程序的语法错误和静态语义错误都是由编译程序或解释程序来发现的。排错能力的强弱是评价编译程序和解释程序优劣的重要标志之一。源程序中的动态语义错误通常要借助于在语言中加入某些排错设施如跟踪、截断来发现和排除。处理排错设施的程序是排错程序。

2. 应用软件

应用软件是用户可以使用的各种程序设计语言，以及用各种程序设计语言编制的应用程序的集合，分为应用软件包和用户程序。应用软件包是利用计算机解决某类问题而设计的程序的集合，供多用户使用。

1)通用软件

通用软件通常是为解决某一类问题而设计的，而这类问题是很多人都要遇到和解决的。例如，文字处理、表格处理等。

2)专用软件

在市场上可以买到通用软件，但有些具有特殊功能和需求的软件是无法买到的。比如，某个用户希望有一个程序能自动控制车床，同时也能将各种事务性工作集成起来统一管理。因为它对于一般用户来说太特殊了，所以只能组织人力开发。当然开发出来的这种软件也只能专用于这种情况。

应用软件是用户可以使用的各种程序设计语言，以及用各种程序设计语言编制的应用程序的集合，分为应用软件包和用户程序。应用软件包是利用计算机解决某类问题而设计的程序的集合，供多用户使用。

应用软件是为满足用户不同领域、不同问题的应用需求而提供的那部分软件。它可以拓宽计算机系统的应用领域，放大硬件的功能。

办公软件：微软 Office、永中 Office、WPS 等。

媒体播放器：PowerDVD XP、Realplayer、Windows Media Player、暴风影音(MYMPC)、千千静听等。

媒体编辑器：会声会影、声音处理软件、视频解码器等。

媒体格式转换器：Moyea FLV to Video Converter Pro(FLV 转换器)、Total Video Converter(最全的，包括视频可以转为. gif 格式)、WinAVI Video Converter、WinMPG Video Convert、WinMPG IPod Convert、Real Media Editor 等。

图像浏览工具：ACDSee 等。

截图工具：epsnap、HyperSnap 等。

图像/动画编辑工具：Flash、Adobe Photoshop、GIF Movie Gear(动态图片处理工具)、Picasa、光影魔术手等。

通信工具：QQ、MSN、ipmsg（飞鸽传书，局域网传输工具）等。

编程/程序开发软件：JCreator Pro（Java IDE 工具）、Eclipse 等。

汇编：Visual ASM、Masm for Windows 集成实验环境、RadASM、Microsoft Visual Studio、网页开发系统等。

翻译软件：金山词霸、MagicWin（多语种中文系统）等。

防火墙和杀毒软件：ZoneAlarm Pro、金山毒霸、卡巴斯基杀毒软件等。

阅读器：CAJViewer、Adobe Reader、pdfFactory Pro（可安装虚拟打印机，可以自己制作 PDF 文件）等。

输入法（有很多版本）：紫光输入法、智能 ABC、五笔输入法等。

网络电视：PowerPlayer、PPLive、PPMate、PPNTV、PPStream、QQLive 等。

系统优化/保护工具：Windows 清理助手、Windows 优化大师、超级兔子、360 安全卫士、数据恢复文件 EasyRecovery Professional、影子系统、MaxDOS（DOS 系统）等。

下载软件：Thunder、WebThunder、BitComet、eMule、FlashGet 等。

其他：压缩软件、文本编辑器、Chm 电子书批量反编译器、超级函数表达式运算器、汉字编码速查字典等。

1.4.3 计算机软件编程语言

计算机语言的种类非常多，总的来说可以分成机器语言、汇编语言、高级语言三大类。计算机每做一次动作等，都是按照已经用计算机语言编好的程序来执行的，程序是计算机要执行的指令的集合，而程序全部都是用我们所掌握的语言来编写的。所以，人们要控制计算机一定要通过计算机语言向计算机发出命令。目前通用的编程语言有汇编语言和高级语言两种。

汇编语言的实质和机器语言是相同的，都是直接对硬件操作，只不过指令采用了英文缩写的标识符，更容易识别和记忆。它同样需要编程者将每一步具体的操作用命令的形式写出来。汇编程序通常由指令、伪指令和宏指令三部分组成。汇编程序的每一句指令只能对应实际操作过程中的一个很细微的动作，例如移动、自增，因此汇编源程序一般比较冗长、复杂、容易出错，而且使用汇编语言编程需要有更多的计算机专业知识；但汇编语言的优点也是显而易见的，用汇编语言所能完成的操作不是一般高级语言所能实现的，而且源程序经汇编生成的可执行文件不仅比较小，而且执行速度很快。

高级语言是目前绝大多数编程者的选择。和汇编语言相比，它不但将许多相关的机器指令合成为单条指令，并且去掉了与具体操作有关但与完成工作无关的细节，例如，使用堆栈、寄存器等，这样就大大简化了程序中的指令。同时，由于省略了很多细节，编程者也就不需要具备太多的专业知识。

高级语言主要是相对于汇编语言而言的，它并不是特指某一种具体的语言，而是包括了很多编程语言，如目前流行的 VB、VC、FoxPro、Delphi、C＃、Java 等，这些语言的语法、命令格式都各不相同。

高级语言所编制的程序不能直接被计算机识别，必须经过转换才能被执行，按转换方式可将它们分为解释类和编译类两类。

执行方式类似于我们日常生活中的“同声翻译”，应用程序源代码一边由相应语言的解释器"翻译"成目标代码(机器语言),一边执行,因此效率比较低,而且不能生成可独立执行的可执行文件,应用程序不能脱离其解释器,但这种方式比较灵活,可以动态地调整、修改应用程序。

编译是指在应用源程序执行之前,就将程序源代码"翻译"成目标代码(机器语言),因此其目标程序可以脱离其语言环境独立执行,使用比较方便,效率较高。但应用程序一旦需要修改,必须先修改源代码,再重新编译生成新的目标文件(*.OBJ)才能执行,只有目标文件而没有源代码,修改很不方便。现在大多数的编程语言都是编译型的,例如 Visual Foxpro、Delphi 等。

1. 第一代编程语言

第一代编程语言是一种机器级别的程序设计语言,全部用 1 和 0 写。它不需要被编译和转换就能够被 CPU 直接使用。然而,机器语言相比更高级的语言稍难学习,如果发生了错误更难被编辑,而且代码可移植性在基于第一代编程语言的代码上显著地减弱。第一代编程语言现在主要使用在非常古老的计算机上。机器级别的语言仍在现代语言的少数领域被使用。

这种语言使用纸带打孔的方式,在纸带的不同位置打孔,用来代表二进制的代码 0 或者 1,然后放进特殊的装置里面让计算机读取,如图 1-24 所示。

图 1-24　打孔纸带

2. 第二代编程语言

汇编语言就是第二代编程语言。

汇编语言是面向机器的程序设计语言。汇编语言是一种功能很强的程序设计语言,也是利用计算机所有硬件特性并能直接控制硬件的语言。汇编语言作为一门语言,对应于高级语言的编译器,需要一个"汇编器"来把汇编语言原文件汇编成机器可执行的代码。高级的汇编器如 MASM、TASM 等为我们写汇编程序提供了很多类似于高级语言的特征,比如结构化、抽象等。在这样的环境中编写的汇编程序,有很大一部分是面向汇编器的伪指令,已经类同于高级语言。现在的汇编环境已经如此高级,即使全部用汇编语言来编写 Windows 的应用程序也是可行的,但这不是汇编语言的长处。汇编语言的长处在于编写高效且需要对机器硬件精确控制的程序。

在汇编语言中，用助记符代替操作码，用地址符号或标号代替地址码，这样用符号代替机器语言的二进制码，就把机器语言变成了汇编语言。因此，汇编语言亦称为符号语言。

使用汇编语言编写的程序，机器不能直接识别，要由一种程序将汇编语言翻译成机器语言，这种起翻译作用的程序叫汇编程序。汇编程序是系统软件中语言处理系统软件。汇编语言编译器把汇编程序翻译成机器语言的过程称为汇编。

汇编语言比机器语言易于读写、调试和修改，同时具有机器语言的全部优点。但在编写复杂程序时，相对高级语言代码量较大，而且汇编语言依赖于具体的处理器体系结构，不能通用，因此不能直接在不同处理器体系结构之间移植。

汇编语言的特点：

①面向机器的低级语言，通常是为特定的计算机或系列计算机专门设计的。

②保持了机器语言的优点，具有直接和简捷的特点。

③可有效地访问、控制计算机的各种硬件设备，如磁盘、存储器、CPU、I/O 端口等。

④目标代码简短，占用内存少，执行速度快，是高效的程序设计语言。

⑤经常与高级语言配合使用，应用十分广泛。

汇编语言的应用：

①70％以上的系统软件是用汇编语言编写的。

②某些快速处理、位处理、访问硬件设备等高效程序是用汇编语言编写的。

③某些高级绘图程序、视频游戏程序是用汇编语言编写的。

汇编语言是我们理解整个计算机系统的最佳起点和最有效途径。

人们经常认为汇编语言的应用范围很小，而忽视它的重要性，其实汇编语言对每一个希望学习计算机科学与技术的人来说都是非常重要的，是不能不学习的语言。

所有可编程计算机都向人们提供机器指令，通过机器指令人们能够使用机器的逻辑功能。

所有程序，不论是用何种语言编制的，都必须转成机器指令，运用机器的逻辑功能，其功能才能得以实现。

机器的逻辑功能、软件系统功能构筑其上，硬件系统功能运行于下。

汇编语言直接描述机器指令，比机器指令容易记忆和理解。通过学习和使用汇编语言，能够感知、体会、理解机器的逻辑功能，向上为理解各种软件系统的原理打下技术理论基础，向下为掌握硬件系统的原理打下实践应用基础。学习汇编语言，是我们理解整个计算机系统的最佳起点和最有效途径。

3. 第三代编程语言

第三代编程语言（3 GL）是设计得更容易被人们所理解的高级程序语言。Fortran、ALGOL 和 COBOL 是这种语言的早期例子。大部分“现代”语言（如 BASIC、C、C＋＋）是第三代语言。大部分 3 GL 支持结构化语言设计。

4. 第四代编程语言

第四代编程语言（4 GL）的出现是出于商业需要。4 GL 这个词最早在 20 世纪 80 年代初期出现在软件厂商的广告和产品介绍中。因此，这些厂商的 4 GL 产品不论从形式上看还是从功能上看，差别都很大。但是，人们很快发现这一类语言由于具有“面向问题”

"非过程化程度高"等特点,可以成数量级地提高软件生产率,缩短软件开发周期,因此这一类语言赢得了很多用户。1985 年,美国召开了全国性的 4 GL 研讨会,也正是在这前后,许多著名的计算机科学家对 4 GL 展开了全面研究,从而使 4 GL 进入了计算机科学的研究范畴。

4 GL 以数据库管理系统所提供的功能为核心,进一步构造了开发高层软件系统的开发环境,如报表生成、多窗口表格设计、菜单生成系统、图形图像处理系统和决策支持系统,为用户提供了一个良好的应用开发环境。它提供了功能强大的非过程化问题定义手段,用户只需告知系统做什么,而无须说明怎么做,因此可大大提高软件生产率。

进入 20 世纪 90 年代,随着计算机软硬件技术的发展和计算机应用水平的提高,大量基于数据库管理系统的 4 GL 商品化软件已在计算机应用开发领域中获得广泛应用,成了面向数据库应用开发的主流工具,如 Oracle 应用开发环境、Informix-4 GL、SQL Windows、Power Builder 等。它们为缩短软件开发周期、提高软件质量发挥了巨大的作用,为软件开发注入了新的生机和活力。

由于近代软件工程实践所提出的大部分技术和方法并未受到普遍的欢迎和采用,软件供求矛盾进一步恶化,软件的开发成本日益增长,导致了所谓"新软件危机"。这既暴露了传统开发模型的不足,又说明了单纯以劳动力密集的形式来支持软件生产,已不再适应社会信息化的要求,必须寻求更高效、自动化程度更高的软件开发工具来支持软件生产。4 GL 就是在这种背景下应运而生并发展壮大的。

1.5　计算机病毒

计算机病毒是一种在计算机系统运行过程中能把自身精确复制或有修改地复制到其他程序内的程序。它隐藏在计算机系统中,利用系统资源进行"繁殖",并破坏或干扰计算机系统的正常运行。由于计算机病毒是人为设计的程序,通过自我复制来传播,满足一定条件即被激活,从而给计算机系统造成一定损害甚至严重破坏。这种程序的活动方式与生物学中的病毒相似,所以被称为计算机病毒。

1.5.1　计算机病毒的定义

计算机病毒在《中华人民共和国计算机信息系统安全保护条例》中被明确定义,病毒是指"编制或者在计算机程序中插入的破坏计算机功能或者毁坏数据,影响计算机使用,并能自我复制的一组计算机指令或者程序代码"。而在一般教科书及通用资料中被定义为:利用计算机软件与硬件的缺陷,由被感染机内部发出的破坏计算机数据并影响计算机正常工作的一组指令集或程序代码。计算机病毒最早出现在 20 世纪 70 年代。最早的科学定义出现在 1987 年:在 Fred Cohen(弗雷德·科恩)的博士论文中叙述为"一种能把自己(或经演变)注入其他程序的计算机程序"。

所以说,计算机病毒是一个程序,一段可执行代码,具有独特的复制能力。计算机病毒可以很快地蔓延,又常常难以根除。它们能把自身附着在各种类型的文件上,当文件被复制或从一个用户传送到另一个用户时,它们就随同文件一起蔓延开来。以前,大多数类型的病毒主要通过软盘传播。随着网络的应用，Internet 成为新的病毒传播途径。附在电子邮件信息中的病毒，仅仅在几分钟内就可以感染整个企业内部网。

1. 计算机病毒的产生原因

计算机病毒是计算机技术和以计算机为核心的社会信息化进程发展到一定阶段的必然产物。探究计算机病毒产生的根源，主要有以下几种。

(1)用于版权保护。这是最初计算机病毒产生的根本原因。在计算机发展初期，由于在法律上对软件版权保护还没有像今天这样完善，因此，很多商业软件被非法复制，软件开发商为了保护自己的利益，就在自己发布的产品中加入了一些特别设计的程序，其目的就是防止用户进行非法复制或传播。但是，随着信息产业的法制化，用于这种目的的病毒目前已不多见。

(2)显示自己的计算机水平。某些爱好计算机并对计算机技术精通的人士为了炫耀自己的高超技术和智慧，凭借对软硬件的深入了解，编制这些特殊的程序。他们的本意并不是想让这些计算机病毒来对社会产生危害，但不幸的是，这些程序通过某些渠道传播出去后，对社会能造成很大的危害。

(3)个别人的报复心理。在所有的计算机病毒中，危害最大的就是那些别有用心的人出于报复等心理故意制造的计算机病毒。例如，美国一家计算机公司的一名程序员因被辞退，决定对公司进行报复，离开前向公司计算机系统中输入了一个病毒程序，“埋伏”在公司计算机系统里。结果这个病毒潜伏了 5 年多才发作，造成整个计算机系统紊乱，给公司造成了巨大损失。

(4)用于特殊目的。此类计算机病毒通常都是某些组织或个人为达到特殊目的，对政府机构、单位的特殊系统进行暗中破坏、窃取机密文件或数据。

(5)为了获取利益。如今已是木马病毒大行其道的时代，据统计，木马病毒在病毒中已占七成左右，其中大部分都是以窃取用户信息、获取经济利益为目的，如窃取用户资料、网银账号密码、网游账号密码、QQ 账号密码等。一旦这些信息失窃，将给用户带来非常严重的经济损失。这类病毒如“熊猫烧香”“网游大盗”“网银窃贼”等。

2. 计算机病毒的主要征兆

计算机病毒具有传染性和危害性，所以只要计算机感染了病毒，在运行过程中就会出现各种异常现象。下面是一些常见的现象，一旦出现了这些现象，通常应当怀疑系统被病毒侵入了。

(1)计算机系统运行速度减慢。

(2)计算机系统经常无故发生死机。

(3)计算机系统中的文件长度发生变化。

(4)计算机存储的容量异常减少。

(5)系统引导速度减慢。

(6)丢失文件或文件损坏。

(7)计算机屏幕上出现异常显示。

(8)计算机系统的蜂鸣器出现异常声响。

(9)磁盘卷标发生变化。

(10)系统不识别硬盘。

(11)对存储系统异常访问。

(12)键盘输入异常。

(13)文件的日期、时间、属性等发生变化。

(14)文件无法正确读取、复制或打开。

(15)命令执行出现错误。

(16)虚假报警。

(17)更换当前盘。有些病毒会将当前盘切换到 C 盘。

(18)时钟倒转。有些病毒会命令系统时间倒转，逆向计时。

(19)Windows 操作系统无故频繁出现错误。

(20)系统异常重新启动。

(21)一些外部设备工作异常。

(22)异常要求用户输入密码。

(23)Word 或 Excel 提示执行“宏”。

(24)不应驻留内存的程序驻留内存。

3. 计算机病毒的特点

计算机病毒通常具有如下主要特点。

1)传染性

计算机病毒不但本身具有破坏性，更有害的是具有传染性，一旦病毒被复制或产生变种，其传播速度非常之快。传染性是病毒的基本特征。在生物界，病毒从一个生物体扩散到另一个生物体。在适当的条件下，它可大量繁殖，并使被感染的生物体表现出病症甚至死亡。同样，计算机病毒也会通过各种渠道从已被感染的计算机扩散到未被感染的计算机，在某些情况下造成被感染的计算机工作失常甚至瘫痪。与生物病毒不同的是，计算机病毒是一段人为编制的计算机程序代码，这段程序代码一旦进入计算机并得以执行，它就会搜寻其他符合其传染条件的程序或存储介质，确定目标后再将自身代码插入其中，达到自我繁殖的目的。只要一台计算机染毒，如不及时处理，病毒就会在这台计算机上迅速扩散，其中的大量文件(一般是可执行文件)会被感染。而被感染的文件又会成为新的传染源，当与其他机器进行数据交换或通过网络接触时，病毒会继续进行传染。正常的计算机程序一般是不会将自身的代码强行连接到其他程序之上的。而病毒却能使自身的代码强行传染到一切符合其传染条件的未受到传染的程序之中。计算机病毒可通过各种可能的渠道，如网络传染给其他的计算机。是否具有传染性是判别一个程序是否为计算机病毒的最重要条件。病毒程序通过修改磁盘扇区信息或文件内容把自身嵌入到其中，从而达到病毒的传染和扩散目的。

2)隐蔽性

计算机病毒具有很强的隐蔽性，有的可以通过病毒软件检查出来，有的根本就查不出来，有的时隐时现、变化无常，消除病毒通常很困难。

3)潜伏性

有些病毒像定时炸弹一样，让它什么时间发作是预先设计好的。比如“黑色星期五”病毒，不到预定时间一点都觉察不出来，等到条件具备的时候一下子就爆炸开来，对系统进行破坏。一个编制精巧的计算机病毒程序，进入系统之后一般不会马上发作，可以在几周或者几个月内甚至几年内隐藏在合法文件中，对其他系统进行传染，而不被人发现，潜伏性愈好，其在系统中的存在时间就会愈长，病毒的传染范围就会愈大。潜伏性的第一种表现是，病毒程序不用专用检测程序是检查不出来的，因此病毒可以静静地躲在磁盘或磁带里待上几天，甚至几年，一旦时机成熟，得到运行机会，就会四处繁殖、扩散、为害。潜伏性的第二种表现是，计算机病毒的内部往往有一种触发机制，不满足触发条件时，计算机病毒除了传染外不做什么破坏。触发条件一旦得到满足，有的在屏幕上显示信息、图形或特殊标识，有的则执行破坏系统的操作，如格式化磁盘、删除磁盘文件、对数据文件做加密、封锁键盘及使系统死锁等。

4）破坏性

计算机中毒，可能会导致正常的程序无法运行，把计算机内的文件删除或使文件受到不同程度的损坏。计算机病毒的破坏性通常表现为增、删、改、移。

5）针对性

一种计算机病毒并不能传染所有的计算机系统或程序，通常病毒的设计具有一定的针对性。例如：有传染 Macintosh 机器的病毒，有传染微型计算机的病毒，有传染扩展名为 COM 或 EXE 文件的病毒等。

6）可触发性

病毒因某个事件或数值的出现，诱使病毒实施感染或进行攻击的特性称为可触发性。为了隐蔽自己，病毒必须潜伏，少做动作。如果完全不动，一直潜伏的话，病毒既不能感染也不能进行破坏，便失去了杀伤力。病毒既要隐蔽又要维持杀伤力，它必须具有可触发性。病毒的触发机制就是用来控制感染和破坏动作的频率的。病毒具有预定的触发条件，这些条件可能是时间、日期、文件类型或某些特定数据等。病毒运行时，触发机制检查预定条件是否满足，如果满足，启动感染或破坏动作，使病毒进行感染或攻击；如果不满足，使病毒继续潜伏。

1.5.2 计算机病毒的分类

从第一个病毒出现以来，究竟世界上有多少种病毒，说法不一。无论多少种，病毒的数量仍在不断增加。从已发现的计算机病毒来看，小的病毒程序只有几十条指令，而大的病毒程序如同操作系统一样由上万条指令组成。对计算机病毒分类的角度很多，下面从三个角度进行分类。

1. 按破坏性分类

1）无害型

无害型病毒除了传染时减少磁盘的可用空间外，对系统没有其他影响。

2）无危险型

这类病毒仅仅是减少内存、显示图像、发出声音等。

3）危险型

这类病毒使计算机操作系统出现严重的错误。

4）非常危险型

这类病毒删除程序、破坏数据、清除系统内存区和操作系统中重要的信息。这类病毒对系统造成的危害，并不是本身的算法中存在危险的调用，而是当它们传染时会引起无法预料的和灾难性的破坏。由病毒引起其他的程序产生的错误也会破坏文件和扇区。一些现在的无害型病毒也可能会对新版的 DOS、Windows 和其他操作系统造成破坏。

2. 按传染方式分类

根据病毒传染的方式，病毒可分为驻留型病毒和非驻留型病毒两类。驻留型病毒感染计算机后，把自身的内存驻留部分放在内存中，这一部分程序挂接系统调用并合并到操作系统中去，它处于激活状态，一直到关机或重新启动。非驻留型病毒在得到机会激活时并不感染计算机内存，一些病毒在内存中留有小部分，但是并不通过这一部分进行传染。

1.5.3　计算机病毒的检测与防疫

1. 计算机病毒的检测

计算机病毒的检测主要有症状观察和反病毒软件检测两种方法。

普通用户可以根据下列情况来判断系统是否感染病毒：计算机的启动速度较慢且无故自动重启；工作中机器经常无故出现死机、蓝屏现象；桌面上出现了异常现象（例如，桌面快捷方式图标发生变化等）；在运行某一正常的应用软件时，系统经常报告内存不足；文件中的数据被篡改或丢失；硬盘中文件或文件夹变成后缀名为. exe 的可执行程序；系统不能识别存在的硬盘；打印机的速度变慢或者打印出一系列奇怪的字符等。出现这些情况，一般都可以怀疑机器已经中毒了。

反病毒软件检测是目前一般用户常使用的一种方式，快捷简单。计算机使用者要养成定期用反病毒软件检测病毒的习惯。

2. 计算机病毒的预防

防止病毒的侵入要比病毒入侵后再去发现和消除它更重要。防止病毒侵入需要做好以下预防措施。

树立病毒防范意识，从思想上重视计算机病毒。要从思想上重视计算机病毒可能会给计算机安全运行带来的危害。有病毒防护意识的人和没有病毒防护意识的人对待计算机病毒的态度完全不同。例如对于反病毒研究人员，他们的计算机内存储的上千种病毒不会随意进行破坏，他们所采取的防护措施也并不复杂。而对于对病毒毫无警惕意识的人员，可能连计算机显示屏上出现的病毒信息都不去仔细观察一下，任其在磁盘中进行破坏。其实，只要稍有警惕，病毒在传染时和传染后留下的蛛丝马迹总是能被发现的。

安装正版的杀毒软件和防火墙，并及时升级到最新版本（如金山毒霸等）。

另外，还要及时升级杀毒软件病毒库，这样才能防范新病毒，为系统提供真正的安全环境。

及时对系统和应用程序进行升级。及时更新操作系统，安装相应的补丁程序，从根源上杜绝黑客利用系统漏洞攻击用户的计算机。可以利用系统自带的自动更新功能或者开启有些软件的“系统漏洞检查”功能（如“360 安全卫士”），全面扫描操作系统漏洞，要尽量使用正版软件，并及时将计算机中所安装的各种应用软件升级到最新版本，其中包括各种即时通信工具、下载工具、播放器软件、搜索工具等，避免病毒利用应用软件的漏洞进行木马病毒传播。

把好入口关。很多病毒都是因为使用了含有病毒的盗版光盘、复制了隐藏病毒的U盘资料等而感染的，所以必须把好计算机的“入口”关，在使用这些光盘、U盘以及从网络上下载的程序之前必须使用杀毒工具进行扫描，查看是否带有病毒，确认无病毒后，再使用。

不要随便登录不明网站、黑客网站或色情网站。用户不要随便登录不明网站或者色情网站，不要随便打开QQ、MSN等聊天工具上发来的链接信息，不要随便打开或运行陌生、可疑文件和程序，如邮件中的陌生附件、外挂程序等，这样可以避免网络上的恶意软件进入计算机。

养成经常备份重要数据的习惯。要定期与不定期地对磁盘文件进行备份，特别是一些比较重要的数据资料，以便在感染病毒导致系统崩溃时可以最大限度地恢复数据，尽量减少可能造成的损失。

养成使用计算机的良好习惯。在日常使用计算机的过程中，应该养成定期查毒、杀毒的习惯。因为很多病毒在感染后会在后台运行，用肉眼是无法看到的，而有的病毒会存在潜伏期，在特定的时间会自动发作，所以要定期对自己的计算机进行检查，一旦发现感染了病毒，要及时清除。

要学习和掌握一些必备的相关知识。一定要学习和掌握一些必备的相关知识，这样才能及时发现新病毒并采取相应措施，在关键时刻减少病毒对自己计算机造成的危害。

3. 计算机病毒的清除

如果发现计算机被病毒感染了，则应立即清除掉。通常用人工处理或反病毒软件两种方式进行清除。

人工处理的方法有：用正常的文件覆盖被病毒感染的文件；删除被病毒感染的文件；重新格式化磁盘。最后一种方法有一定的危险性，容易造成对文件数据的破坏。

用反病毒软件对病毒进行清除是一种较好的方法。常用的反病毒软件有NOD32、360杀毒、卡巴斯基等。这些反病毒软件操作简单、行之有效，但对某些病毒的变种不能清除，需使用专门的反病毒软件进行清除。

1.5.4 病毒品种

1. 系统病毒

系统病毒的前缀为Win32、PE、Win95、W32、W95等。这些病毒的一般共有的特性是可以感染Windows操作系统的 *.exe 和 *.dll 文件，并通过这些文件进行传播，如CIH病毒。

2. 蠕虫病毒

蠕虫病毒的前缀是Worm。这种病毒的共有特性是通过网络或者系统漏洞进行传播的，很大部分的蠕虫病毒都有向外发送带毒邮件、阻塞网络的特性，比如冲击波(阻塞网络)、小邮差(发带毒邮件)等。

3. 木马病毒、黑客病毒

木马病毒的前缀是Trojan，黑客病毒前缀名一般为Hack。木马病毒的共有特性是通过网络或者系统漏洞进入用户的系统并隐藏，然后向外界泄露用户的信息；而黑客病毒则有一个可视的界面，能对用户的计算机进行远程控制。木马病毒、黑客病毒往往是成对出现的，即木马病毒负责侵入用户的计算机，而黑客病毒则会通过该木马病毒进行控制。现在这两种类型的病毒都越来越趋向于整合了。这里补充一点，病毒名中有 PSW 或者 PWD 之类的，一般都表示这个病毒有盗取密码的功能（这些字母一般都为“密码”的英文“password”的缩写）。

4. 脚本病毒

脚本病毒的前缀是 Script。脚本病毒的共有特性是使用脚本语言编写，通过网页进行传播的病毒，如红色代码（Script. Redlof）。脚本病毒还会有前缀 VBS、JS（表明是何种脚本编写的），如欢乐时光（VBS. Happytime）等。

5. 宏病毒

其实宏病毒也是脚本病毒的一种，由于它的特殊性，因此在这里单独算成一类。宏病毒的前缀是 Macro，第二前缀是 Word、Word97、Excel、Excel97（也许还有别的）其中之一。凡是只感染 Word 97 及以前版本 Word 文档的病毒采用 Word 97 作为第二前缀，格式是 Macro. Word97；凡是只感染 Word 97 以后版本 Word 文档的病毒采用 Word 作为第二前缀，格式是 Macro. Word；凡是只感染 Excel 97 及以前版本 Excel 文档的病毒采用 Excel97 作为第二前缀，格式是 Macro. Excel97；凡是只感染 Excel 97 以后版本 Excel 文档的病毒采用 Excel 作为第二前缀，格式是 Macro. Excel，以此类推。该类病毒的共有特性是能感染 OFFICE 系列文档，然后通过 OFFICE 通用模板进行传播，如著名的美丽莎（Macro. Melissa）。

6. 后门病毒

后门病毒的前缀是 Backdoor。该类病毒的共有特性是通过网络传播，给系统开后门，给用户计算机带来安全隐患。

7. 病毒种植程序病毒

这类病毒的共有特性是运行时会从体内释放出一个或几个新的病毒到系统目录下，由释放出来的新病毒产生破坏。如冰河播种者（Dropper. BingHe2. 2C）、MSN 射手（Dropper. Worm. Smibag）等。

8. 破坏性程序病毒

破坏性程序病毒的前缀是 Harm。这类病毒的共有特性是本身具有好看的图标来诱惑用户点击，当用户点击这类病毒时，病毒便会直接对用户计算机产生破坏。如格式化 C 盘（Harm. formatC. f）、杀手命令（Harm. Command. Killer）等。

9. 玩笑病毒

玩笑病毒的前缀是 Joke。玩笑病毒也称恶作剧病毒。这类病毒的共有特性是本身具有好看的图标来诱惑用户点击，当用户点击这类病毒时，病毒会做出各种破坏操作来吓唬用户，其实病毒并没有对用户计算机进行任何破坏。如女鬼（Joke. Girl ghost）病毒。

10. 捆绑机病毒

捆绑机病毒的前缀是 Binder。这类病毒的共有特性是病毒作者会使用特定的捆绑程序将病毒与一些应用程序如 QQ、IE 捆绑起来，表面上看是一个正常的文件，当用户运行这些捆绑病毒时，会表面上运行这些应用程序，然后隐藏运行捆绑在一起的病毒，从而给用户造成危害。如捆绑 QQ（Binder. QQPass. QQBin）、系统杀手（Binder. killsys）等。

第 2 章

Windows XP 操作系统

2.1 操作系统概述

2.1.1 Windows 的发展历史

微软公司自从推出 Windows 95 获得巨大成功之后，在随后几年又陆续推出了 Windows 98、Windows Me，以及 Windows 2000 三种用于 PC 的操作系统，各种版本的操作系统都以其直观的操作界面、强大的功能使众多的计算机用户能够方便快捷地使用自己的计算机，为人们的工作和学习提供了很大的便利。

Microsoft 公司于 2001 年又推出了其最新的操作系统——中文版 Windows XP，这次不再按照惯例以年份数字为产品命名，XP 是 Experience（体验）的缩写，Microsoft 公司希望这款操作系统能够在全新技术和功能的引导下，给 Windows 的广大用户带来全新的操作系统体验。根据用户对象的不同，中文版 Windows XP 可以分为 Windows XP Home Edition（家庭版）和 Windows XP Professional（办公扩展专业版）。

中文版 Windows XP 采用的是 Windows NT/2000 的核心技术，运行非常可靠、稳定而且快速，为用户的计算机的安全、高效运行提供了保障。

中文版 Windows XP 不但使用更加成熟的技术，而且外观设计也焕然一新，桌面风格清新明快、优雅大方，用鲜艳的色彩取代以往版本的灰色基调，使用户有良好的视觉感受。

中文版 Windows XP 系统大大增强了多媒体性能，对其中的媒体播放器进行了彻底的改造，使之与系统完全融为一体，用户无须安装其他的多媒体播放软件，使用系统的娱乐功能，就可以播放和管理各种格式的音频和视频文件。

总之，新的中文版 Windows XP 系统增加了众多的新技术和新功能，使用户能轻松地完成各种管理和操作。

2.1.2 Windows XP 的安装

中文版 Windows XP 的安装过程非常简单，它使用高度自动化的安装程序向导，用户不需要进行太多的操作，就可以完成整个安装工作，其安装过程可分为收集信息、动态更新、准备安装、安装 Windows、完成安装五个步骤。

中文版 Windows XP 的安装可以通过多种方式进行，通常使用升级安装、全新安装、双系统共存安装三种方式，下面分别介绍这三种安装方式。

1. 升级安装

如果用户的计算机上安装了 Microsoft 公司其他版本的 Windows 操作系统，那么可以覆盖原有的操作系统而更新为 Windows XP 版本。中文版 Windows XP 的核心代码是基于 Windows 2000 的，所以从 Windows NT 4.0/2000 上进行升级安装是非常方便的。

中文版 Windows XP 的升级安装是系统推荐的安装方式，它的过程可参照以下步骤进行。

(1)用户可以直接使用安装光盘进行安装，也可以在安装前先把中文版 Windows XP 的所有文件都复制到计算机的硬盘上，然后调用文件进行安装。

(2)如果是使用光盘进行安装，可以在打开的光盘中找到所需文件的正确路径，如果事先进行了文件的复制，可以在现有的操作系统中通过我的电脑或资源管理器窗口，找到相应的安装文件，双击 Setup 图标，这时会打开“欢迎使用 Microsoft Windows XP”窗口，如图 2-1 所示。

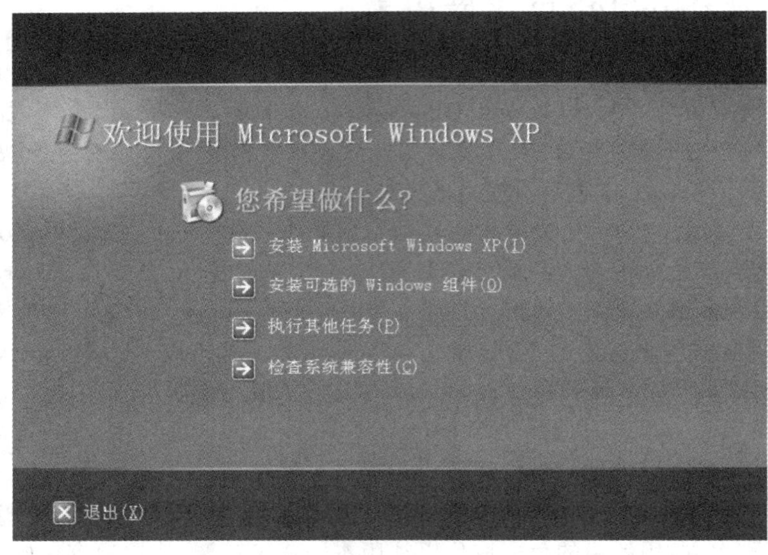

图 2-1 “欢迎使用 Microsoft Windows XP”窗口

(3)在这个窗口的“您希望做什么?”选项组中，可以选择“安装可选的 Windows 组件”选项，对系统组件进行自定义安装，用户可以取消勾选自己暂时不需要的选项，这样可以减少文件的复制数量，缩短安装时间，在此也可以执行其他任务或者检查系统的兼容性。

(4)选择“安装 Microsoft Windows XP”选项，可以打开“欢迎使用 Windows 安装程序”对话框，如图 2-2 所示。

在界面左侧显示安装的进程及安装总共所需要的时间，在右侧的“欢迎使用 Windows 安装程序”对话框中，用户可以选择执行哪一类型的安装，在安装类型下拉列表框中有升级安装和全新安装两种选项。值得一提的是，升级安装会保留已安装的程序、数据文件和现有的计算机设置，而全新安装将替换原有的 Windows 或在不同的硬盘或磁盘分区上安装 Windows，它会造成硬盘上所有数据的丢失。在这里选择“升级安装”，单击“下一步”按钮。

图 2-2　“欢迎使用 Windows 安装程序”对话框

(5)在接下来的对话框中要求用户阅读许可协议，在看完此协议后，可以选中“我接受这个协议”单选按钮，只有接受此协议，才能继续进行安装，如图 2-3 所示。

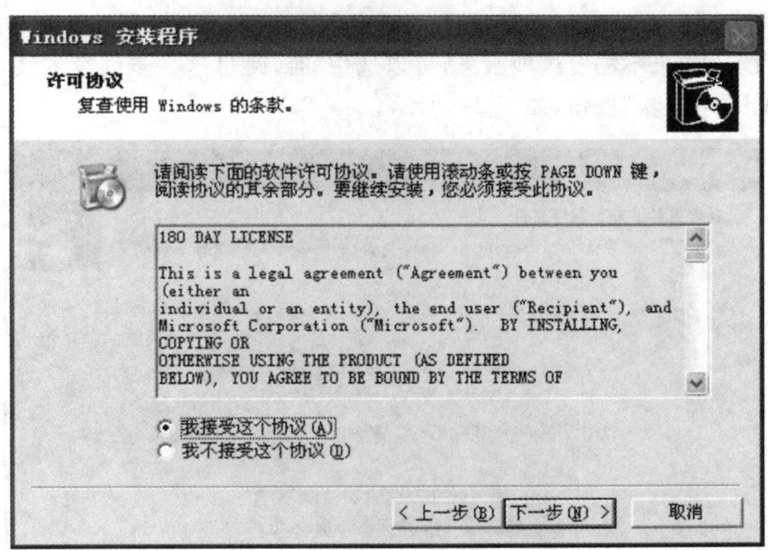

图 2-3　“许可协议”对话框

(6)在“许可协议”对话框中进行选择后，单击“下一步”按钮，打开“您的产品密钥”对话框，要求用户输入所安装的 Windows 产品的密钥，并提示这 25 个字符的产品密钥在 Windows CD 文件夹背面的黄色不干胶纸上，通常在安装光盘中会有一个名称为 SN 的文件，打开该文件，也可以得到产品的密钥。在输入时用户要确保所输内容正确无误，否则安装过程不能继续，如图 2-4 所示。

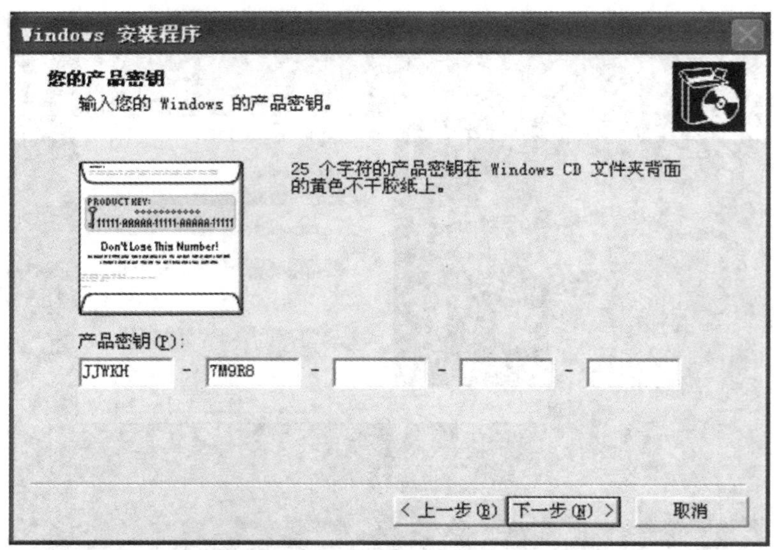

图 2-4 "您的产品密钥"对话框

(7)在"产品密钥"文本框中输入正确的密码后,单击"下一步"按钮,打开"获得更新的安装程序文件"对话框,用户可以使用动态更新从 Microsoft 的网站上获得更新的安装程序文件,以保证现在所安装的程序是最新的,Internet 用户如果选中"是,下载更新的安装程序文件(推荐)"单选项,安装程序能够使用用户的 Internet 连接来检查 Microsoft 网站的安装程序文件,如果不需要这项服务,可以选中"否,跳过这一步继续安装 Windows"单选项,然后单击"下一步"按钮,如图 2-5 所示。

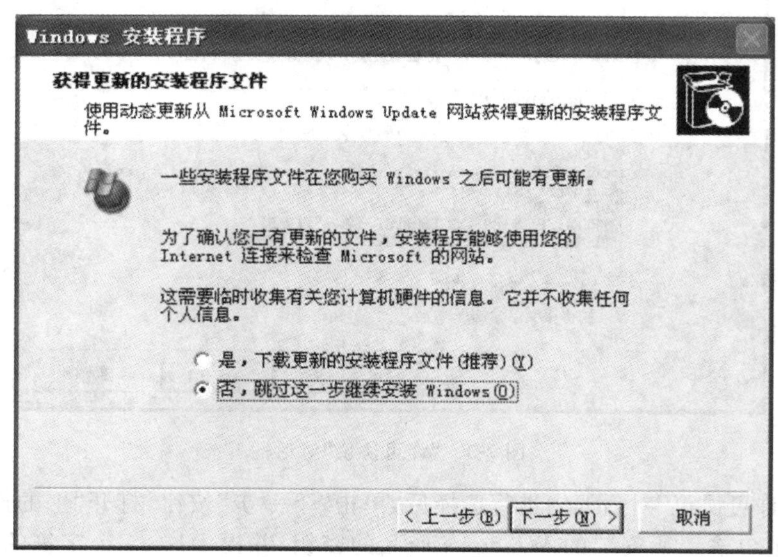

图 2-5 "获得更新的安装程序文件"对话框

(8)进入准备安装阶段,系统开始复制安装所需要的文件,在"正在复制安装文件"进度条中显示了文件复制的进度,在界面的右侧将出现中文版 Windows XP 的新增功能的介绍，如果用户在此时要退出安装，可以在键盘上按 Esc 键，即可取消安装程序，如图2-6所示。

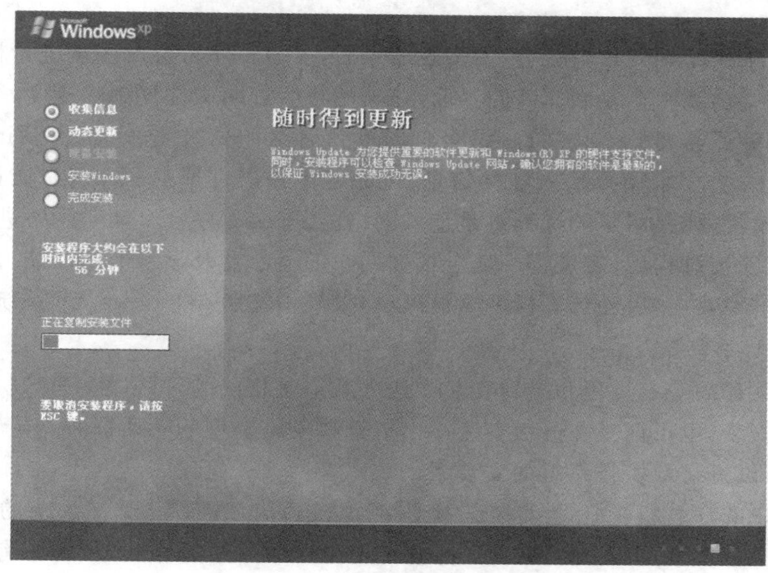

图 2-6　正在复制安装文件

(9)在复制完安装文件后，系统将自动重新启动计算机，进入安装 Windows 阶段，在整个安装过程中，这一阶段是耗时最长的，它将复制和配置各种文件，由于要确保所加载的各种设备的驱动程序生效，在此过程中会陆续自动重新启动计算机，而后继续运行安装程序，用户可不必对其进行操作。

(10)完成安装后，系统会自动登录，这时会要求用户输入用户名称，并且提供了多个用户名可选项，用户可以在此设置多个用户，系统将会为每个用户建立账户，这样各个用户都可以拥有个性化的使用空间，而相互之间不会影响。

(11)用户根据提示输入一些个人信息后，就可以登录到计算机系统了，登录时，欢迎界面上会出现所有的用户账户，单击所要使用的用户名称前的图标，就可以进入中文版 Windows XP 的界面了，在任务栏上会出现漫游 Windows XP 的图标，双击这个图标就可以打开一个多媒体教程，其中详细介绍了中文版 Windows XP 的新增功能。

2. 全新安装

如果用户新购买的计算机还未安装操作系统，或者机器上原有的操作系统已格式化，可以采用全新安装方式进行安装。用户在进行全新安装时要在 DOS 状态下进行，这需要使用启动盘进行引导。当用户在刚开机启动计算机时，要在键盘上按 Delete 键，这时会进入 BIOS 设置界面，用户需要把第一启动顺序改为从光盘驱动器启动，然后保存并退出，把安装光盘放入光盘驱动器中，这时将从 DOS 状态启动。

(1)如果用户的硬盘尚未分区和格式化，可以在 DOS 命令下输入相应的 DOS 命令，对硬盘进行分区和格式化。做好安装前的准备工作之后，在光盘驱动器中放入中文版 Windows XP 的安装光盘，在所打开的光盘中找到相应的安装文件，然后使用 Setup 命令。

如果用户此前安装过操作系统，只是把原来安装操作系统的分区进行了格式化，而在别的硬盘分区有中文版 Windows XP 的备份，可在 DOS 状态下找到相应的安装文件进行安装。

(2)无论采用哪种方式，在执行了安装命令后，安装程序将会对磁盘进行检测，完成磁盘扫描后，将会出现正在复制文件的界面，在其中将会表明文件复制的进度。

(3)复制完所需要的安装文件后，会自动重新启动计算机，进入安装 Windows 阶段，在整个过程中，会要求用户输入各种信息，比如区域和语言选项、个人信息、计算机名称、日期和时间设置，如果用户的计算机是连入网络的，安装程序会自动对网络进行设置。

(4)完成安装过程后，安装程序还会根据用户的显示器及显示卡的性能自动调整最合适的屏幕分辨率，再次启动计算机后，就可以登录到中文版 Windows XP 系统了。

3. 双系统共存安装

双系统共存的安装过程和全新安装方法大致上是相同的，可以在 DOS 状态下执行安装命令进行安装，也可以是在升级安装中出现选择安装类型的对话框时，选择全新安装类型，这样就可以进行双操作系统的安装了。

如果用户的计算机上已经安装了操作系统，也可以在保留现有系统的基础上安装 Windows XP，新安装的 Windows XP 将被安装在一个独立的分区中，与原有的系统共同存在，但不会互相影响。这样的双操作系统安装完成，重新启动计算机后，在显示屏上会出现系统选择菜单，用户可以选择所要使用的操作系统。这种安装方式适合于原有操作系统为非中文版的用户，如果要安装中文版 Windows XP，由于语言版本不同，不能从非中文版直接升级到中文版，可以选择双系统共存安装。

总之，中文版 Windows XP 中的安装是非常简单的，无论采用哪种安装方式，都不需要用户做太多的工作，除了输入少量的个人信息外，整个过程几乎是全自动的。由于使用安装方式的不同，整个安装过程进行的步骤也是不同的，用户可根据实际情况具体对待，只要按安装程序向导的提示进行即可成功安装中文版 Windows XP。

2.1.3 Windows XP 的启动和退出

由于中文版 Windows XP 是一个支持多用户的操作系统，当登录系统时，只需要在登录界面上单击用户名前的图标，即可实现多用户登录，各个用户可以进行个性化设置而互不影响。

1. 启动

启动计算机首先要接通各种电源和数据线，打开显示器，待其指示灯变亮后，按下计算机主机箱上的电源开关就可以启动计算机。启动计算机的操作步骤如下。

打开电源后，如果计算机只安装了 Windows XP，计算机将自动启动 Windows XP；如果计算机中同时安装了多个操作系统，则会显示一个操作系统选择菜单，用户可以使用键盘上的方向键选择“Microsoft Windows XP Professional”选项，再按 Enter 键，计算机将开始启动 Windows XP。

2. 注销

为了便于不同的用户快速登录并使用计算机，中文版 Windows XP 提供了注销的功能，应用注销功能，用户不必重新启动计算机就可以实现多用户登录，这样既快捷方便，又减少了对硬件的损耗。

中文版 Windows XP 的注销，可在“开始”菜单中单击“注销”按钮，桌面上出现一个对话框，“切换用户”是指在不关闭当前登录用户的情况下切换到另一个用户，用户可以不关闭正在运行的程序，而当再次返回时系统会保留原来的状态。而“注销”将保存设置并关闭当前登录的用户，如图 2-7 所示。

3. 关闭

当用户不再使用计算机时，可选择“开始”→“关闭计算机”命令，这时系统会弹出“关闭计算机”对话框，用户可在此做出选择，如图 2-8 所示。

图 2-7　“注销 Windows”对话框

图 2-8　“关闭计算机”对话框

该对话框中的各选项说明如下。

- 待机：选择该选项，系统将保持当前的运行，计算机将转入低功耗状态，当用户再次使用计算机时，在桌面上移动鼠标即可恢复原来的状态，此项通常在用户暂时不使用计算机，而又不希望其他人在自己的计算机上操作时选用。
- 关闭：选择此选项后，系统将停止运行，保存设置并退出，并且会自动关闭电源。用户不再使用计算机时选择该选项可以安全关机。
- 重新启动：选择此选项将关闭并重新启动计算机。

用户也可以在关机前关闭所有的程序，然后按快捷键 Alt ＋F4 快速调出“关闭计算机”对话框进行关机。

2.2　Windows XP 的使用

2.2.1　鼠标的使用

鼠标是对 Windows XP 进行操作的主要工具之一，通常使用两个按键模式的鼠标。鼠标左键可称为命令键，右键可称为菜单键。当移动鼠标时，屏幕上的鼠标指针也随之移动。对鼠标的操作可以有以下几种基本方式。

- 移动：移动鼠标，显示器上的鼠标指针也随之移动。
- 指向：移动鼠标，让鼠标指针停留在某个对象上。

● 单击：用鼠标指向某个对象，按下鼠标左键后松开。单击一般用于选中某个对象、命令或图标。例如，将鼠标指针指向"我的电脑"图标上并单击，就可以选中此图标。

● 右击：按下鼠标右键后松开。一般情况下，右击后会弹出一个菜单，可以快速执行菜单中的命令，因此称为快捷菜单。在不同的位置右击，所打开的快捷菜单是不同的。

● 双击：快速地连续按两下鼠标左键。一般情况下，双击表示选中并执行。例如，双击"我的电脑"图标，则直接可以打开"我的电脑"窗口。

● 拖动：按住鼠标左键并移动鼠标，到指定的位置再松开，一般是指把一个对象从一个位置移到另一个位置的过程。

对 Windows XP 进行操作的过程往往需要综合运用几种鼠标基本操作方式。例如，要移动"我的电脑"图标的位置，就可以将鼠标指针指向该图标，然后按下鼠标左键不放，并移动鼠标指针到另一个位置后再松开，这样就可以将该图标移动到新的位置，有时拖动操作是一个选中的过程，在桌面左上角空白处按下左键不放并向右下角移动，就会出现一个矩形框，松开鼠标后框内的选项就被选中。

2.2.2 桌面的基本操作

桌面就是在安装好中文版 Windows XP 后，用户启动计算机登录到系统后看到的整个屏幕界面，它是用户和计算机进行交流的窗口，上面可以存放用户经常用到的应用程序和文件夹图标，用户可以根据自己的需要在桌面上添加各种快捷图标，在使用时双击图标就能够快速启动相应的程序或文件。

1. 桌面背景

桌面背景的作用是美观屏幕，用户可以将自己喜欢的图形设置为桌面背景，也可以去除桌面背景以保持简捷的风格。

2. 桌面图标

桌面图标是指在桌面上排列的小图像，它包含图形、说明文字两部分，如果用户把鼠标放在图标上停留片刻，桌面上会出现对图标所表示内容的说明或者是文件存放的路径，双击图标就可以打开相应的内容。

● "我的文档"图标：用于管理"我的文档"下的文件和文件夹，可以保存信件、报告和其他文档，它是系统默认的文档保存位置。

● "我的电脑"图标：用户通过该图标可以实现对计算机硬盘驱动器、文件夹和文件的管理，在其中用户可以访问连接到计算机的硬盘驱动器、照相机、扫描仪和其他硬件，以及有关信息。

● "网上邻居"图标："网上邻居"提供了网络上其他计算机上文件夹和文件的访问，以及有关信息，在双击展开的窗口中，用户可以查看工作组中的计算机、查看网络位置及添加网络位置等。

● "回收站"图标：在回收站中暂时存放着用户已经删除的文件或文件夹等一些信息，当用户还没有清空回收站时，可以从回收站中还原被删除的文件或文件夹。

● "Internet Explorer"图标：用于浏览互联网上的信息，通过双击该图标可以访问网络资源。

3. 任务栏

任务栏是位于桌面最下方的一个小长条，它显示了系统正在运行的程序和打开的窗口、当前时间等内容，用户通过任务栏可以完成许多操作，而且也可以对它进行一系列的设置。

任务栏可分为“开始”菜单、快速启动工具栏、窗口按钮栏和通知区域等几部分，如图 2-9 所示。

图 2-9　任务栏

- “开始”菜单：在用户操作过程中，用该菜单可以打开大多数的应用程序。
- 快速启动工具栏：由一些小型的按钮组成，单击按钮可以快速启动程序，一般情况下，它包括网上浏览工具“Internet Explorer”图标、收发电子邮件的程序“Outlook Express”图标和“显示桌面”图标等。
- 窗口按钮栏：当用户启动某项应用程序而打开一个窗口后，在窗口按钮栏上会出现相应的有立体感的按钮，表明当前程序正在被使用，在正常情况下，按钮是向下凹陷的，而把程序窗口最小化后，按钮则是向上凸起的。

2.2.3　中文输入法

Windows XP 提供了多种中文输入法：智能 ABC、微软拼音、全拼、双拼等。用户可以根据自己的习惯选择一种输入法。

1. 选择输入法

通常使用以下两种方法切换输入法。

1)用鼠标进行操作

单击任务栏右端的输入法图标 EN，屏幕上会弹出输入法选择菜单(见图 2-10)，单击所需要的输入法选项，可切换到该输入法状态。

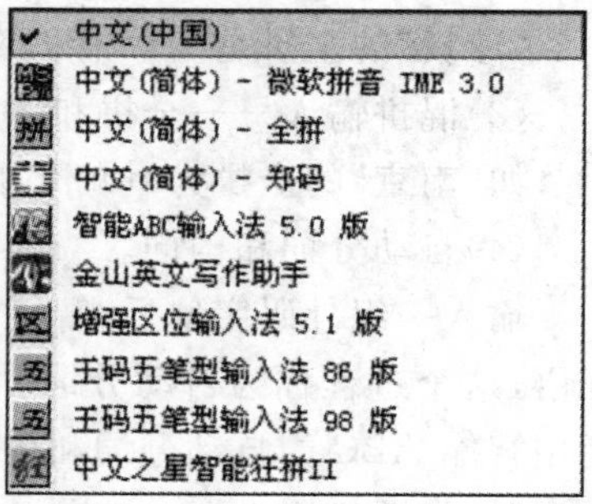

图 2-10　输入法选择菜单

2)使用键盘命令操作

在 Windows XP 中可以随时使用快捷键 Ctrl＋Space(空格)来启动或关闭中文输入法，也可以使用快捷键 Ctrl＋Shift(或 Alt＋Shift)在英文及各种中文输入法之间进行切换。

2. 输入法的使用

1)全拼拼音输入法的使用

当在全拼状态下输入汉字时，要求逐个字母输入汉语拼音，我国汉语中同音字很多，解决同音字最常用的方法是利用汉字系统下的提示，进行二次选择，输入一个汉字的拼音后，如果有同音字，提示窗口中会显示它们的编号以供选择。有时提示窗口容纳不下全部的同音字，因此还需要用 Page Down 键或 Page Up 键翻到包含所要汉字的窗口，然后输入编号。

2)双拼输入法的使用

双拼输入法简化了全拼输入法的拼音规则,只要用两个拼音字母表示一个汉字,规定声母和韵母各用一个字母,因而只要按两次键就可以输入一个汉字的读音。例如,“张”(全拼 zhang)字的双拼为 vh(详见相关的声母韵母表)。双拼输入法不但可以进行单字输入,还支持词汇的输入。

3)智能 ABC 输入法的使用

智能 ABC 输入法的使用方法与全拼拼音输入法的相似,可以使用全拼方式输入汉字。在输入汉字的过程中可以进行一个词组或者一个完整句子的输入,除此之外,智能 ABC 输入法还支持简拼、混拼、笔形、音形、双拼多种输入方法。以下介绍利用智能 ABC 输入法输入汉字时的几种方式。

(1)全拼输入——采用标准的汉语拼音方案。

- 输入单字:如“一”字,输入拼音 yi 再按空格键,在候选框中选 1 即可。
- 输入词组:如“中国”两字,输入拼音 zhongguo 再按空格键即可。

当拼音混淆时可用隔音符“'”(单引号)分隔。例如,“西安”两字,拼音为 xian,与“先”字同音,使用隔音符后则为:xi'an。

- 输入短语:如“我们爱计算机”,输入拼音 women'ai'jisuanji 后按回车键,再选字即可。

(2)简拼输入——对全拼输入的简化(用于词组输入)。

对单声母或零声母的音节取其第一字母,对双声母的音节通常取前两个字母。如“程序”的全拼是 chengxu,简拼是 chx,也可以是 cx。

“中华”的全拼是 zhonghua,简拼是 zhh,或 z'h。

“珍贵”的全拼是 zhengui,简拼是 zhg,或 z'g。

(3)混拼输入——全拼和简拼的组合(可减少重码,用于词组输入)。

如“南京”的全拼为 nanjing,简拼为 nj,混拼为 nanj 或 njing。

(4)自动分词和构词。

输入一组外码字串后,智能 ABC 会按照语法规则,将其划分成若干语段,分别转换成词语,这个过程称为自动分词。把若干个词和词素组合成一个新词语的过程,称为构词。使用智能 ABC 的自动分词和构词这两个功能,可以自定义词语。如自定义“计算机文化”一词时,先混拼输入 jisuanjiwenhua 后,按空格键分词,可分出“计算机”和“文化”两词,此时自定义词语“计算机文化”已自动完成,以后只需输入 jsjwh 就能输入新词“计算机文化”。

(5)在智能 ABC 输入法下输入英文。

在汉字输入过程中,有时会需要输入英文字符,除了可以使用切换输入法进入英文输入法状态输入外,还可以直接在智能 ABC 输入法下输入英文,可以先输入 v 字符接着输入所需要的英文字符。如需要输入 computer 一词,可以直接输入 vcomputer 并按回车键,得到英文的 computer。

3. 中文和英文标点

要输入中文标点,状态栏必须处于中文标点输入状态,即月亮状按钮右边的逗号和句号应该是空心的,如图 2-11 所示。

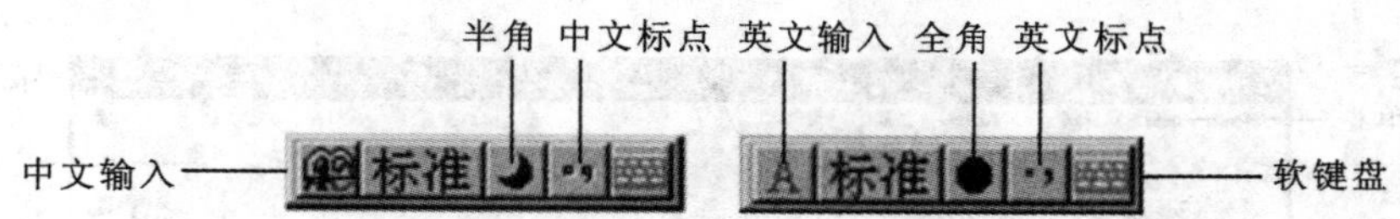

图 2-11　中文和英文标点

表 2-1 列出了中文标点在键盘上的位置。

表 2-1　中文标点在键盘上的位置

中文标点	对应的键	中文标点	对应的键
、(顿号)	\	！(感叹号)	!
。(句话)	.	（(左小括号)	(
·(实心点)	@	）(右小括号)	)
——(破折号)	-	，(逗号)	,
—(连字符)	&	：(冒号)	:
……(省略号)	∧	；(分号)	;
‘(左引号)	‘(奇数次)	？(问号)	?
’(右引号)	‘(偶数次)	{(左大括号)	{
“(左双引号)	“(奇数次)	}(右大括号)	}
”(右双引号)	“(偶数次)	[(左中括号)	[
《(左书名号)	<	](右中括号)	]
》(右书名号)	>	￥(人民币符号)	$

2.2.4　窗口的构成及操作

学习窗口和菜单的使用,包括以下主要内容。

● 利用“开始”菜单启动计算机程序。

● 打开“资源管理器”窗口,执行“查看”→“详细资料”命令,查看资源后,关闭所有窗口。

为完成以上任务,需要掌握的知识点及操作如下。

●“开始”菜单里的项目或命令及其功能。

● 利用“开始”菜单启动程序的方法。

● 打开资源管理器的方法,“资源管理器”窗口的组成及功能。

● 移动窗口的方法,改变窗口大小(包括最大化、最小化、还原、任意改变大小等)的方法,关闭窗口的方法。

●“撤消”命令的作用及方法。

1. 窗口的组成

在中文版 Windows XP 系统中有许多种窗口,其中大部分都包括了相同的组件,如图 2-12 所示是一个标准的窗口,它由标题栏、菜单栏、工具栏等几部分组成。

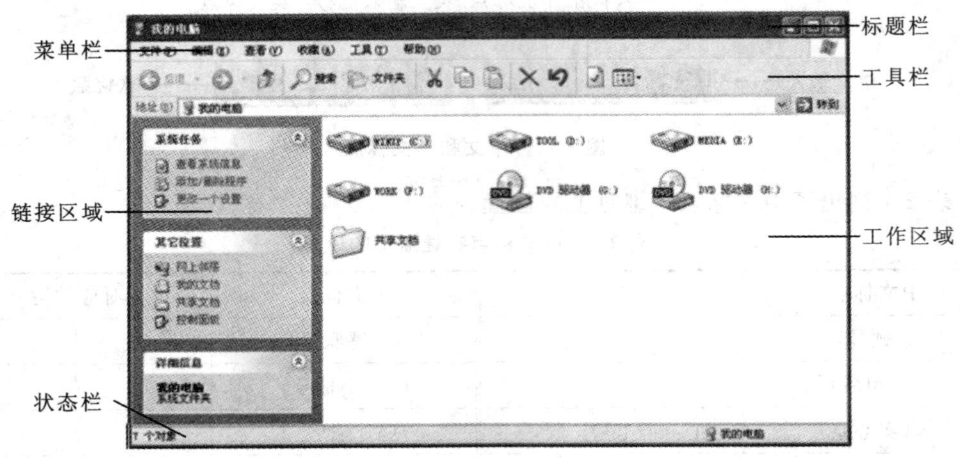

图 2-12 示例窗口

● 标题栏:位于窗口的最上部,它标明了当前窗口的名称,左侧有控制菜单按钮,右侧有最小化按钮、最大化按钮或还原及关闭按钮。

● 菜单栏:在标题栏的下面,它提供了用户在操作过程中要用到的各种访问途径。

● 工具栏:包括一些常用的功能按钮,用户在使用时可以直接从上面选择各种工具。

● 状态栏:在窗口的最下方,标明了当前有关操作对象的一些基本情况。

● 工作区域:在窗口中所占的比例最大,显示了应用程序界面或文件中的全部内容。

● 滚动条:当工作区域的内容太多而不能全部显示时,窗口将自动出现滚动条,用户可以通过拖动水平或者垂直的滚动条来查看所有的内容。

● 链接区域:在中文版 Windows XP 系统中,有的窗口左侧新增加了链接区域,这是以往版本的 Windows 系统所不具有的,它以超级链接的形式为用户提供了各种操作的便利途径。一般情况下,链接区域包括几种选项,用户可以通过单击选项名称的方式来隐藏或显示其具体内容。

◆"系统任务"选项:为用户提供常用的操作命令,其名称和内容随打开窗口内容的不同而变化,选择一个对象后,在该选项下会出现可能用到的各种操作命令,可以在此直接进行操作,而不必在菜单栏或工具栏中进行,这样会提高工作效率。

◆"其它位置"选项:以链接的形式为用户提供了计算机上其他的位置,在需要使用时,可以快速转到有用的位置,打开所需要的其他文件,例如,"我的电脑""我的文档"等。

◆"详细信息"选项:在这个选项中显示了所选对象的大小、类型和其他信息。

2. 窗口的操作

窗口操作在 Windows 系统中是很重要的,不但可以通过鼠标使用窗口上的各种命令来操作,而且可以使用键盘上的快捷键来操作。基本的操作包括打开、缩放、移动等。

1)打开窗口

当需要打开一个窗口时,可以通过下面两种方式来实现。

● 选中要打开的窗口图标,然后双击打开。

● 在选中的图标上右击,在弹出的快捷菜单中选择"打开"命令,如图 2-13 所示。

2）移动窗口

用户在打开一个窗口后，不但可以通过鼠标来移动窗口，而且可以通过鼠标和键盘的配合来完成移动窗口的操作。移动窗口时用户只需要在标题栏上按下鼠标左键拖动，移动到合适的位置后再松开，即可完成移动的操作。

如果需要精确地移动窗口，可以在标题栏上右击，在打开的快捷菜单中选择“移动”命令，当屏幕上出现标志✥时，再通过按键盘上的方向键来移动，到合适的位置后用鼠标单击或者按回车键确认，如图 2-14 所示。

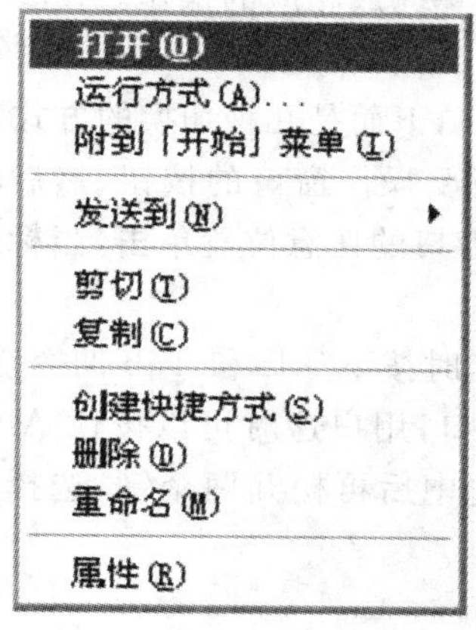

图 2-13　快捷菜单

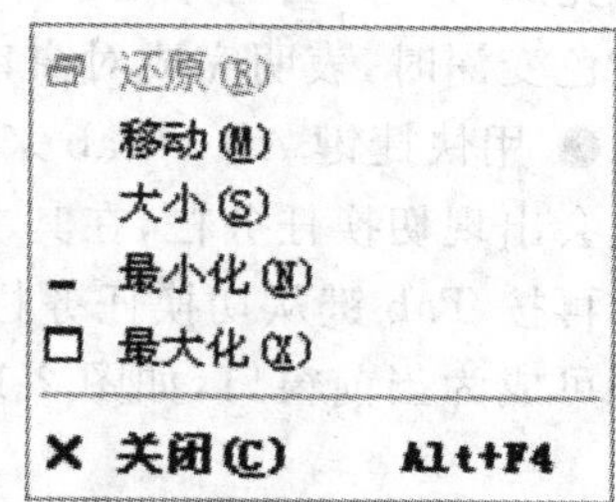

图 2-14　选择“移动”命令

3）缩放窗口

窗口不但可以移动到桌面上的任何位置，而且还可以随意改变大小将其调整到合适的尺寸，主要方法如下。

● 当只需要改变窗口的宽度时，可把鼠标指针放在窗口的垂直边框上，当鼠标指针变成双向的箭头时，可以任意拖动。如果只需要改变窗口的高度，可以把鼠标指针放在水平边框上，当指针变成双向箭头时进行拖动。当需要对窗口进行等比例缩放时，可以把鼠标指针放在边框的任意角上进行拖动。

● 也可以用鼠标和键盘的配合来完成，在标题栏上右击，在打开的快捷菜单中选择“大小”命令，屏幕上出现✥标志时，通过键盘上的方向键来调整窗口的高度和宽度，调整至合适位置时，用鼠标单击或者按回车键结束。

4）最大化、最小化窗口

用户在对窗口进行操作的过程中，可以根据自己的需要，把窗口最小化、最大化等。

● “最小化”按钮：在暂时不需要对窗口操作时，可把它最小化以节省桌面空间，用户直接在标题栏上单击此按钮，窗口会以按钮的形式缩小到任务栏。

● “最大化”按钮：窗口最大化时铺满整个桌面，这时不能再移动或者是缩放窗口。用户在标题栏上单击此按钮即可使窗口最大化。

● “还原”按钮：当窗口处于最大化后想恢复原来打开时的初始状态时，单击此按钮即可实现对窗口的还原。

用户在标题栏上双击可以进行最大化与还原两种状态的切换。

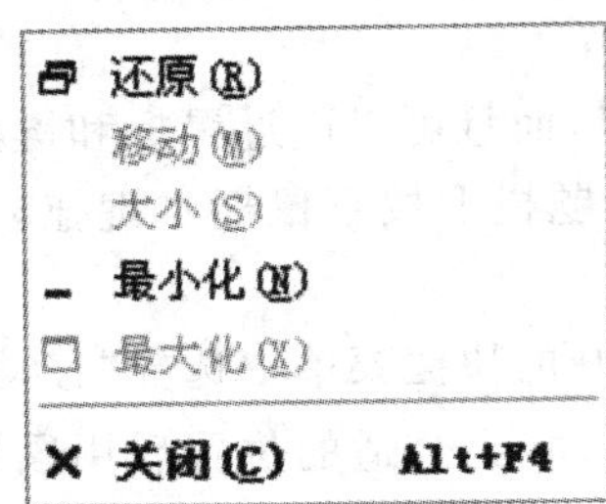

图 2-15 控制菜单

每个窗口标题栏的左方都会有一个表示当前程序或者文件特征的控制菜单按钮，单击即可打开控制菜单，它和在标题栏上右击所弹出的快捷菜单的内容是一样的，如图 2-15 所示。

用户也可以通过快捷键来完成以上的操作。用 Alt＋空格键来打开控制菜单，然后根据菜单中的提示，在键盘上输入相应的字母，比如最小化输入字母 N，通过这种方式可以快速完成相应的操作。

5)切换窗口

当用户打开多个窗口时，需要在各个窗口之间进行切换，下面是几种切换的方式。

● 当窗口处于最小化状态时，用户在任务栏上选择所要操作窗口的按钮，然后单击即可完成切换。当窗口处于非最小化状态时，可以在所选窗口的任意位置单击，当标题栏的颜色变深时，表明完成对窗口的切换。

● 用快捷键 Alt＋Tab 来完成切换。用户在键盘上同时按下 Alt 和 Tab 两个键，屏幕上会出现切换任务栏，在其中列出了当前正在运行的窗口，用户这时可以按住 Alt 键，然后再按 Tab 键从切换任务栏中选择所要打开的窗口，选中后再松开两个键，选择的窗口即可成为当前窗口，如图 2-16 所示。

图 2-16 切换任务栏

● 用户也可以使用快捷键 Alt＋Esc 切换窗口。先按下 Alt 键，然后再通过按 Esc 键来选择所需要打开的窗口，但是它只能改变激活窗口的顺序，而不能使最小化窗口放大，所以，多用于切换已打开的多个窗口。

6)关闭窗口

用户完成对窗口的操作后，在关闭窗口时有下面几种方式。

● 直接在标题栏上单击“关闭”按钮。

● 双击控制菜单按钮。

● 单击控制菜单按钮，在弹出的控制菜单中选择“关闭”命令。

● 使用快捷键 Alt＋F4。

如果用户打开的窗口是应用程序，可以选择“文件”→“退出”命令，同样也能关闭窗口。

如果所要关闭的窗口处于最小化状态，可以在任务栏上选择该窗口的按钮，右击，然后在弹出的快捷菜单中选择“关闭”命令。

用户在关闭窗口之前要保存所创建的文档或者所做的修改，如果忘记保存，当执行了“关闭”命令后，会弹出一个对话框，询问是否要保存所做的修改，单击“是”按钮后保存所做的修改并关闭窗口，单击“否”按钮后关闭窗口但不保存所做的修改，单击“取消”按钮则不能关闭窗口，可以继续使用该窗口。

3. 窗口的排列

当用户在对窗口进行操作时打开了多个窗口，而且需要全部处于全显示状态，这就涉及排列的问题，中文版 Windows XP 系统为用户提供了三种可供选择的排列方案。

在任务栏上的非按钮区右击，弹出一个快捷菜单，如图 2-17 所示。

● 层叠窗口：把窗口按先后顺序依次排列在桌面上，当用户在任务栏快捷菜单中选择"层叠窗口"命令后，桌面上会出现排列的结果，其中每个窗口的标题栏和左侧边缘是可见的，用户可以任意切换各窗口之间的顺序，如图 2-18 所示。

工具栏(T)　▸
层叠窗口(S)
横向平铺窗口(H)
纵向平铺窗口(E)
显示桌面(S)
任务管理器(K)
锁定任务栏(L)
属性(R)

图 2-17　任务栏快捷菜单

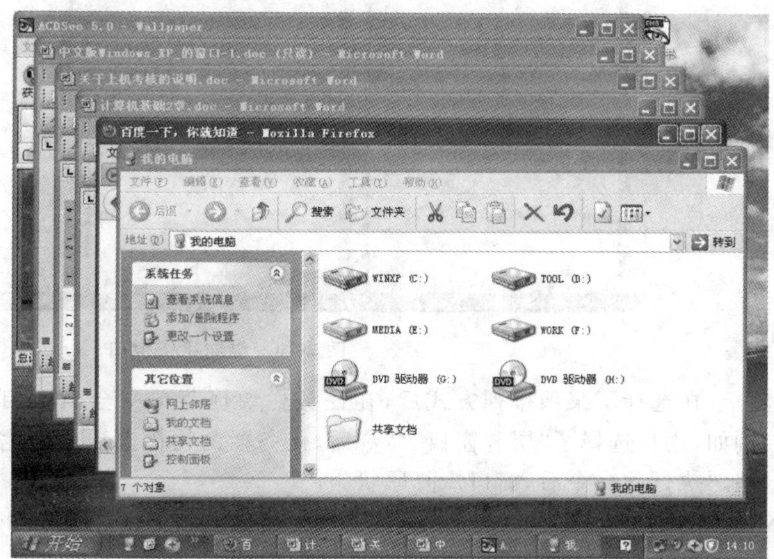

图 2-18　层叠窗口

● 横向平铺窗口：各窗口并排显示，在保证每个窗口大小相当的情况下，使得窗口尽可能往水平方向伸展，用户在任务栏快捷菜单中选择"横向平铺窗口"命令后，在桌面上即可出现排列后的结果，如图 2-19 所示。

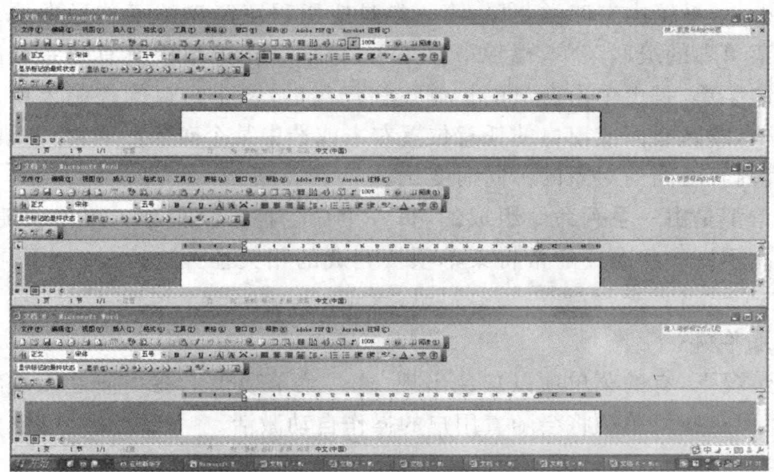

图 2-19　横向平铺窗口

● 纵向平铺窗口：在排列的过程中，在保证每个窗口都显示的情况下，使窗口尽可能往垂直方向伸展，用户选择“纵向平铺窗口”命令即可完成对窗口的排列，如图 2-20 所示。

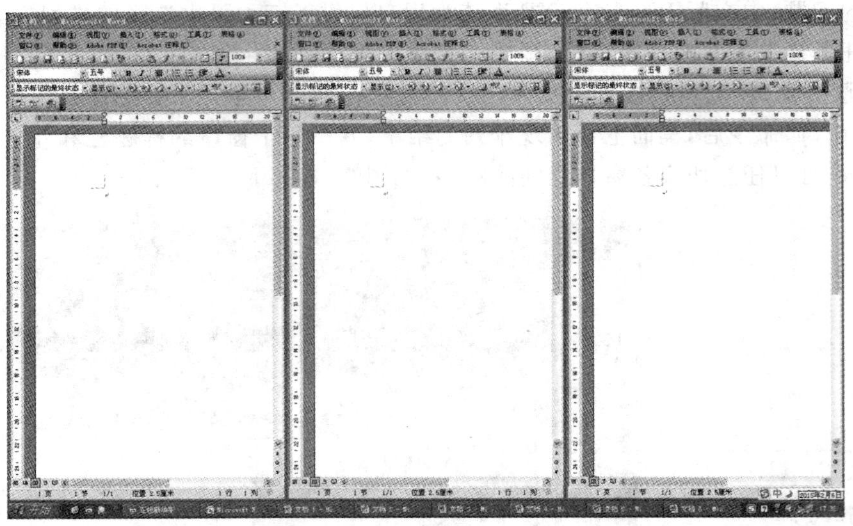

图 2-20　纵向平铺窗口

在选择了某项排列方式后，在任务栏快捷菜单中会出现相应的撤销该选项的命令。例如，用户选择了“层叠窗口”命令后，任务栏的快捷菜单中会增加一项“撤消层叠”命令，用户执行此命令后，窗口恢复原状。

2.2.5　菜单

Windows 系统的特色之一是它所有的基本命令都可以从菜单中选取，而不需要记住大量的命令。Windows 系统以菜单的形式给出各个命令，用户使用时，用鼠标或键盘选中某个菜单项，即相当于输入并执行该命令。Windows 系统所有的菜单都具有统一的符号约定。

在 Windows 系统中有四类菜单：第一类是应用程序窗口的菜单栏中的菜单；第二类是菜单栏上菜单项的级联菜单，也称下拉菜单，每个下拉菜单中具有一系列的菜单命令；第三类是控制菜单，是由单击窗口的控制按钮产生的，每个窗口的控制菜单都相同；第四类是快捷菜单，即在桌面或窗口的任意位置右击或选中某个对象后右击，出现在鼠标指针处的菜单，其内容随当前对象的不同而变化。

每个菜单都是由一系列命令组成的，每一个命令称为菜单项。菜单项随着当前操作的对象而具有不同的状态。通常将菜单项按完成的相关任务进行分组，不同组用一条线分开。

1. 灰色菜单项

在某些情况下，有的菜单项以灰色出现，这些菜单项表示在当前是无效的，也就是不可以执行的，但这些菜单项将会随着用户的操作自动激活。

2. 菜单项中的选中标记

菜单项旁的√符号为选中标记，说明此命令正在起作用。这种命令相当于一个开关，单击该菜单项,就会在选中与非选中之间进行转换。

3. 热键

菜单栏的菜单命令中带下划线的字母是为按键操作方式而设置的,这些带下划线的字母称为热键。在键盘上按 Alt+热键,就可以打开相应的下拉菜单(如按 Alt+F 可以打开“文件”菜单)。在下拉菜单中带下划线的字母是为执行相应的命令而设置的,打开下拉菜单后直接输入此字母键就可以执行相应的命令。

4. 快捷键

某些菜单项的后面有一个快捷键(如 Ctrl+C),这是相关命令的快捷键。不用激活菜单栏,也不用打开下拉菜单,直接按快捷键就可以执行菜单中的命令。

5. 带有对话框的菜单项

某些菜单项的右面带有“...”,表示这个菜单项带有对话框,用户需要在对话框中进一步提供信息。

6. 子菜单命令

某些菜单项的右面带有▸,表示它有子菜单命令,用鼠标指向它会打开下一级菜单。

7. 单选命令

某些菜单项的前面带有黑点,表示它们是单选命令。它们是一组功能互相抵触的命令,只能选择其中之一作为系统的当前状态。

2.2.6　对话框

对话框在中文版 Windows XP 系统中占有重要的地位,是用户与计算机系统之间进行信息交流的窗口,在对话框中用户通过对选项的选择,对系统进行对象属性的修改或者设置。

1. 对话框的组成

对话框的组成和窗口有相似之处,例如都有标题栏,但对话框要比窗口更简洁、更直观、更侧重于与用户的交流,它一般包含有标题栏、选项卡与标签、文本框、列表框、命令按钮、单选按钮和复选框等几部分。

1)标题栏

标题栏位于对话框的最上方,系统默认的是深蓝色,上面左侧标明了该对话框的名称,右侧有关闭按钮,有的对话框还有帮助按钮。

2)选项卡和标签

在系统中有很多对话框都是由多个选项卡构成的,选项卡上写明了标签,以便于进行区分。用户可以通过各个选项卡之间的切换来查看不同的内容,在选项卡中通常有不同的选项组。例如在“显示 属性”对话框中包含了“主题”“桌面”等五个选项卡,在“屏幕保护程序”选项卡中又包含了“屏幕保护程序”“监视器的电源”两个选项组,如图 2-21 所示。

3)文本框

在某些对话框中需要用户手动输入某项内容,还可以对各种输入内容进行修改和删除操作。一般在其右侧会带有下三角按钮,可以单击下三角按钮,在展开的下拉列表框中

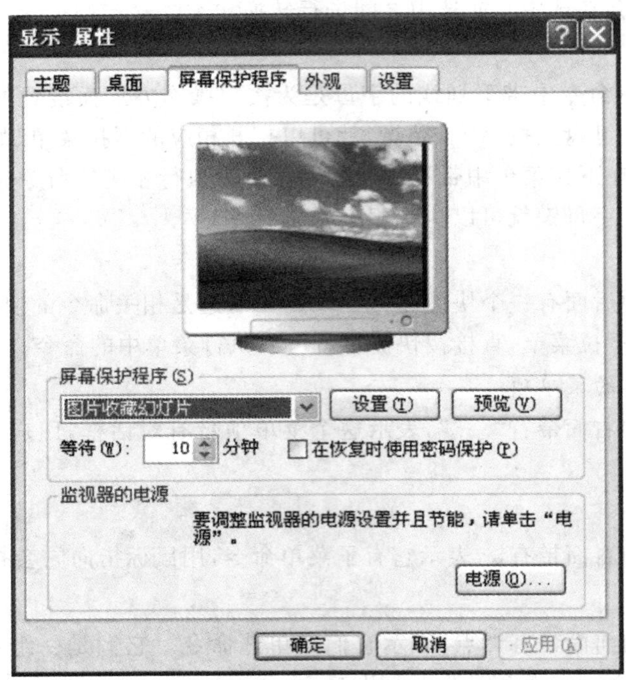

图 2-21 “显示 属性”对话框

查看最近曾经输入过的内容。比如在桌面上选择“开始”→“运行”命令，可以打开“运行”对话框，这时系统要求用户输入要运行的程序或者文件名称，如图 2-22 所示。

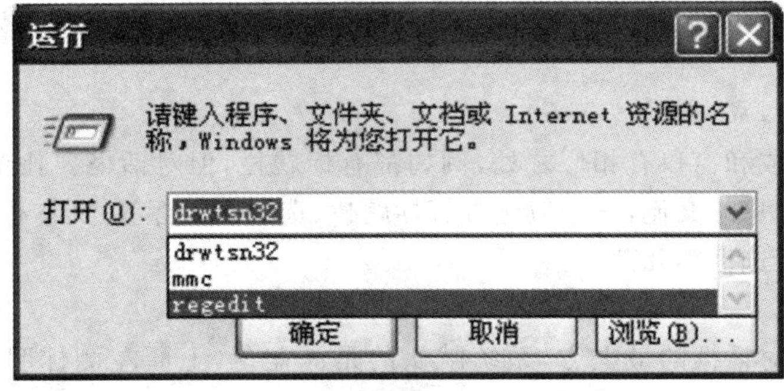

图 2-22 “运行”对话框

4)列表框

有些对话框在选项组下已经列出了众多的选项，用户可以从中选取，但是通常不能更改。

5)命令按钮

命令按钮是指在对话框中呈圆角矩形并且带有文字的按钮，常用的有“确定”“应用”“取消”按钮等。

6)单选按钮

单选按钮通常是一个小圆圈，其后面有相关的文字说明，当选中后，在圆圈中间会出现一个小圆点。在对话框中通常一个选项组包含多个单选按钮，选中其中一个后，其他的选项是不可以选的。

7)复选框

复选框通常是一个小方框，在其后面也有相关的文字说明，用户选择后，在方框中间会出现一个√标志。复选项是可以任意选择的。

另外，在有的对话框中还有微调按钮，它由向上和向下两个箭头组成，用户在使用时分别单击箭头即可增加或减少数字，如图 2-23 所示。

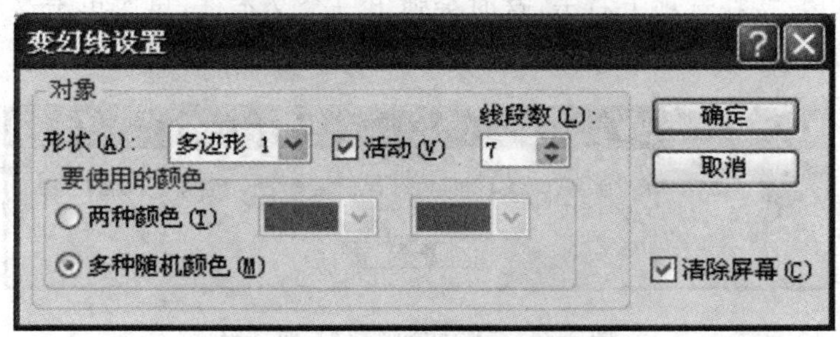

图 2-23　"变幻线设置"对话框

2. 对话框的操作

对话框的操作包括对话框的移动、关闭、对话框中的切换及使用对话框中的帮助信息等。下面就来介绍关于对话框的有关操作。

1)对话框的移动和关闭

要移动对话框时，可以在对话框的标题栏上按下鼠标左键并拖动到目标位置后再松开，也可以在标题栏上右击，从弹出的快捷菜单中选择"移动"命令，然后在键盘上按方向键来改变对话框的位置，到目标位置时，用鼠标单击或者按回车键确认，即可完成移动操作。

关闭对话框的方法有下面几种。

● 单击"确认"按钮，可在关闭对话框的同时保存用户对对话框中的参数所做的修改；单击"应用"按钮，不关闭对话框，但保存用户所做的修改。

● 如果要取消所做的改动，可以单击"取消"按钮，或者直接在标题栏上单击"关闭"按钮，也可以在键盘上按 Esc 键退出对话框。

2)在对话框中的切换

由于有的对话框中包含多个选项卡，在每个选项卡中又有不同的选项组，在操作对话框时，可以利用鼠标来切换，也可以使用键盘来实现。

在不同的选项卡之间的切换方法如下。

● 可以直接用鼠标来进行切换，也可以先选择一个选项卡，即该选项卡出现一个虚线框，然后按键盘上的方向键来移动虚线框，这样就能在各选项卡之间进行切换。

● 可以利用快捷键 Ctrl＋Tab 从左到右切换各个选项卡，而按快捷键 Ctrl＋Tab＋Shift 为反向顺序切换。

在相同的选项卡中的切换方法如下。

● 在不同的选项组之间切换，可以按 Tab 键以从左到右或者从上到下的顺序进行切换，而按快捷键 Shift＋Tab 则按相反的顺序切换。

● 在相同的选项组之间的切换，可以使用键盘上的方向键来完成。

3)使用对话框中的帮助

对话框不能像窗口那样任意改变大小，在标题栏上也没有“最小化”“最大化”按钮，取而代之的是“帮助”按钮?，当用户在操作对话框时，如果不清楚某选项组或者按钮的含义，可以在标题栏上单击“帮助”按钮，这时在鼠标指针旁边会出现一个问号，然后用户可以在自己不明白的对象上单击，就会出现一个对该对象进行详细说明的文本框，在对话框内任意位置或者在文本框内单击，说明文本框就会消失。

用户也可以直接在选项上右击，这时会弹出一个文本框，再次单击这个文本框，会出现和单击“帮助”按钮一样的效果，如图 2-24 所示。

图 2-24 “Windows 帮助”对话框

2.3 文件组织与管理

2.3.1 整理计算机中的文件

整理计算机中的文件任务要求如下。

● 在 C 盘根目录下新建名为“计算机文化基础”的文件夹。

● 在 C 盘 Windows 文件夹下，查找以 C 和 W 开头的文件和文件夹，并复制到“计算机文化基础”的文件夹中。

● 在“计算机文化基础”的文件夹中，新建名为“student.doc”的文件。

● 将“计算机文化基础”的文件夹中扩展名为.exe 的文件彻底删除。

为完成以上任务，需要掌握的知识点及操作方法如下。

● 新建文件、文件夹的方法。

● 文件和文件夹名称的命名规则。

● 查找文件和文件夹。

● 显示文件的扩展名的方法。

● 在回收站中删除文件的方法。

2.3.2 文件和文件夹

文件就是用户赋予了名字并存储在磁盘上的信息的集合，它可以是用户创建的文档，也可以是可执行的应用程序或一张图片、一个音频文件等。文件夹是系统组织和管理文件的一种形式，是为方便用户查找、维护和存储而设置的，用户可以将文件分门别类地存放在不同的文件夹中。在文件夹中可存放所有类型的文件和下一级文件夹、磁盘驱动器及打印队列等内容。

1. 文件的命名

计算机的文件都是存储在磁盘或者光盘上的，为了便于对文件进行检索、修改和执行，必须给每个文件起一个名字。在同一个文件夹中文件名不能相同，否则系统无法区分。文件(或文件夹)名可以用字母、数字、汉字或符号表示，通常由文件主名和扩展名两部分组成，文件主名和扩展名中间用“.”分隔。扩展名一般用于表示文件的类型，它是由生成文件的软件自动产生的一种格式标识符。文件生成后，一般不能通过改变其扩展名来改变文件类型，但可以通过相应的软件进行适当的变换。

在 Windows XP 操作系统中，文件和文件夹的命名规则如下。

● 在文件或文件夹的名字中最多可使用 256 个字符。

● 在文件名中，可以使用空格，但不能包含以下符号：“|”“?”“\”“*”“<”“>”。

● 用户可以使用大小写形式命名文件和文件夹，Windows 系统保留用户指定的大小写格式，但不能利用大小写来区别文件名。

● 在同一文件夹内的文件不可同名。

● 在中文版 Windows 操作系统中，用户可以使用汉字来命名文件和文件夹。

● 扩展名代表的是文件属性，它可以使用多个分隔符。例如，用户可以创建一个名为 L. P. FILE98 的文件或文件夹。

● 在 Windows 系统中，查找文件和文件夹时可以使用通配符“?”“*”，其中“?”代表文件名中任意一个未知的字符，而“*”则代表文件名中任意一串未知字符。一般在查找和列出当前驱动器或文件夹中所包含的文件和文件夹时常常用到这两个通配符。例如：*.TXT 代表所有扩展名为.TXT 的文件；? A*.*代表文件名第二字符为 A 的所有文件；*.*代表所有文件名。

2. 文件的类型

在 Windows XP 系统中，文件按照所包含的信息主要分为下述几种类型。

● 程序文件：此类文件可以直接在 Windows XP 中运行。其中包括可执行文件，扩展名为.EXE；系统命令文件，扩展名为.COM；批处理文件，扩展名为.BAT。

● 支持文件：此类文件在可执行文件运行时起辅助作用，不能直接运行。其中包括动态链接文件，扩展名为.DLL；系统配置文件，扩展名为.SYS 及其他。

● 文档文件：用户可以直接用文字处理软件来编辑此类文件。文档文件主要包括：文档文件，扩展名为.DOC；普通文本文件，扩展名为.TXT。

● 多媒体文件：此类文件是以数字形式存储的视频或音频信息。多媒体文件主要包括.WAV 文件、.MIDI 文件和.AVI 文件等。

● 图像文件：此类文件由图像处理程序生成，可通过图像处理软件编辑。图像文件主要包括.BMP 文件、.JPG 文件和.TIF 文件等。

3. 文件的属性

文件或文件夹包含三种属性，即只读、隐藏和存档。若将文件或文件夹设置为只读属性，则该文件或文件夹不允许更改和删除；若将文件或文件夹设置为隐藏属性，则该文件或文件夹在常规显示中将不被看到；若将文件或文件夹设置为存档属性，则表示该文件或文件夹已存档，有些程序用此选项来确定哪些文件需要备份。

更改文件或文件夹属性的具体操作步骤如下。

(1)选中要更改属性的文件或文件夹。

(2)选择“文件”“属性”命令,或在文件上右击,在弹出的快捷菜单中选择“属性”命令,打开属性对话框。

(3)打开“常规”选项卡,如图 2-25 所示。

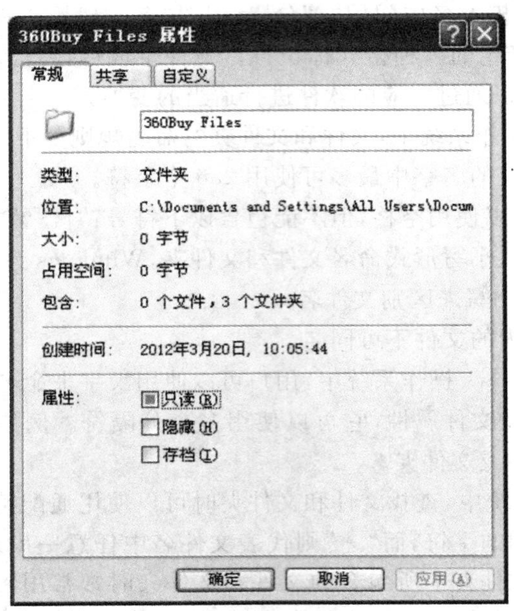

图 2-25 “常规”选项卡

(4)在“常规”选项卡的“属性”选项组中选中需要的属性复选框。

(5)单击“应用”按钮,将弹出“确认属性更改”对话框,如图 2-26 所示。

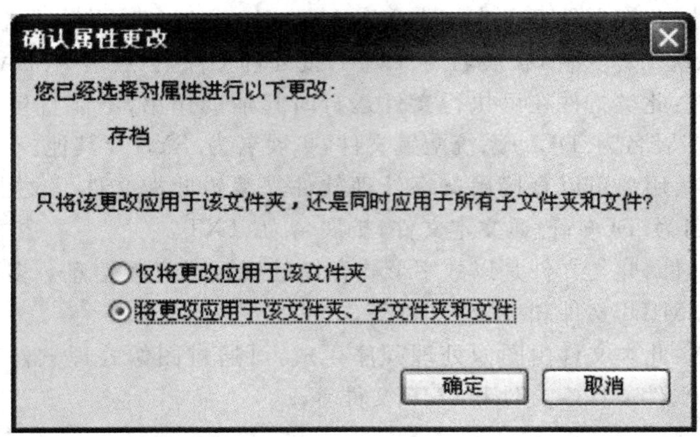

图 2-26 “确认属性更改”对话框

(6)在“确认属性更改”对话框中可选择“仅将更改应用于该文件夹”或“将更改应用于该文件夹、子文件夹和文件”单选按钮,单击“确定”按钮即可关闭该对话框。

(7)在“常规”选项卡中,单击“确定”按钮即可应用该属性。

2.3.3　创建与命名文件和文件夹

1. 创建新文件夹和文件

用户可以创建新的文件夹，用来存放具有相同类型或相近形式的文件，创建新文件夹的具体操作步骤如下。

(1)双击"我的电脑"图标，打开"我的电脑"窗口，如图 2-27 所示。

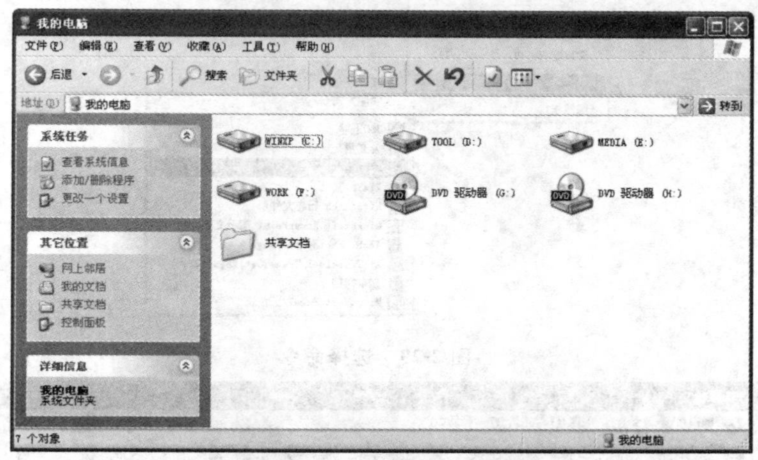

图 2-27　"我的电脑"窗口

(2)双击要新建文件夹的磁盘，如 C 盘，打开 C 盘。

(3)选择"文件"→"新建"→"文件夹"命令，或右击，在弹出的快捷菜单中选择"新建"→"文件夹"命令，即可新建一个文件夹。

(4)在新建的文件夹名称文本框中输入文件夹的名称，如"计算机文化基础"，然后按 Enter 键或用鼠标单击其他地方即可，如图 2-28 所示。

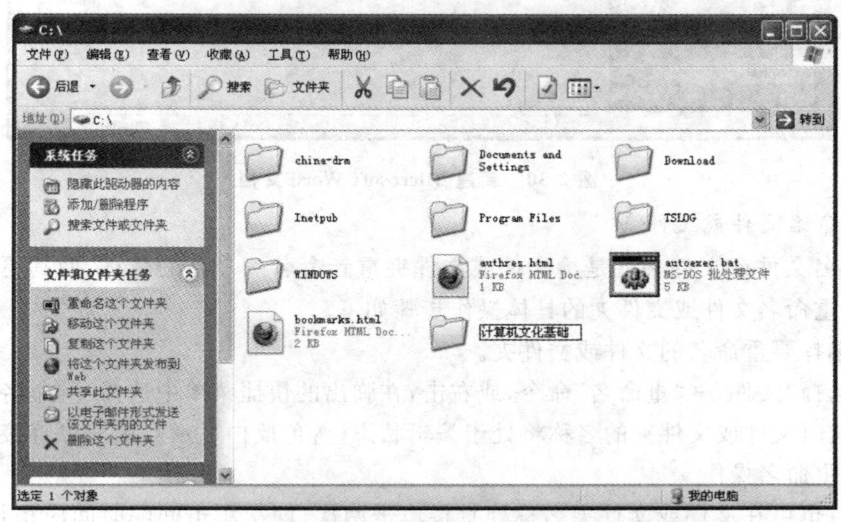

图 2-28　新建文件夹

创建文件的方法和创建文件夹的方法基本相同，选择“文件”→“新建”命令或右击，在弹出的快捷菜单中选择所需要创建的文件类型即可。如要创建文件名为 student. doc 的文件，首先要确定扩展名为. doc 的文件类型是 Microsoft Word 文档，然后选择“新建”→“Microsoft Word 文档”命令，如图 2-29 和图 2-30 所示。

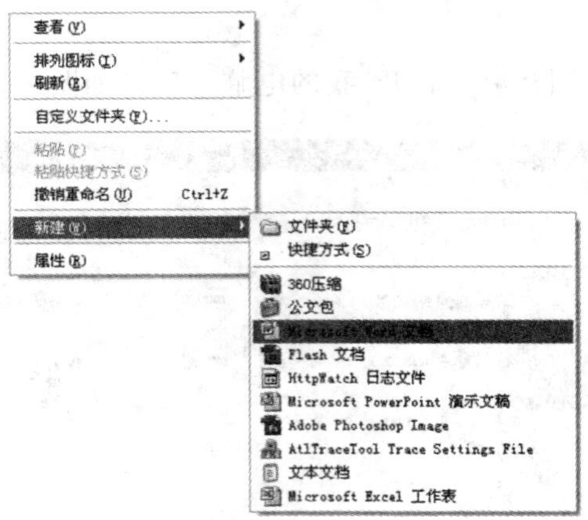

图 2-29 选择命令

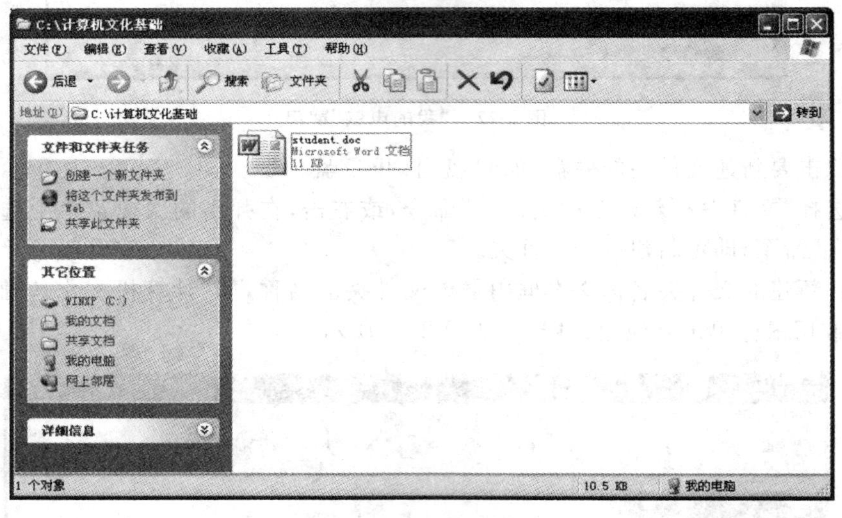

图 2-30 新建 Microsoft Word 文档

2. 重命名文件或文件夹

重命名文件或文件夹就是给文件或文件夹重新命名一个新的名称，使其更符合用户的要求。重命名文件或文件夹的具体操作步骤如下。

(1)选择要重命名的文件或文件夹。

(2)选择“文件”→“重命名”命令，或右击，在弹出的快捷菜单中选择“重命名”命令。

(3)这时文件或文件夹的名称将处于编辑状态(蓝色反白显示)，用户可直接输入新的名称进行重命名操作。

提示：也可在文件或文件夹名称处直接单击两次(两次单击间隔时间应稍长一些，以免使其变为双击)，使其处于编辑状态，输入新的名称进行重命名操作。

2.3.4　浏览文件和文件夹

计算机系统中的大部分数据都是以文件的形式存储在磁盘上的，用户在使用计算机时经常需要查看计算机中有些什么文件，以及文件是如何进行组织的，以便能够更好地使用和利用文件资源。因此，用户有必要知道文件系统是如何管理的。在 Windows XP 系统中，是利用“我的电脑”和“资源管理器”来管理系统中的资源的。

1. 在“我的电脑”中浏览文件和文件夹

选择“开始”→“我的电脑”命令，打开“我的电脑”窗口，在“我的电脑”文件列表中列出了计算机的各主要存储设备，如硬盘、光驱等。

在“我的电脑”窗口中，如果想打开一个对象，只要将鼠标指针移动到该对象图标上双击即可，如果想进入上一级文件夹，只需单击工具栏上的“向上”按钮即可。“我的电脑”还记忆了一部分曾经访问过的文件路径。例如，利用工具栏上的“前进”按钮和“后退”按钮，可以将这些路径按照打开的先后顺序快速调出。

定位文件和文件夹最直接的方法是使用地址栏，直接在地址栏中输入文件和文件夹的路径即可。例如，输入 D:\jiaoan\jsjjc.doc 表示要打开 D 盘下的 jiaoan 文件夹中的 jsjjc.doc 文件。

2. 在“资源管理器”中浏览文件和文件夹

资源管理器可以以分层的方式显示计算机内所有文件的详细图表。使用资源管理器可以更方便地实现浏览、查看、移动和复制文件或文件夹等操作，用户可以不必打开多个窗口，而只在一个窗口中就可以浏览所有的磁盘和文件夹。

打开资源管理器的具体操作步骤：

选择“开始”→“程序”(或“所有程序”)→“附件”→“Windows 资源管理器”命令，打开 Windows 资源管理器对话框，如图 2-31 所示。

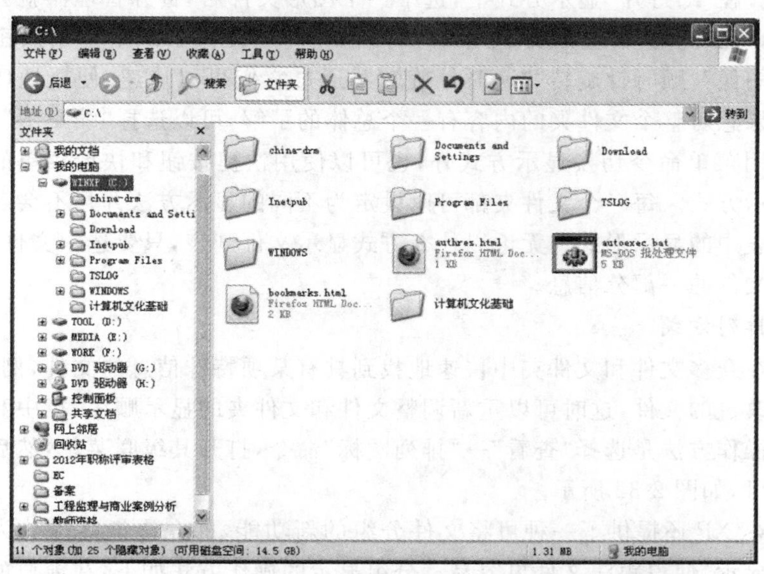

图 2-31　Windows 资源管理器对话框

在资源管理器中，左边的窗格显示了所有磁盘和文件夹的列表，右边的窗格用于显示选定的磁盘和文件夹中的内容。

在资源管理器左边的窗格中，若驱动器或文件夹前面有“+”号，表明该驱动器或文件夹有下一级子文件夹，单击该“+”号可展开其所包含的子文件夹，当展开驱动器或文件夹后，“+”号会变成“-”号，表明该驱动器或文件夹已展开，单击“-”号，可折叠已展开的内容。例如，单击左边窗格中“我的电脑”前面的“+”号，将显示“我的电脑”中所有的磁盘信息，选择需要的磁盘前面的“+”号，将显示该磁盘中的所有内容。

提示：用户也可以通过右击“开始”按钮，在弹出的快捷菜单中选择“资源管理器”命令，打开 Windows 资源管理器，或右击“我的电脑”图标，在弹出的快捷菜单中选择“资源管理器”命令，打开 Windows 资源管理器。

3. 文件显示方式

如果查看文件的相关信息时，发现有些需要的信息没有显示出来，或者显示的方式不适合查看，则可以调整文件和文件夹的显示方式。可以为文件选用一种更加突出特点的显示方式，以适合用户查找和使用。

调整显示方式的方法是，在“查看”菜单中选择“缩略图”“平铺”“图标”“列表”“详细资料”之一即可。

其中，“图标”和“平铺”的显示方式能够显示较多的文件，并且能够清楚地查看文件的图标，从而了解文件的类型。二者的不同之处在于，图标显示方式对文件的说明更为简略，占用的显示空间更小一些。

如果需要尽可能多地显示文件和文件夹，可以选用“列表”显示方式。如果需要更详细地查看和比较文件的详细信息，比如大小、建立时间和类型等，选择“详细资料”显示方式则一目了然。

对于包含了很多图形文件的文件夹，选用“幻灯片”显示方式能够更方便地查看图形文件的图像。在“幻灯片”显示方式下，选中一个图形文件后，资源管理器就会显示出该图形的缩略图。在“幻灯片”显示方式下，Windows XP 还提供了四个常用按钮：“上一个图像”“下一个图像”“顺时针旋转”“逆时针旋转”，通过它们可以快速、便捷地切换图片和翻转图形。如果想对整个文件夹的内容有一个总体的了解，可以选择“缩略图”显示方式。

除了使用菜单命令切换显示方式外，也可以使用快捷按钮和快捷菜单的操作方法选用不同的显示方式。每一个文件夹都可以设定为不同的显示方法并且不会影响其他文件夹在文件列表中的显示形式。无论以什么方式显示文件列表，只要选中文件，状态栏中就会显示出该文件的一部分信息。

4. 文件排列方式

如果想在众多文件和文件夹中快速地找到具有某项特殊信息的文件，例如，查看最近两天刚刚修改过的文件，这时可以重新调整文件和文件夹的显示顺序，集中和突出显示所需内容。其操作方法是选择“查看”→“排列图标”命令，打开其级联菜单，然后选择排列文件的方式即可，如图 2-32 所示。

Windows XP 还提供了一种可将文件分组的新功能，即允许把文件分为不同的组用分隔线分开显示，使得跟踪文件更容易。分组显示的操作方法如下：在窗口的空白位置右击，在弹出的快捷菜单中选择“排列图标”→“按组排列”命令即可。

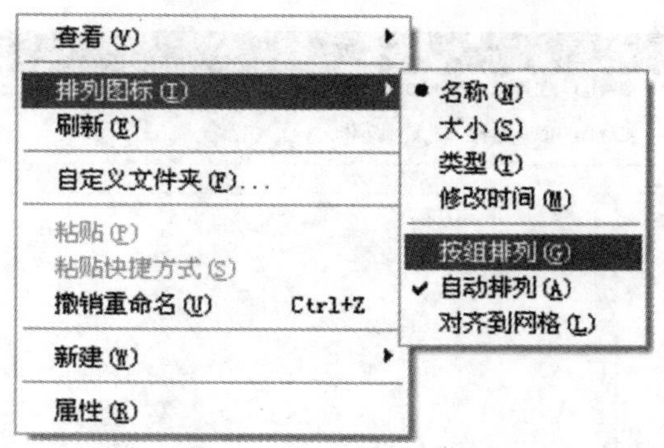

图 2-32　排列图标

5. 显示隐藏类型的文件及文件夹

显示隐藏类型的文件及文件夹的具体操作步骤如下。

(1)在资源管理器窗口中选择"工具"→"文件夹选项"命令,打开"文件夹选项"对话框,如图 2-33 所示。

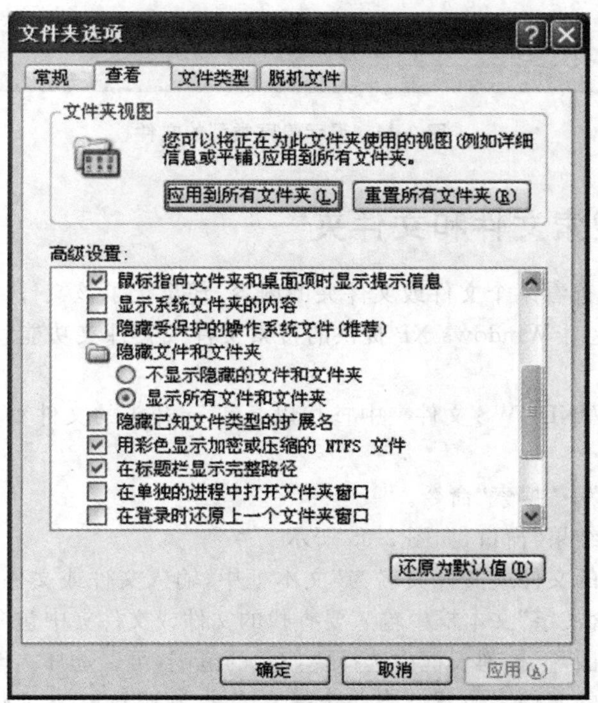

图 2-33　"文件夹选项"对话框

(2)在"文件夹选项"对话框中单击"查看"选项卡,在"高级设置"下拉列表框中选择"显示所有文件和文件夹"单选按钮,单击"确定"按钮。

(3)"文件夹选项"对话框关闭后,将可以看到隐藏的文件或文件夹以虚影的形式显示,如图 2-34 所示。

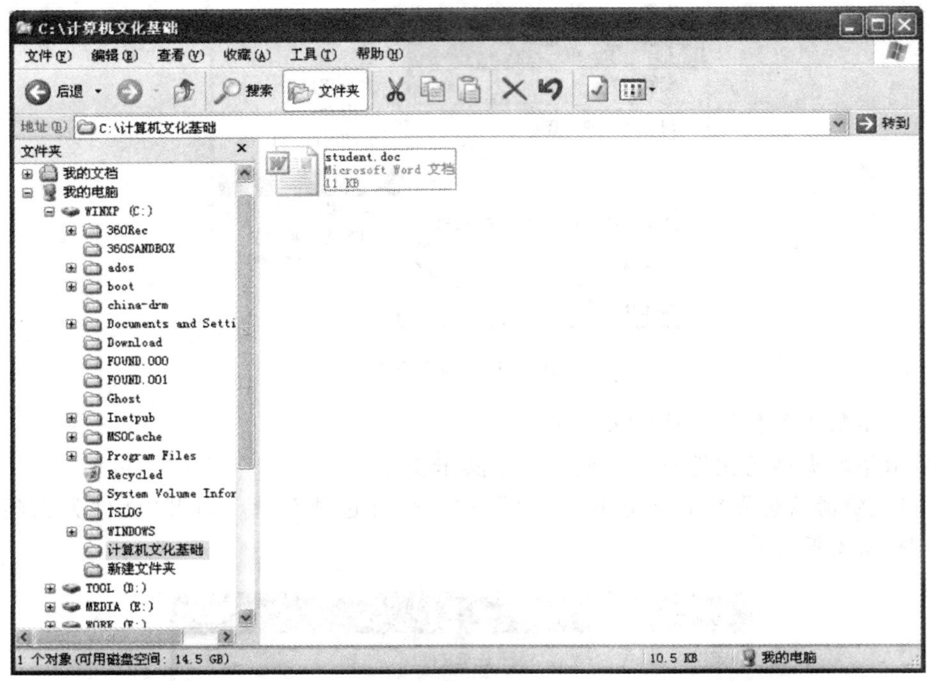

图 2-34 显示隐藏类型的文件

2.3.5 搜索文件和文件夹

有时用户需要查看某个文件或文件夹的内容，却忘记了该文件或文件夹存放的具体位置或具体名称，这时 Windows XP 提供的搜索文件或文件夹功能就可以帮助用户查找该文件或文件夹。

以在 C 盘的 WINDOWS 文件夹中查找以 c 和 w 开头的文件和文件夹为例，其具体操作步骤如下。

(1)选择"开始"→"搜索"命令。

(2)打开"搜索结果"窗口，如图 2-35 所示。

(3)在"要搜索的文件或文件夹名为"文本框中，输入文件或文件夹的名称"c＊"。根据需要可以在"包含文字"文本框中输入要查找的文件或文件夹中包含的文字。

(4)在"搜索范围"下拉列表框中选择要搜索的范围，可以选择本地硬盘驱动器及单个的驱动器或者具体的文件夹位置。当前选择 C 盘的 WINDOWS 文件夹，如图 2-36 和图 2-37 所示。

(5)单击"立即搜索"按钮，即可开始搜索，Windows XP 会将搜索的结果显示在"搜索结果"窗口右边的空白区域内，如图 2-38 所示。

(6)若要停止搜索，可单击"停止搜索"按钮。

(7)双击搜索到的文件或文件夹，既可打开该文件或文件夹。

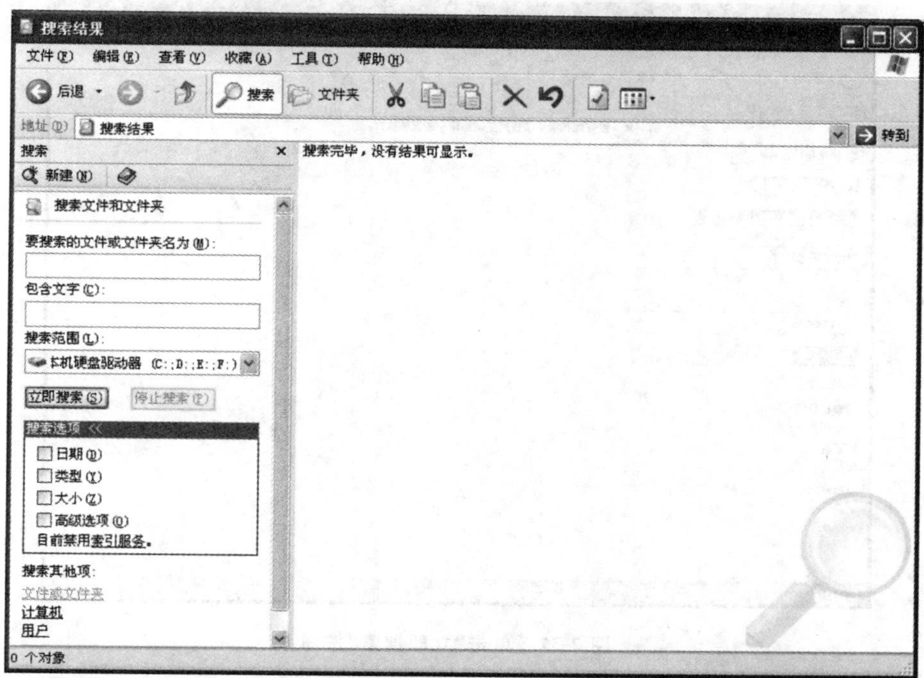

图 2-35　“搜索结果”窗口

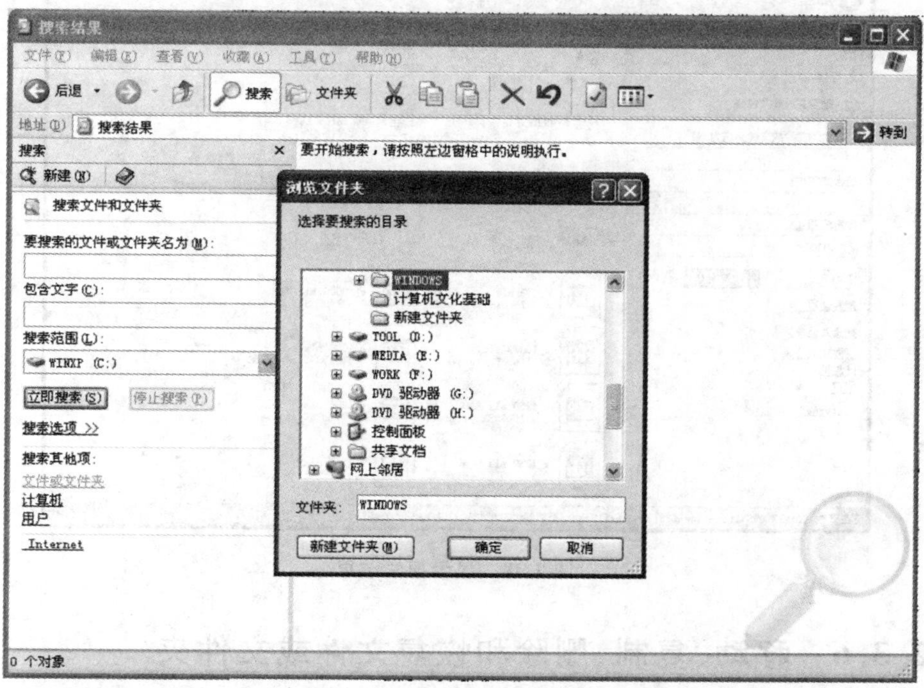

图 2-36　“浏览文件夹”对话框

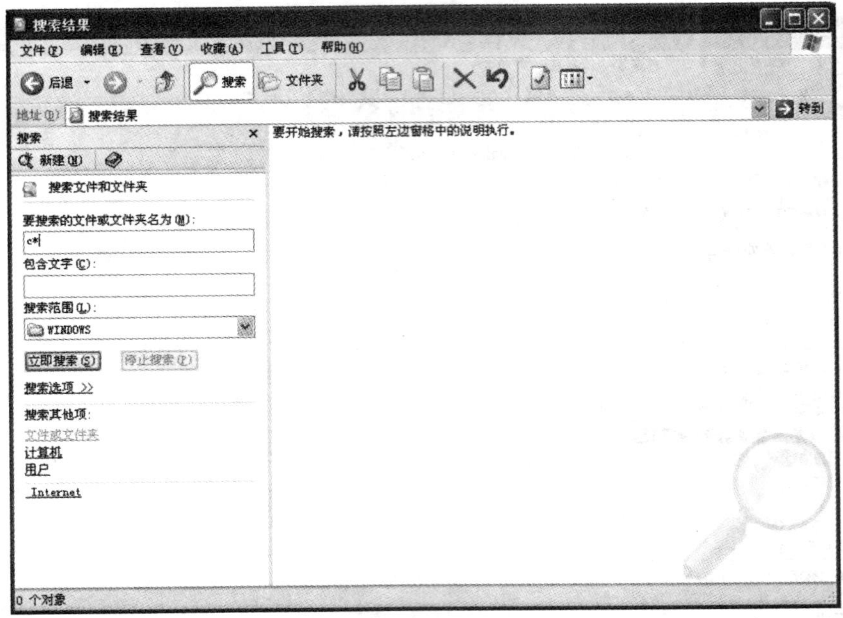

图 2-37　单击“立即搜索”按钮

图 2-38　显示搜索结果

2.3.6　移动、复制、删除和恢复文件或文件夹

1. 移动和复制文件或文件夹

在实际应用中，有时用户需要将某个文件或文件夹移动或复制到其他地方以方便使用，这时就需要用到“移动”或“复制”命令。移动文件或文件夹就是将文件或文件夹放到

其他地方，执行“移动”命令后，原位置的文件或文件夹消失并出现在目标位置；复制文件或文件夹就是将文件或文件夹复制一份，放到其他地方，执行“复制”命令后，原位置和目标位置均有该文件或文件夹。

移动或复制文件或文件夹的具体操作步骤如下。

（1）选择要进行移动或复制的文件或文件夹。

（2）选择“编辑”→“剪切”或“复制”命令，或右击，在弹出的快捷菜单中选择“剪切”或“复制”命令。

（3）选择目标位置。

（4）选择“编辑”→“粘贴”命令，或右击，在弹出的快捷菜单中选择“粘贴”命令即可。

提示：按着 Shift 键可选择多个相邻的文件或文件夹，按着 Ctrl 键可选择多个不相邻的文件或文件夹；若非选文件或文件夹较少，可先选择非选文件或文件夹，然后选择“编辑”→“反向选择”命令即可；若要选择所有的文件或文件夹，可选择“编辑”→“全部选定”命令或按快捷键 Ctrl＋A。

2. 删除文件或文件夹

当有的文件或文件夹不再需要时，用户可将其删除，以利于对文件或文件夹进行管理。删除后的文件或文件夹将被放到回收站中，用户可以选择将其彻底删除或还原到原来的位置。删除文件或文件夹的具体操作步骤如下。

（1）选择要删除的文件或文件夹。若要选择多个相邻的文件或文件夹，可按住 Shift 键进行选择；若要选择多个不相邻的文件或文件夹，可按住 Ctrl 键进行选择。

（2）选择“文件”→“删除”命令，或右击，在弹出的快捷菜单中选择“删除”命令。

（3）弹出“确认文件夹删除”对话框，如图 2-39 所示。

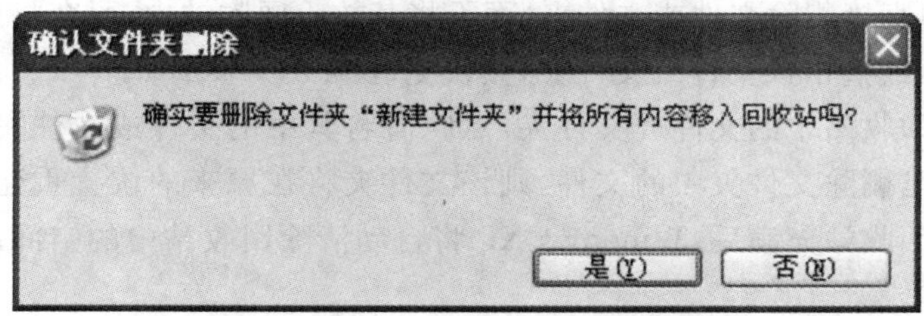

图 2-39　“确认文件夹删除”对话框

（4）若确认要删除该文件或文件夹，可单击“是”按钮；若不删除该文件或文件夹，可单击“否”按钮。

提示：从网络位置删除的项目、从可移动媒体（如 3.5 英寸磁盘）删除的项目或超过回收站存储容量的项目将不被放到回收站中，而被彻底删除，不能还原。

3. 恢复或删除回收站中的文件或文件夹

回收站为用户提供了一个安全地删除文件或文件夹的解决方案，用户从硬盘中删除文件或文件夹时，Windows XP 会将其自动放入回收站中，直到用户将其清空或还原到原位置。要删除或还原回收站中的文件或文件夹，其具体操作步骤如下。

（1）双击桌面上的“回收站”图标。

（2）打开“回收站”窗口，如图 2-40 所示。

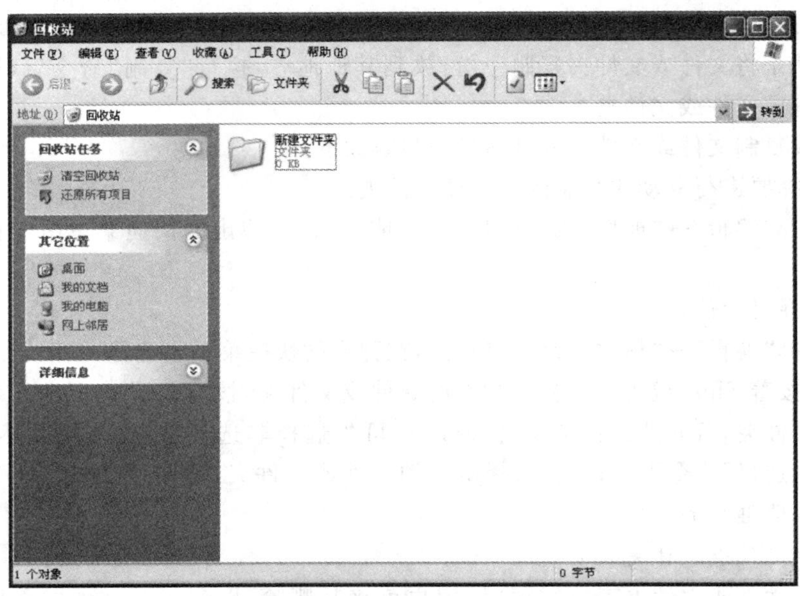

图 2-40 “回收站”窗口

(3)若要删除回收站中所有的文件和文件夹，可单击“回收站任务”窗格中的“清空回收站”；若要还原所有的文件和文件夹，可单击“回收站任务”窗格中的“还原所有项目”；若要还原单个文件或文件夹，可选中该文件或文件夹，单击“回收站任务”窗格中的“还原此项目”；若要还原多个文件或文件夹，可按住 Ctrl 键，选定要还原的多个文件或文件夹。

若需要彻底删除文件或文件夹，可以选中要删除的文件或文件夹，将其拖到回收站中进行删除。若想直接删除文件或文件夹，而不将其放入回收站中，可在将其拖到回收站中时按住 Shift 键，或选中该文件或文件夹，按快捷键 Shift+Delete。

提示：删除回收站中的文件或文件夹，意味着将其中的文件或文件夹彻底删除，无法再还原；若还原已删除文件夹中的文件，则该文件夹将在原来的位置重建，然后在此文件夹中还原文件；回收站充满后，Windows XP 将自动清除回收站中的空间以存放最近删除的文件和文件夹。

2.4 控制面板设置

2.4.1 用户账户管理

新建一个用户 student，并为该用户分配账号和密码。

● 任务要求：创建用户 student，并设置其身份为管理员，设置密码为 student。

● 任务分析：创建用户的方法及计算机管理员与受限账号的区别。

在实际生活中，多用户使用一台计算机的情况经常出现，而每个用户的个人设置和配置文件等均会有所不同，这时用户可进行多用户使用环境的设置。使用多用户使用环境设置后，不同用户用不同身份登录时，系统就会应用该用户身份的设置，而不会影响到其他用户的设置。

设置多用户使用环境的具体操作步骤如下。

（1）选择“开始”→“控制面板”命令，打开“控制面板”对话框。

（2）双击“用户帐户”图标，打开“用户帐户”对话框，如图 2-41 所示。

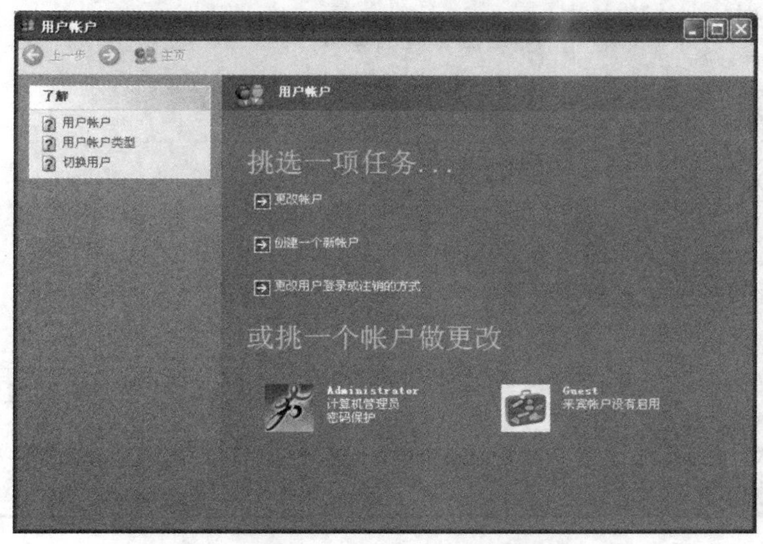

图 2-41　“用户帐户”对话框

（3）在“用户帐户”对话框中的“挑选一项任务”选项组中可选择“更改帐户”“创建一个新帐户”或“更改用户登录或注销的方式”选项；在“或挑一个帐户做更改”选项组中可选择计算机管理员账户或来宾账户。

（4）例如，若要新建名为 student 的用户账户，可选择“创建一个新帐户”选项，打开如图 2-42 所示的对话框，在“为新帐户键入一个名称”文本框中输入 student。

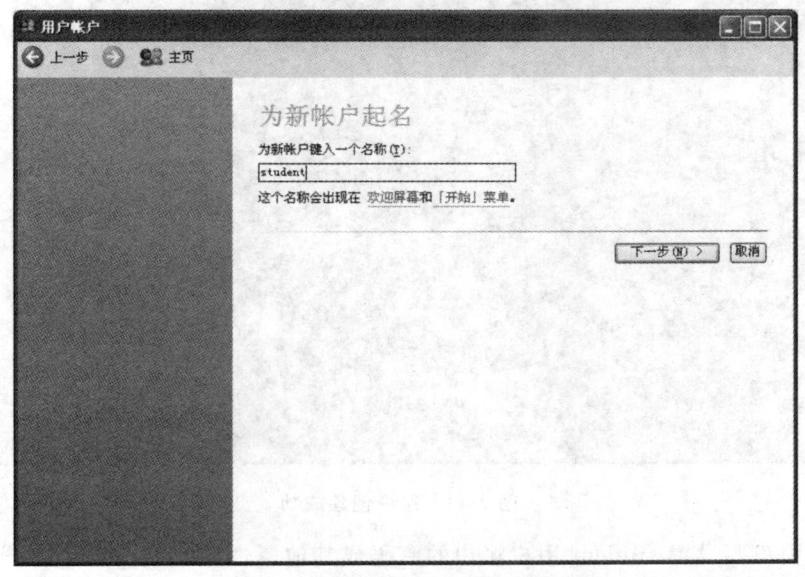

图 2-42　为新账户起名

(5)单击“下一步”按钮，打开如图 2-43 所示的对话框，在该对话框中选择要创建的账户类型，例如选择“计算机管理员”。

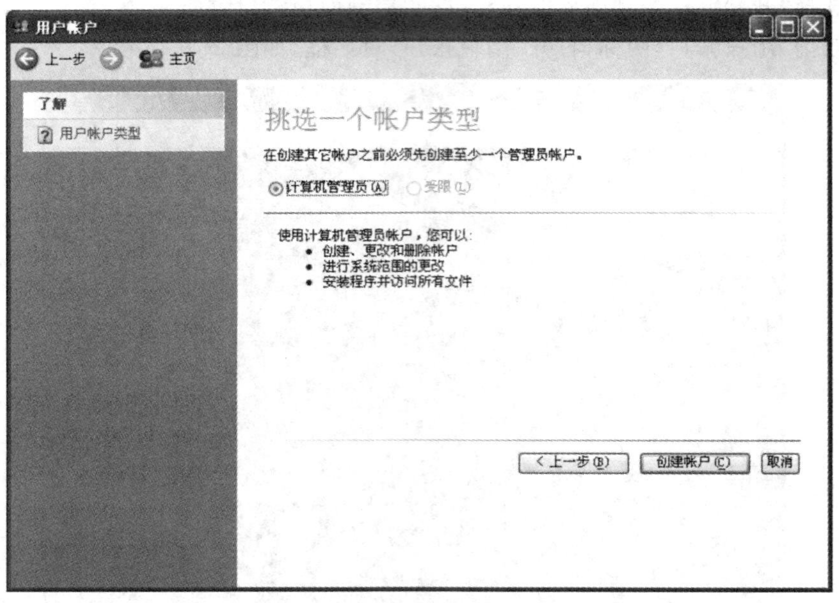

图 2-43　选择账户类型

(6)单击“创建帐户”按钮，打开如图 2-44 所示的对话框，此时发现 student 计算机管理员已创建。

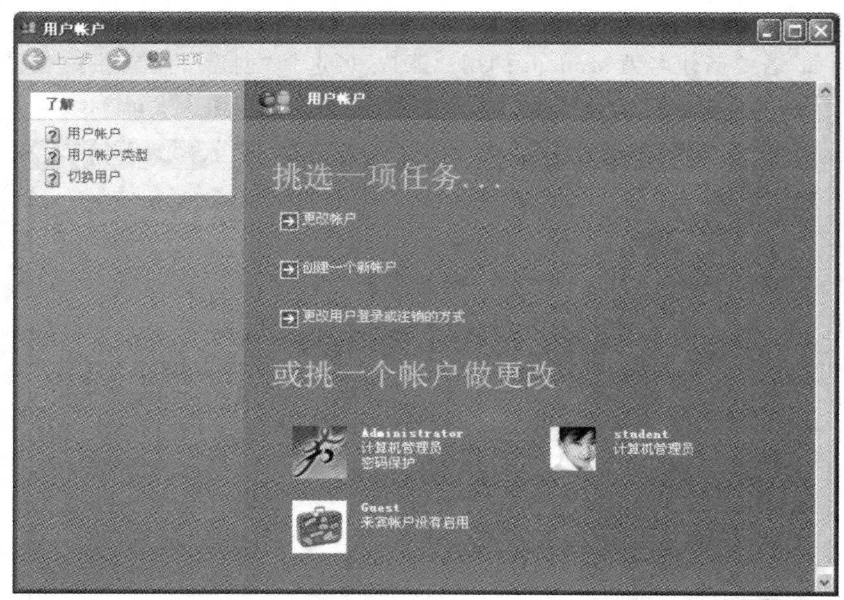

图 2-44　账户创建成功

(7)若用户要设置 student 用户账户的密码或其他属性，在“或挑一个帐户做更改”选项组中可选择 student 账户，打开如图 2-45 所示的对话框。

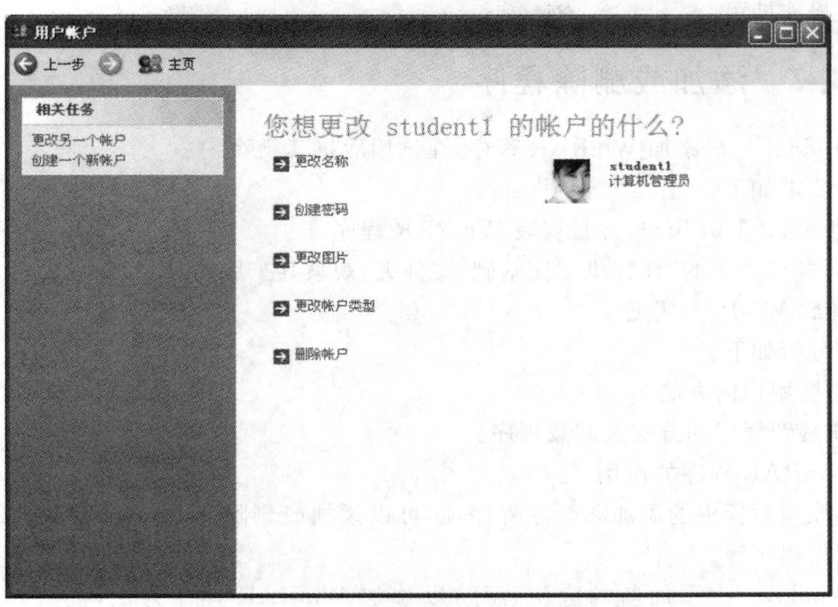

图 2-45　更改账户

(8)在图 2-45 所示的对话框中,用户可选择“更改名称”“创建密码”“更改图片”“更改帐户类型”或“删除帐户”选项。

(9)选择“创建密码”选项,打开如图 2-46 所示的对话框。

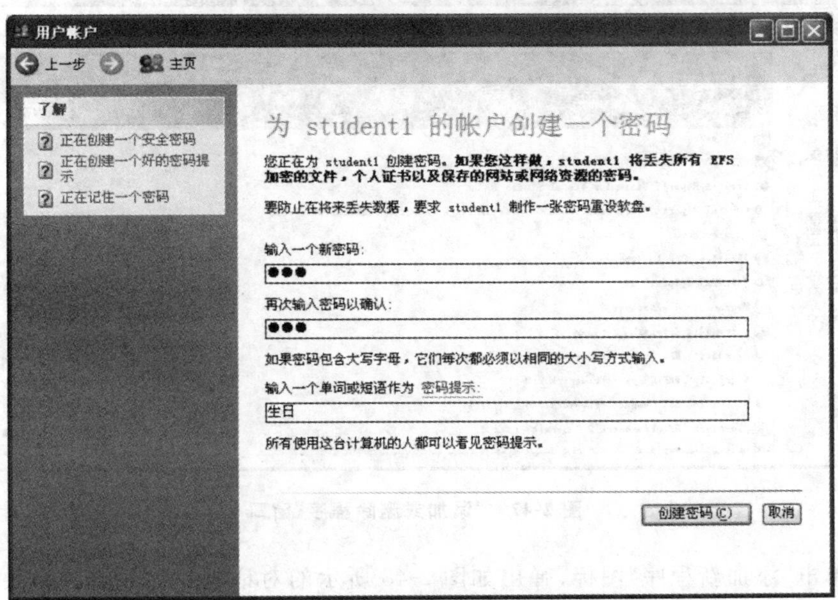

图 2-46　为账户创建密码

(10)在图 2-46 所示的对话框中输入密码及密码提示,单击“创建密码”按钮,即可创建登录该用户账户的密码。

若用户要更改其他用户账户选项或创建新的用户账户等,可单击相应的命令选项,按提示信息操作即可。

2.4.2 添加或删除程序

为 student 用户添加 WinRAR 程序，在试用后将其删除。

任务要求如下。

- 进入 student 用户，并且安装 WinRAR 程序。
- 压缩 C 盘中的“计算机文化基础”文件夹，观察其扩展名。
- 卸载 WinRAR 程序。

任务分析如下。

- 切换用户的方法。
- 安装新程序的方法及卸载程序。
- WinRAR 程序的使用。

使用控制面板中的添加和删除程序项，可以添加或删除 Windows 的其他组件，安装或卸载应用程序等。

在 Windows 中添加新的应用程序，以添加 WinRAR 程序为例，其具体操作步骤如下。

(1)选择“开始”→“控制面板”命令，打开“控制面板”窗口。

(2)双击“添加或删除程序”图标，打开“添加或删除程序”窗口，如图 2-47 所示。

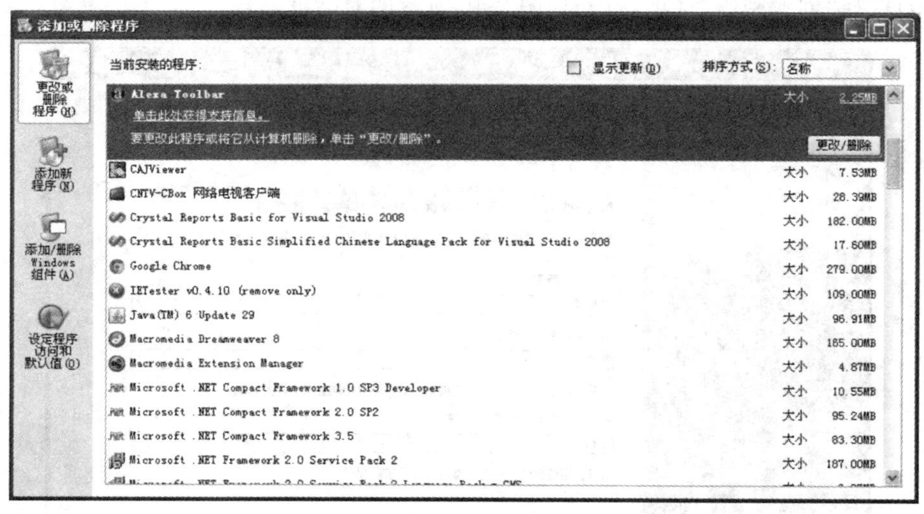

图 2-47 “添加或删除程序”窗口

(3)单击“添加新程序”图标，弹出如图 2-48 所示的对话框。在此选择所要添加的程序类型即可以安装需要的应用程序软件，选择“从 Microsoft 添加程序”选项可以为 Windows XP 从网络上下载更新的程序。

(4)单击“CD 或软盘”按钮，出现如图 2-49 所示的“从软盘或光盘安装程序”对话框，将安装光盘或软盘放入光驱或软驱中，单击“下一步”按钮。

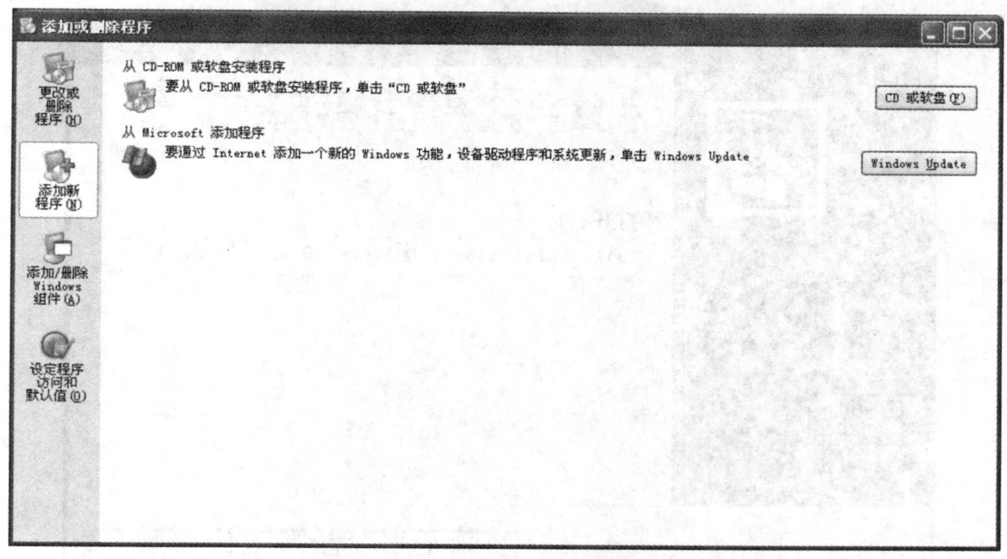

图 2-48　选择所要添加的程序

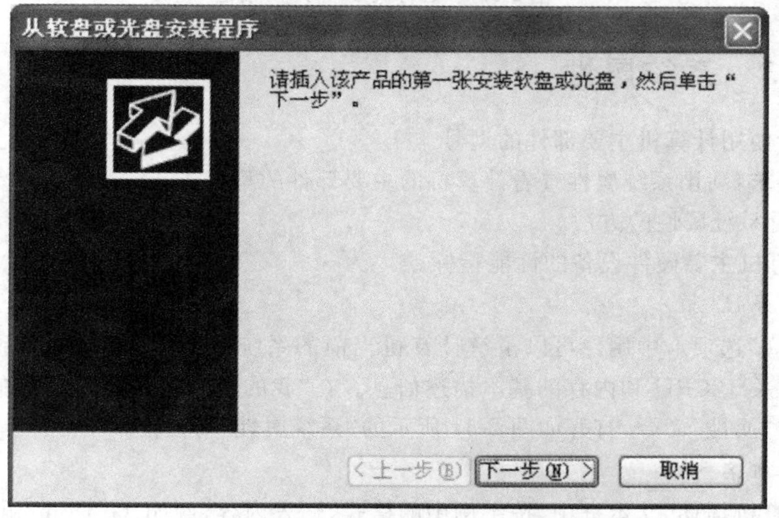

图 2-49　"从软盘或光盘安装程序"对话框

(5)Windows 会在光盘或软盘中搜索安装程序，若光盘或软盘中没有安装程序，可以通过浏览的方式在计算机硬盘上选择安装程序。单击"完成"按钮将进入程序的安装过程，此时按照要求填入相关信息和选择安装路径即可完成安装，如图 2-50 所示。

一个应用程序安装到系统以后，如果要把它删除，不能采用删除文件或文件夹的方法进行简单的删除，只能通过卸载程序才能把它彻底删除。其具体操作步骤如下。

(1)在如图 2-47 所示的窗口中单击"更改或删除程序"图标。

(2)选中要删除的应用程序，单击"更改/删除"按钮，弹出确认对话框，单击"是"按钮，选中的应用程序就会被删除。

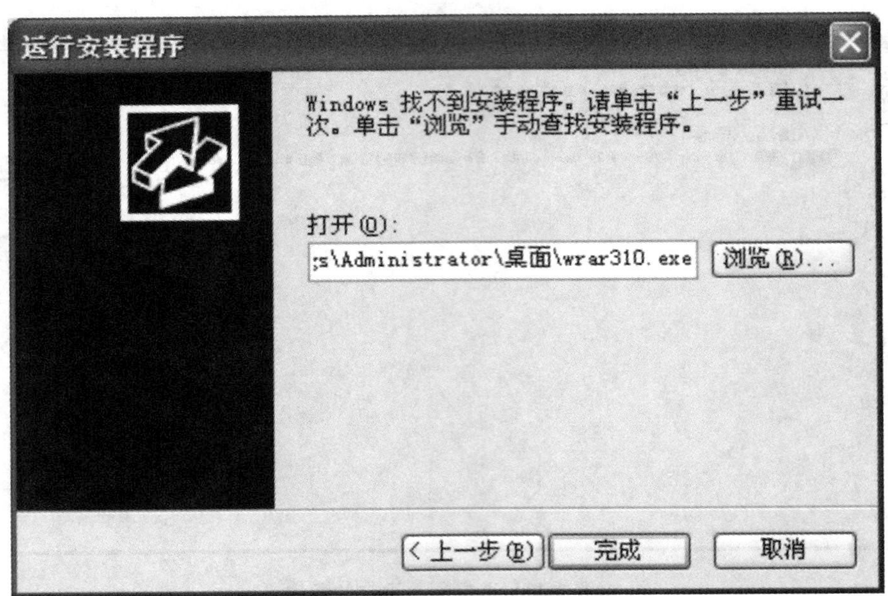

图 2-50 “运行安装程序”对话框

2.4.3 系统属性

列出所使用计算机主要部件的型号。

任务要求：利用系统属性查看计算机的主要部件的型号。

- 查看系统属性的方法。
- 计算机主要硬件设备的性能指标。

1. 常规属性

在“常规”选项卡中用户可以了解计算机当前的系统版本，以及计算机系统的注册信息和计算机关于 CPU 和内存的基本描述信息。在“我的电脑”图标上右击，在弹出的快捷菜单中选择“属性”命令，打开如图 2-51 所示的“系统属性”对话框。

2. 计算机名

在“计算机描述”文本框中，按举例中的格式，输入内容，例如：Gj Computer，以此作为 Windows 的信息在网络中标识这台计算机，此对话框中还包含计算机完整的名称和所在的工作组，如图 2-52 所示。

如果需要重新命名计算机或加入域，可单击“更改”按钮，打开如图 2-53 所示的对话框。在该对话框中，重新命名计算机名称及所属工作组即可。单击“其它”按钮，可以设置计算机主后缀和 NetBIOS 计算机名。

网络 ID 是计算机在网络中的名称，在图 2-52 所示界面中单击“网络 ID”按钮，即可打开如图 2-54 所示的“网络标识向导”对话框。

单击“下一步”按钮，在打开的对话框中选择适合计算机的网络说明标识，单击“完成”按钮完成设置。注意，需重新启动计算机才能使更改生效。

图 2-51　“系统属性”对话框

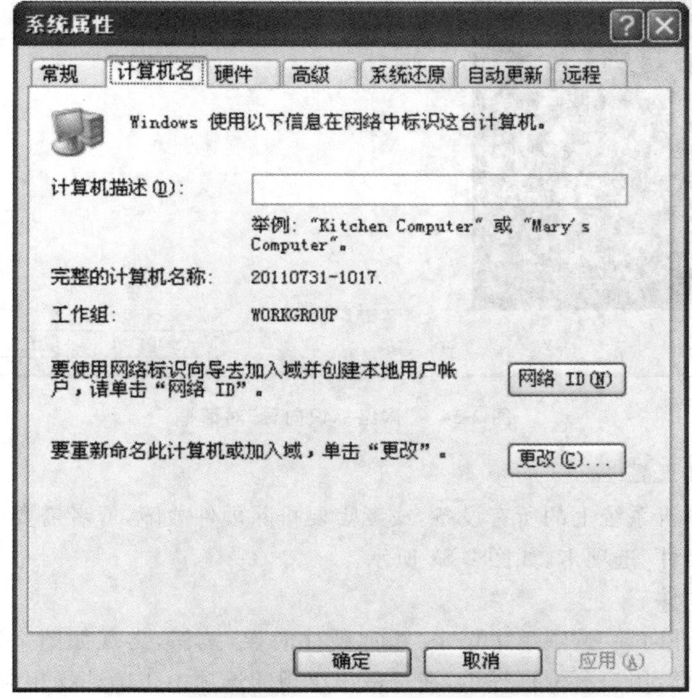

图 2-52　计算机描述

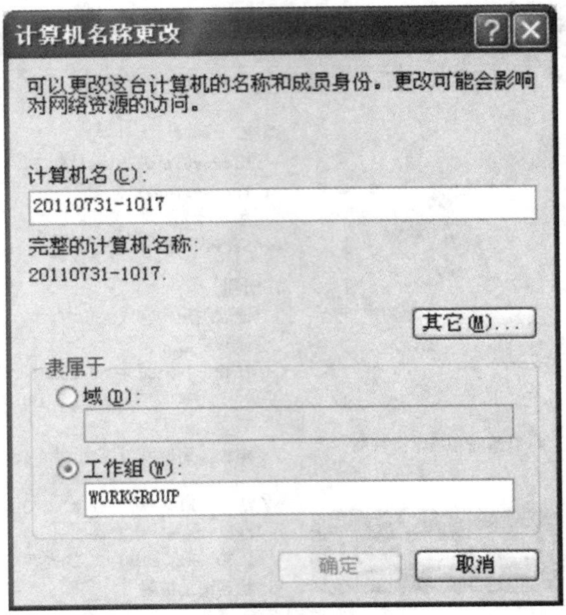

图 2-53 “计算机名称更改”对话框

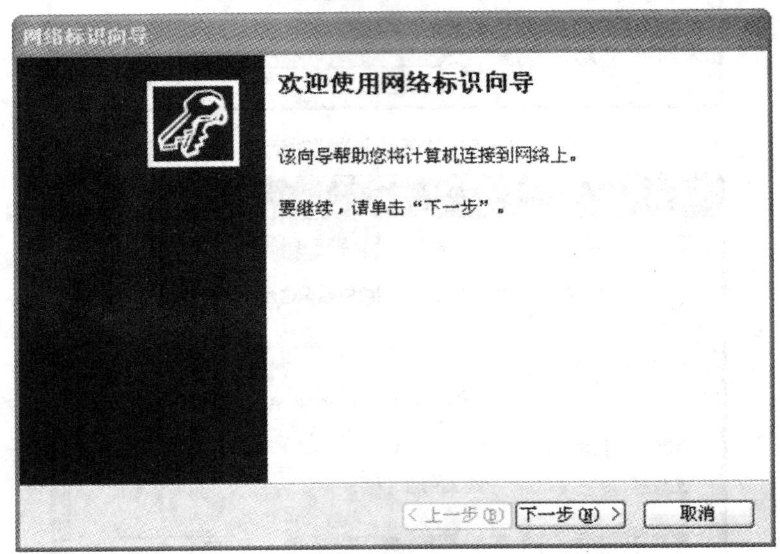

图 2-54 “网络标识向导”对话框

3. 硬件管理设置

要查看计算机系统上的所有设备，或者需要排除硬件故障，或者需要安装新的硬件设备等，可打开“硬件”选项卡，如图 2-55 所示。

1)添加新硬件

在“添加硬件向导”选项组中单击“添加硬件向导”按钮，出现如图 2-56 所示的“添加硬件向导”对话框，用户可依据提示，在每一步出现的选项中正确选择相应信息，就可以添加新的硬件设备。

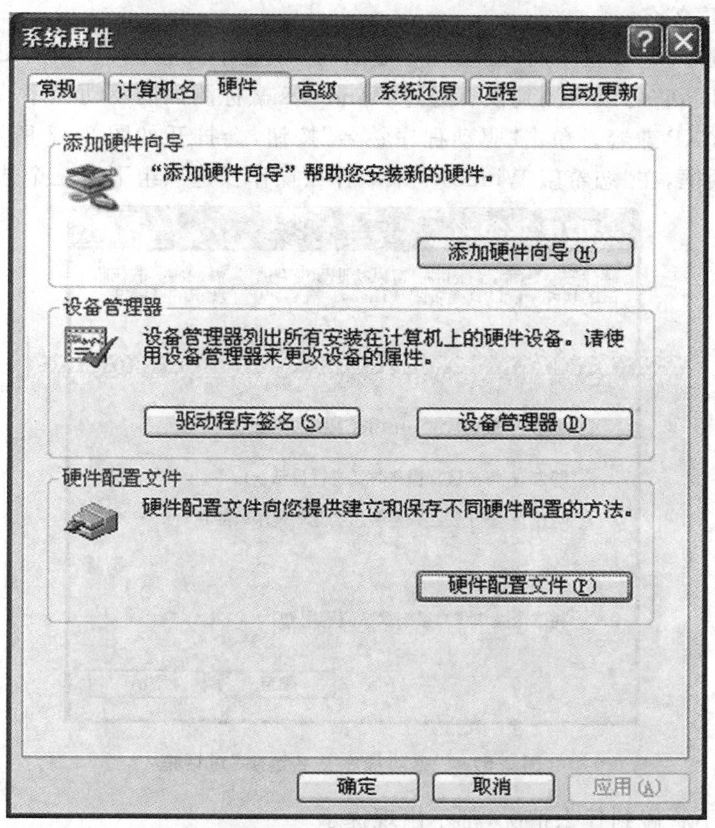

图 2-55　“硬件”选项卡

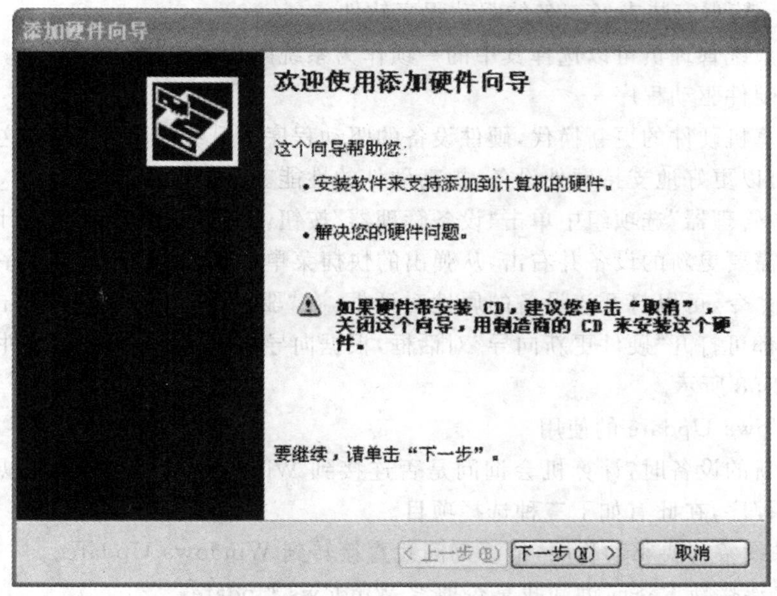

图 2-56　“添加硬件向导”对话框

2)驱动程序签名

在“驱动程序”选项组中的“驱动程序签名”选项是中文版 Windows XP 新增的功能，在硬件安装期间，它可以检测到没有通过 Windows 徽标测试的驱动程序软件来确认其是否跟 Windows XP 兼容。单击“驱动程序签名”按钮，会打开如图 2-57 所示的“驱动程序签名选项”对话框，在“您希望 Windows 采取什么操作?”选项组下有三个选项。

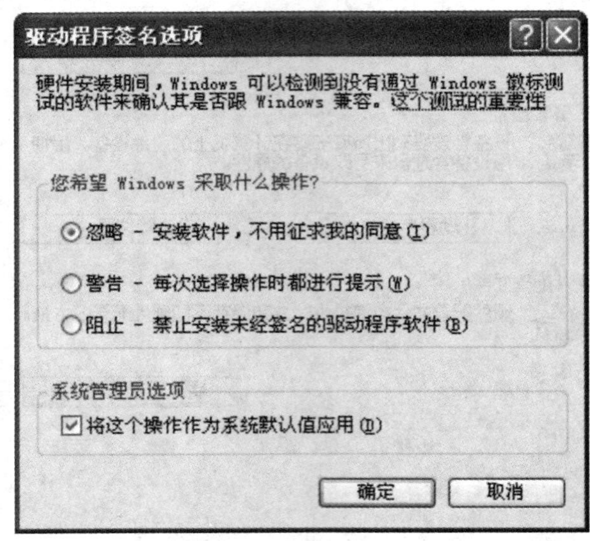

图 2-57 “驱动程序签名选项”对话框

- 忽略：不管碰到什么情况，都不出现提示。
- 警告：在操作进行过程中，每一次选择都出现提示。
- 阻止：禁止安装未经签名的驱动程序软件。

计算机系统管理员可以选择其中的一项作为系统默认值应用。

3)更新硬件驱动程序

随着计算机硬件的更新换代，硬件设备的驱动程序的升级也不断加快，这样能和硬件有机配合，可以更好地支持硬件设备，提高硬件的性能。

在“设备管理器”选项组中单击“设备管理器”按钮，弹出“设备管理器”对话框，在该对话框中选定需要更新的设备并右击，从弹出的快捷菜单中选择“更新驱动程序”命令，或者选择“属性”命令，可以打开该设备的属性对话框，在“驱动程序”选项卡中单击“更新驱动程序”按钮，都可打开“硬件更新向导”对话框，根据向导提示，就可以完成硬件驱动程序的更新，如图 2-58 所示。

4)Windows Update 的使用

在连接新的设备时，计算机会询问是否连接到 Windows Update 网站以搜索与之相匹配的驱动程序，在此有如下三种选择项目。

- 如果设备需要驱动程序，请不询问我直接转到 Windows Update。
- 每次连接新设备时询问我是否搜索 Windows Update。
- 从不在 Windows Update 搜索驱动程序。

用户可以根据实际的需求进行选择。

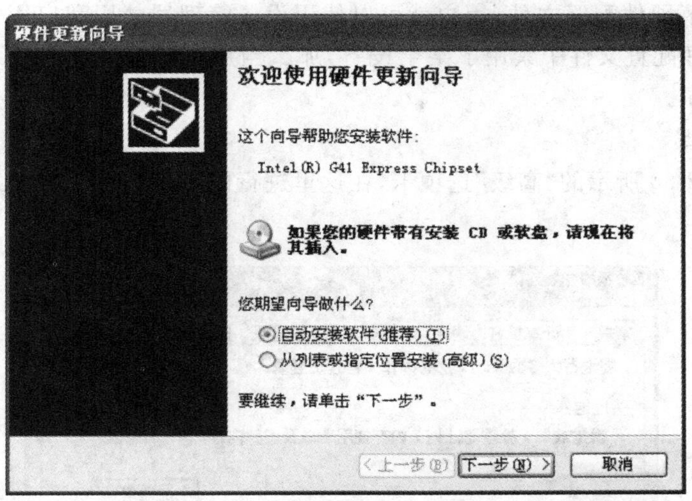

图 2-58　“硬件更新向导”对话框

5)硬件配置文件

硬件配置文件是用来描述计算机设备配置和特性的数据，可用来配置计算机使用的外部设备，它在启动计算机时告诉操作系统启动哪些设备，以及使用设备中的哪些设置等。

在“硬件配置文件”选项组中，单击“硬件配置文件”按钮，在打开的“硬件配置文件”对话框中，为用户提供了管理硬件配置文件的不同方式。

在“硬件配置文件选择”选项组中，用户可以为启动系统时选定硬件配置文件，也可以设定等待时间，由系统自动选择，如图 2-59 所示。

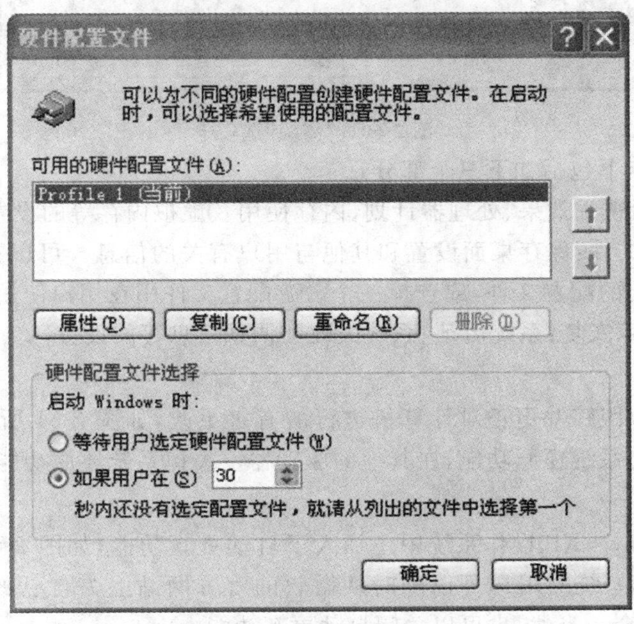

图 2-59　“硬件配置文件”对话框

一旦创建了硬件配置文件，用户就可以使用设备管理器禁用和启用配置文件中的设备。如果在硬件配置文件中禁用了某个设备，那么当用户启动计算机时系统不会加载该设备的驱动程序。

4. 高级属性

打开如图 2-60 所示的“高级”选项卡，在这里进行的大多数改动都必须以系统管理员的身份登录。

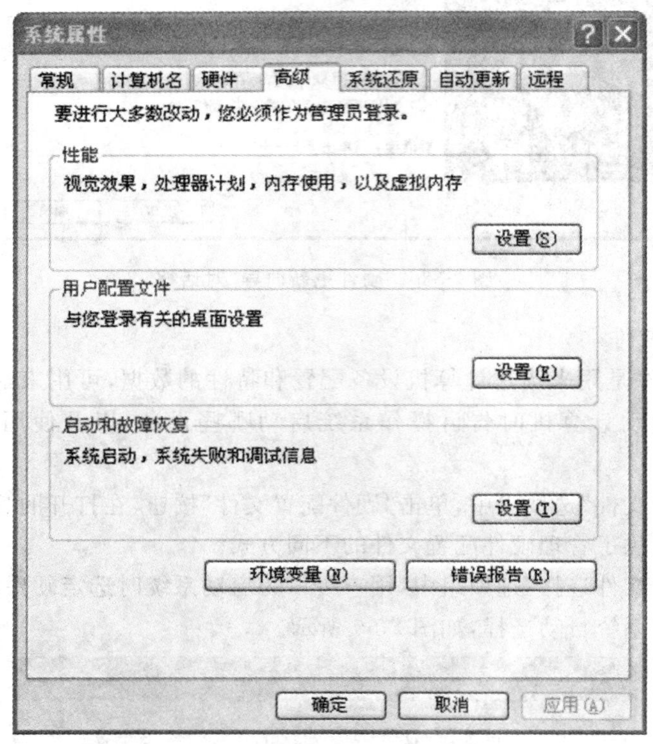

图 2-60 “高级”选项卡

“高级”选项卡下包括如下三个部分。

● 性能：包括视觉效果、处理器计划、内存使用及虚拟内存等的设置。

● 用户配置文件：保存桌面设置和其他与用户有关的信息。可以在用户使用的每台计算机上创建不同的配置文件，或选择一个漫游配置文件用在用户使用的每台计算机上。

● 启动和故障恢复：系统启动、系统失败和调试信息等的设置。

5. 系统还原

系统还原可以跟踪并更正对计算机进行的有害更改，如图 2-61 所示，在装有操作系统的驱动器上开启系统还原功能，在其他的驱动器上关掉系统还原功能。

6. 自动更新

微软在 Windows XP 操作系统中还加入了自动更新功能，如图 2-62 所示，使用正版 Windows XP 操作系统的用户可以随时从微软的官方网站上为自己的操作系统更新文件，使系统更加安全。当然，也可以关闭自动更新功能。

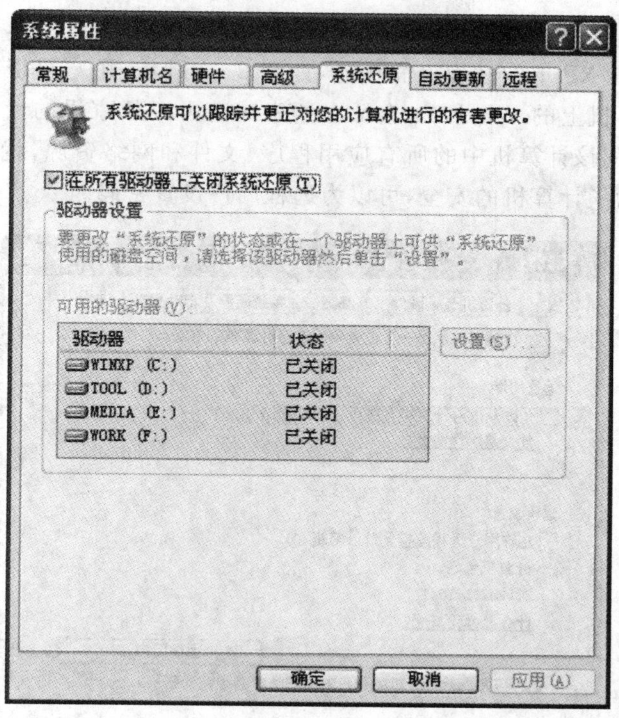

图 2-61　“系统还原”选项卡

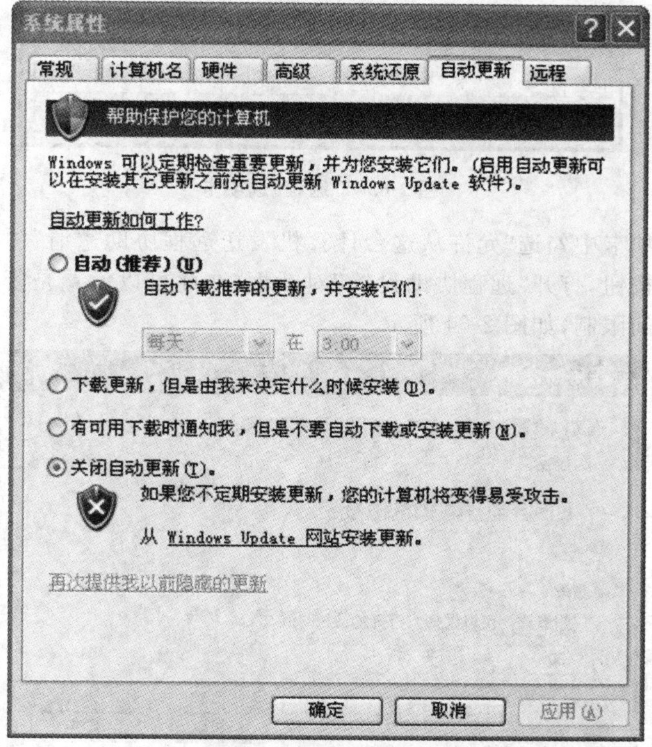

图 2-62　“自动更新”选项卡

7.远程

使用 Windows XP 上的远程桌面功能，如图 2-63 所示，用户可以从其他计算机上访问运行在自己计算机上的 Windows 会话。这意味着可以从家里的计算机连接到工作地点的计算机，并访问该计算机中的所有应用程序、文件和网络资源，就好像坐在工作地点的计算机前面。为了计算机的安全，可以为远程用户设置密码。

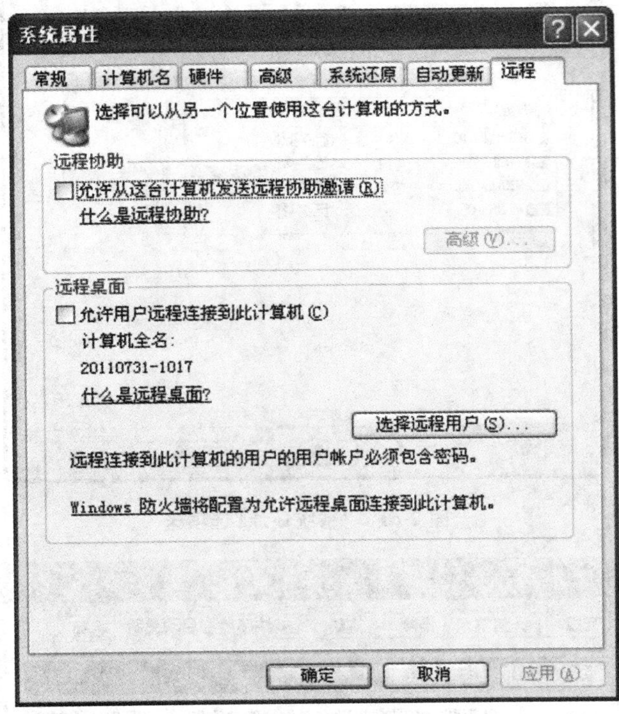

图 2-63 “远程”选项卡

在“远程”选项卡中勾选“允许从这台计算机发送远程协助邀请”项后，“高级”按钮可用。单击“高级”按钮，打开“远程协助设置”对话框，在此可以设置是否允许远程控制，并且设置邀请的时间限制，如图 2-64 所示。

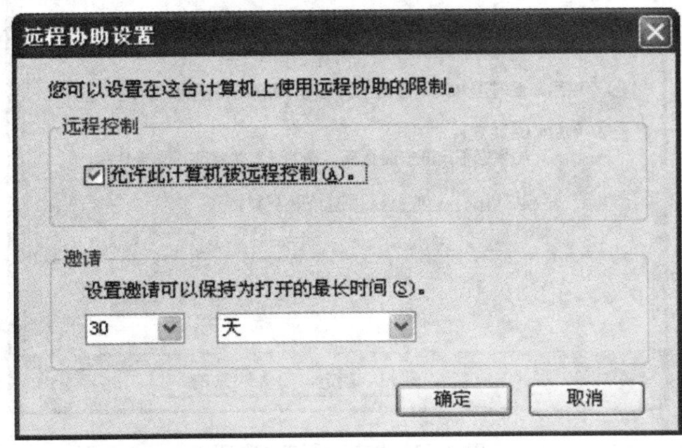

图 2-64 “远程协助设置”对话框

2.4.4　输入法的添加与删除

为 student 用户添加五笔输入法。

任务要求：进入 student 用户，并且添加五笔输入法。

任务分析如下。

● 切换用户的方法。

● 添加输入法的方法。

除了使用几种默认的输入法外，用户还可以自行安装、删除输入法。此外，还可以设置开机时的默认输入语言、设置语言栏、设置切换输入法的热键等。方法是单击语言栏中的▫按钮，或右击语言栏中的输入法图标，从弹出的菜单中选择“设置”命令，打开“文字服务和输入语言”对话框，如图 2-65 所示。

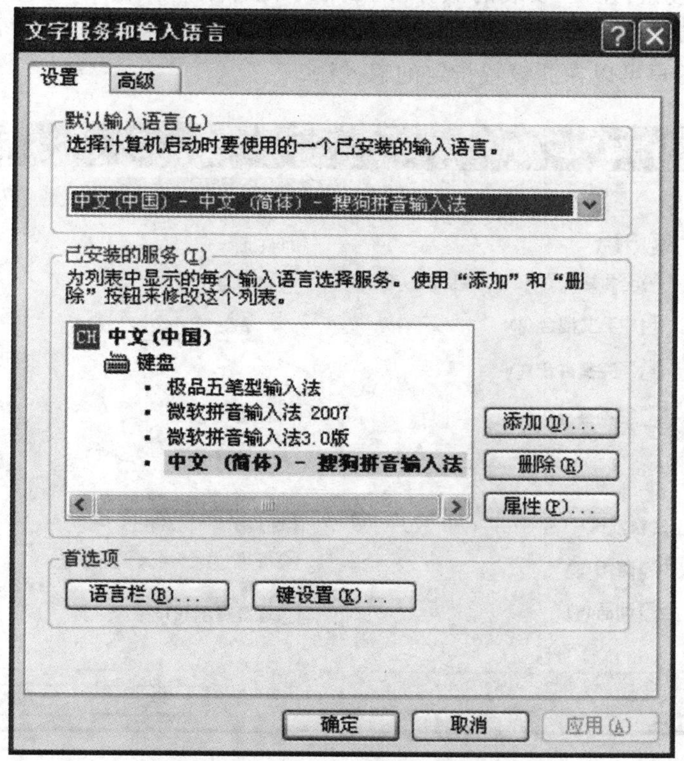

图 2-65　“文字服务和输入语言”对话框

“文字服务和输入语言”对话框中各选项的作用如下。

● “默认输入语言”下拉列表框：用来选择启动计算机后的默认输入语言（即显示在语言栏上的输入语言），对于中文用户，需要在此选择中文（中国）选项。

● “添加”按钮：要安装中文输入法，单击“添加”按钮，打开如图 2-66 所示的“添加输入语言”对话框。在该对话框中的“输入语言”下拉列表框中选择“中文（中国）”选项；在“键盘布局/输入法”下拉列表框中选择一种中文输入法，然后单击“确定”按钮，返回“文字服务和输入语言”对话框。

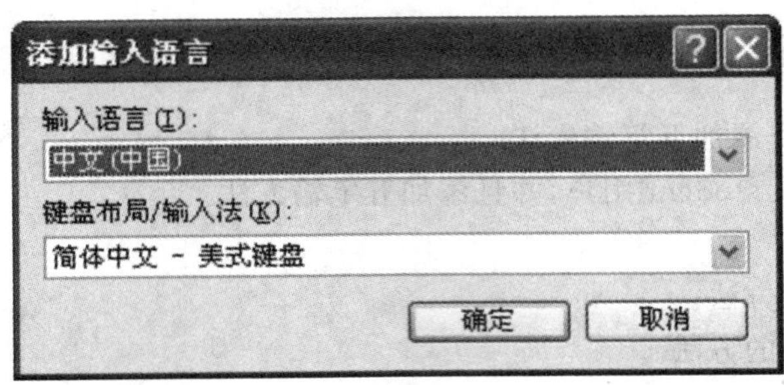

图 2-66 “添加输入语言”对话框

● “删除”按钮：删除某输入语言下的某一种输入法，只需在“已安装的服务”列表框中选择需要删除的输入法后，单击“删除”按钮即可。

● “属性”按钮：在“已安装的服务”列表框中选择某一种输入法(此处以选择微软拼音输入法 3.0 版为例)之后，单击“属性”按钮，将打开如图 2-67 所示的“微软拼音输入法属性”对话框，用户可以在此设置指定的输入法。

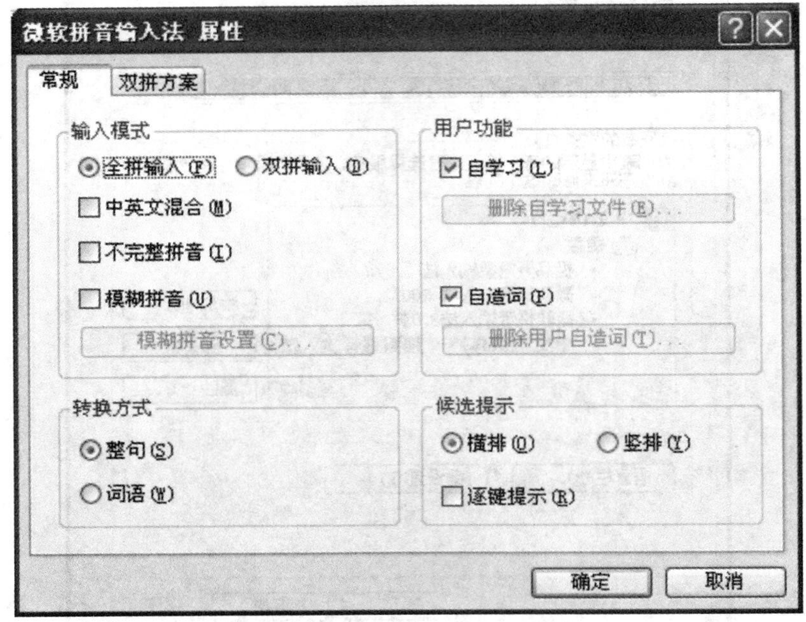

图 2-67 “微软拼音输入法 属性”对话框

● “语言栏”按钮：单击此按钮将打开如图 2-68 所示的“语言栏设置”对话框。用户可在该对话框中设置语言栏的状态，如最小化语言栏、设置语言栏为透明色等。

● “键设置”按钮：单击此按钮，将打开如图 2-69 所示的“高级键设置”对话框。在此设置习惯使用的切换输入法的热键，如设置切换至全拼输入法的热键等。

用户可以根据需要做好以上各选项的设置工作，然后单击“确定”或“应用”按钮，应用所做的设置。

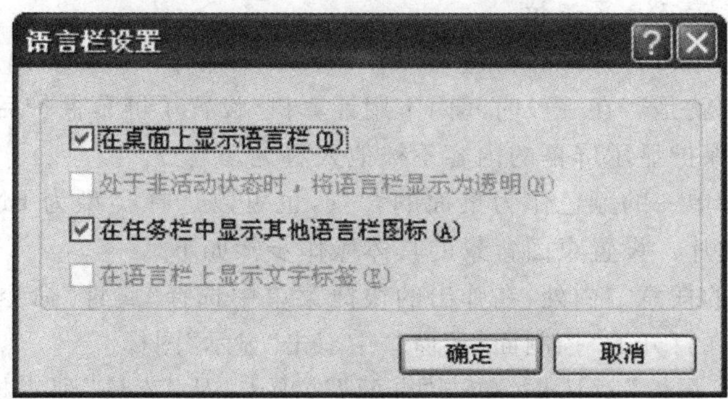

图 2-68　“语言栏设置”对话框

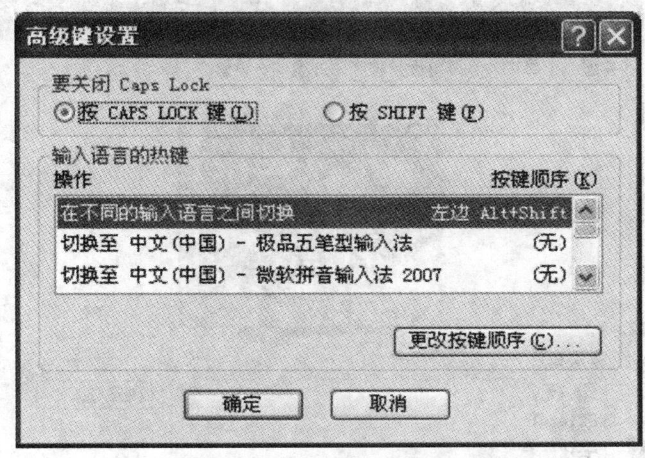

图 2-69　“高级键设置”对话框

2.5　环境设置与系统维护

2.5.1　显示属性

为 student 用户设置桌面背景、屏幕保护、显示分辨率及色彩。

任务要求如下。

- 下载一张图片，将其设置为桌面背景，显示为拉伸效果。
- 设置屏幕保护为三维动画效果，文字内容是“计算机文化基础”。
- 设置显示器的分辨率为 1024×768，观察桌面的显示区域的变化。
- 分别设置色彩为 16 位、32 位，观察显示效果有无变化。

为完成以上任务需要掌握的知识点及操作方法如下。

- 切换用户的方法。
- 设置桌面背景、屏幕保护、显示分辨率及色彩的方法。

1. 设置桌面背景及屏幕保护

桌面背景就是用户打开计算机进入 Windows XP 操作系统后所出现的桌面背景颜色或图片。屏幕保护就是若在一段时间内不用计算机，设置了屏幕保护后，系统会自动启动屏幕保护程序，以保护显示屏幕的内容不被他人看见。

用户可以选择单一的颜色作为桌面的背景，也可以选择类型为 BMP、JPG 等的文件作为桌面的背景图片。设置桌面背景的具体操作步骤如下。

(1)右击桌面的任意空白处，在弹出的快捷菜单中选择"属性"命令，或选择"开始"→"控制面板"命令，在打开的"控制面板"窗口中双击"显示"图标。

(2)打开"显示 属性"对话框，单击"桌面"选项卡，从"背景"列表框中选择相应的背景，单击"确定"按钮，即设置好桌面背景，如图 2-70 所示。

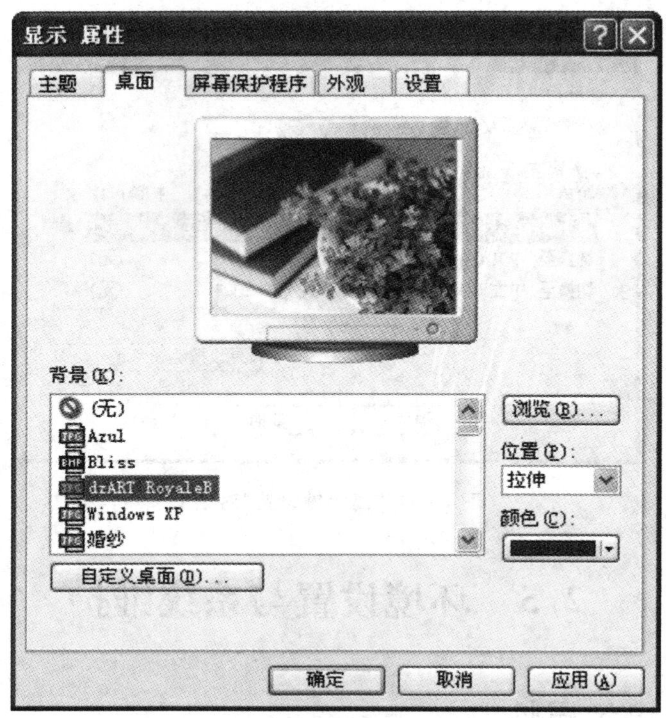

图 2-70 "显示 属性"对话框

设置屏幕保护程序的具体操作步骤如下。

(1)在"显示 属性"对话框中，单击"屏幕保护程序"选项卡。

(2)在"屏幕保护程序"下拉列表框中选择一种屏幕保护程序，在选项卡的显示器中即可看到该屏幕保护程序的显示效果。单击 设置(T) 按钮，可对当前的屏幕保护程序进行一些设置；单击 预览(V) 按钮，可预览该屏幕保护程序的效果，移动鼠标或操作键盘即可结束屏幕保护程序。

(3)在"等待"文本框中可输入数字或调节微调按钮确定数字，设置计算机多长时间无人使用则启动该屏幕保护程序，如图 2-71 所示。

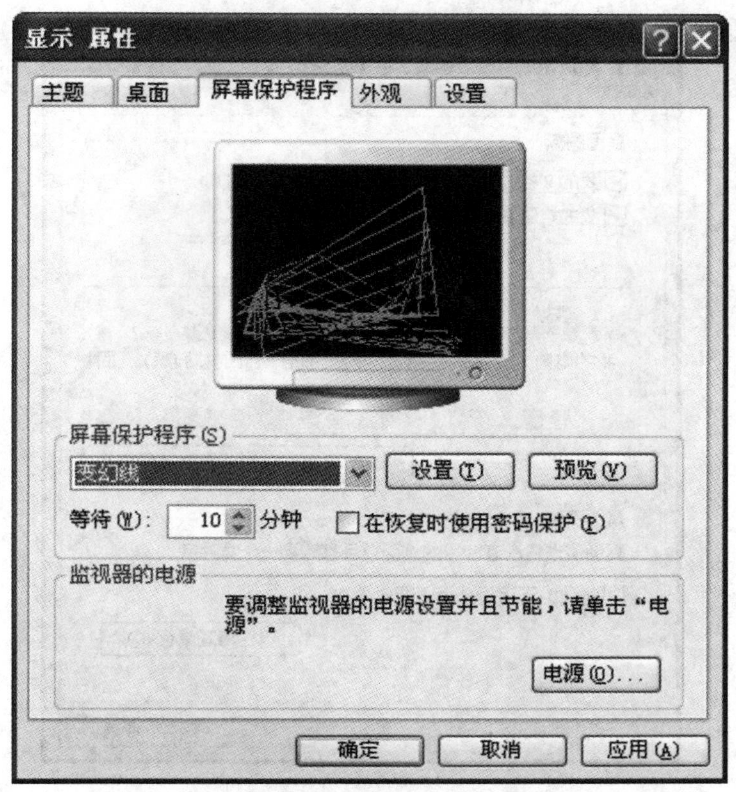

图 2-71　“屏幕保护程序”选项卡

2. 更改显示外观

更改显示外观就是更改桌面、消息框、活动窗口和非活动窗口等的颜色、大小、字体等。在默认状态下，系统使用的是“Windows XP 样式”的颜色、大小、字体等设置。用户也可以根据自己的喜好设计自己的关于这些项目的颜色、大小和字体等显示方案。

设置桌面项目的具体操作步骤如下。

(1)在“桌面”选项卡中单击“自定义桌面”按钮，将会打开“桌面项目”对话框，如图 2-72所示。在此可以在桌面上添加/删除“我的电脑”“我的文档”“网上邻居”及“Internet Explorer”等的图标。

(2)在此可以更换“我的文档”“我的电脑”“网上邻居”等图标的样式，选择要更换的对象后单击“更改图标”按钮，将打开如图 2-73 所示的“更改图标”对话框，选择一个图标样式并单击“确定”按钮，桌面效果如图 2-74 所示。

另外，还有桌面清理功能，可以使系统将没有使用过的桌面项目移动到一个文件夹中。

更改显示外观的具体操作步骤如下。

(1)右击桌面上的任意空白处，在弹出的快捷菜单中选择“属性”命令，或选择“开始”→“控制面板”命令，在弹出的“控制面板”窗口中双击“显示”图标。

(2)打开“显示 属性”对话框，打开“外观”选项卡，如图 2-75 所示。

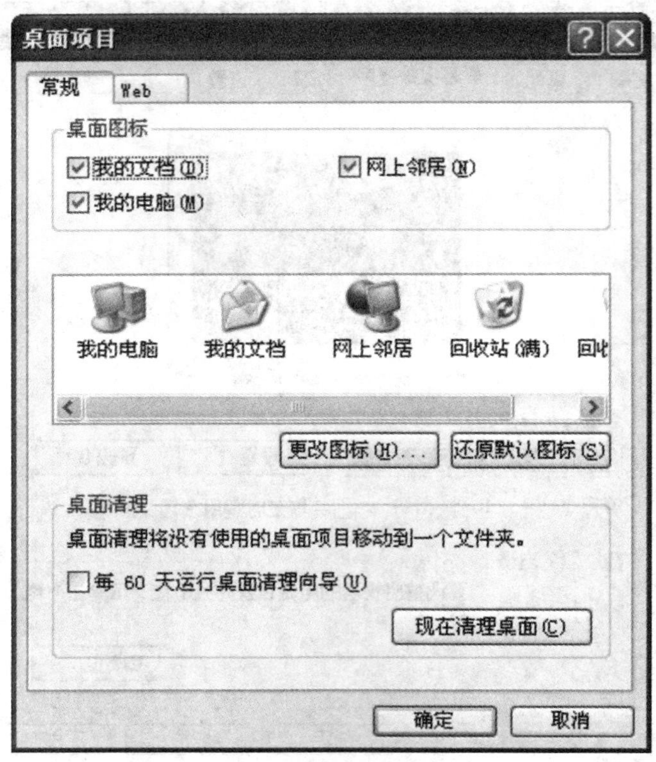

图 2-72 “桌面项目”对话框

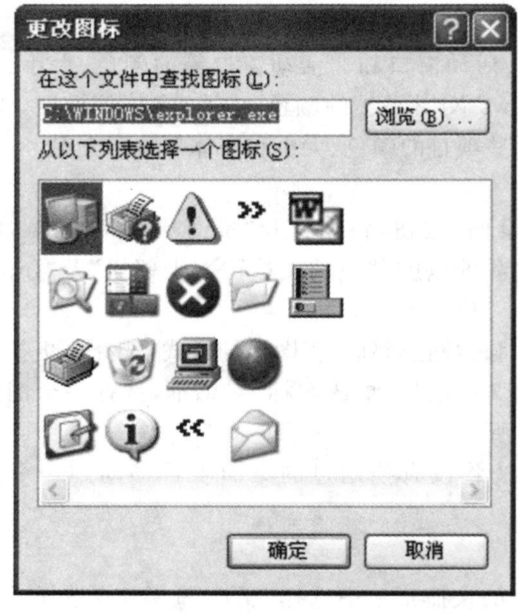

图 2-73 “更改图标”对话框

图 2-74 更改图标后的桌面显示效果

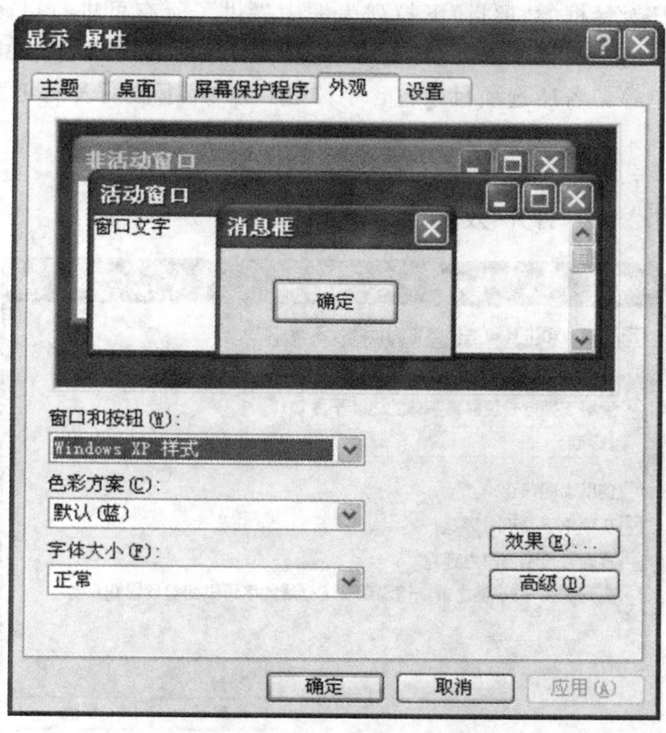

图 2-75　“外观”选项卡

(3)在“外观”选项卡中的“窗口和按钮”下拉列表框中可选择窗口和按钮的显示样式。单击“高级”按钮，将弹出“高级外观”对话框，如图 2-76 所示。

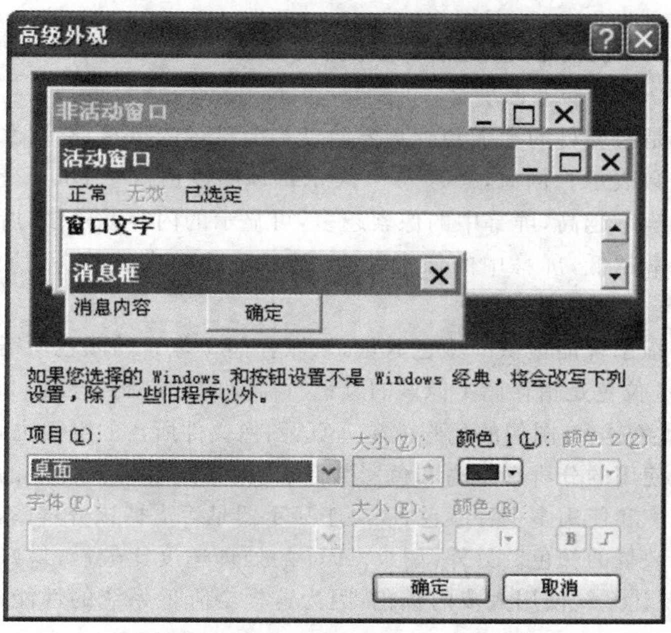

图 2-76　“高级外观”对话框

在“高级外观”对话框的“项目”下拉列表框中提供了所有可进行更改设置的选项，用户可单击显示框中的想要更改的项目，也可以直接在“项目”下拉列表框中进行选择，然后更改其大小和颜色等。若所选项目中包含字体，则“字体”下拉列表框变为可用状态，用户可对其进行设置。

(4)设置完毕后，单击“确定”按钮，回到“外观”选项卡中。

(5)单击“效果”按钮，打开“效果”对话框，如图 2-77 所示。

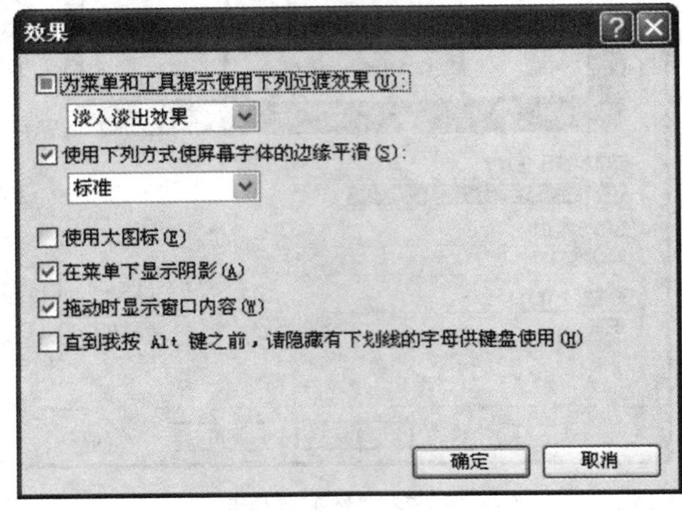

图 2-77 “效果”对话框

(6)在“效果”对话框中可进行显示效果的设置，单击“确定”按钮，回到“外观”选项卡中。

(7)单击“应用”或“确定”按钮即可应用所选设置。

3. 设置屏幕分辨率和颜色质量

屏幕分辨率是指屏幕的水平和垂直方向最多能显示的像素，它用水平显示的像素数乘以垂直扫描线数表示。例如，800×600 表示每帧图像由水平 800 像素、垂直 600 像素扫描线组成。分辨率越高，屏幕中的像素越多，可显示的内容就越多，所显示的对象也就越小；反之，分辨率越低，屏幕中的像素越少，可显示的内容就越少，所显示的对象也就越大。

颜色质量是指系统能提供的颜色数量，它以存储 1 像素的颜色所需要的二进制位数来表示。例如，32 位色是指存储 1 像素的颜色所需要的二进制位数为 32 位，系统可以提供 2^{32} 种颜色。颜色越多，图像的色彩就越逼真，图像文件所占的空间也就越大。

在计算机中使用的分辨率越高和色彩数越多，对系统和硬件性能的要求就越高。能否使用某种分辨率和使用多少种颜色，取决于显示器是否支持该分辨率，以及显示器是否能够显示所要求数量的颜色。另外，如果 CPU 的处理速度比较慢，最好不要把分辨率设置得太高，也不要让系统使用太多的颜色，因为这样会降低系统的性能，影响应用程序的运行速度。

在完成 Windows XP 的安装之后，系统会将屏幕分辨率和颜色质量调整到比较合理的程度。一般情况下，这种基本的设置就能满足要求。如果需要重新调整，可按下列步骤进行。

(1)在“显示 属性”对话框中打开“设置”选项卡，如图 2-78 所示。

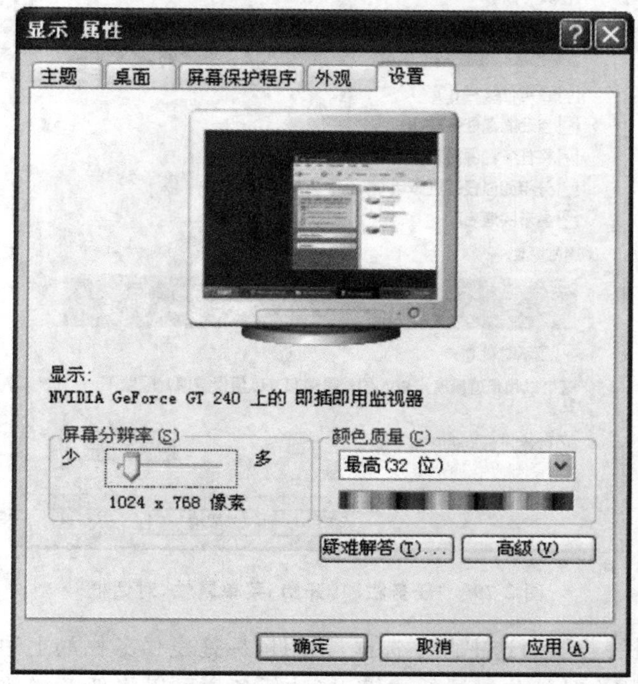

图 2-78　“设置”选项卡

(2)在“屏幕分辨率”选项组中选择分辨率的大小。

(3)在“颜色质量”下拉列表框中选择一种颜色质量。

(4)调整完以后单击“应用”或“确定”按钮，此时将会出现几秒钟的黑屏，然后屏幕将按新的设置显示。

2.5.2　任务栏和开始菜单属性

1. 为 student 用户隐藏任务栏和时钟

任务要求如下：将任务栏隐藏、锁定、保持在其他窗口前端。显示、隐藏系统时钟。

任务分析：掌握任务栏属性的设置。

在默认情况下，任务栏在桌面的下方主要用于显示 Windows 所启动的任务，同时，从任务栏还可以启动一些程序及程序的运行状态。

用户可以根据自己的爱好和习惯把任务栏个性化，使操作更加方便。在 Windows 中，可以改变任务栏的位置、大小和显示方式，也可以在任务栏里添加不同的工具栏。

右击任务栏的空白处，在弹出的快捷菜单中选择“属性”命令，打开“任务栏和「开始」菜单属性”对话框，如图 2-79 所示。

在“任务栏”选项卡下，“任务栏外观”选项组中有五个复选框，选中不同的复选框，将得到不同外观的任务栏。

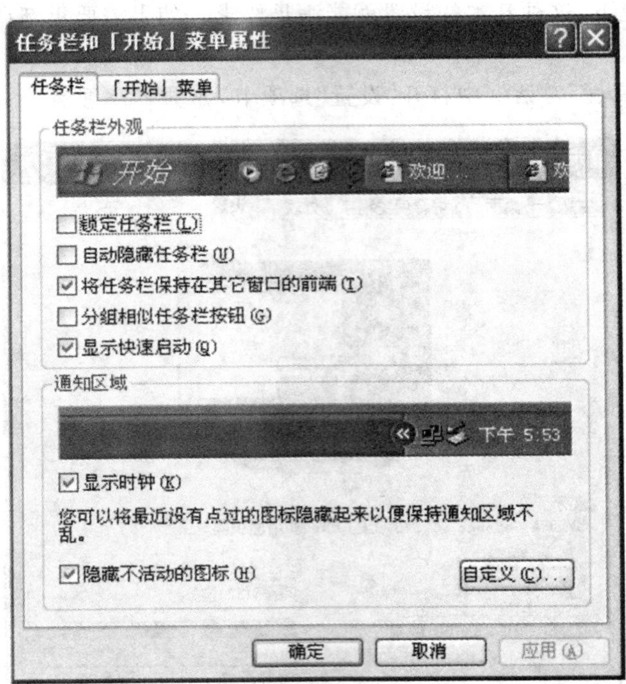

图 2-79 “任务栏和「开始」菜单属性”对话框

● 锁定任务栏：若取消选中此复选框，则用鼠标拖曳任务栏的上边界，可以改变它的大小，在任务栏的空白处按住鼠标的左键，拖动任务栏可以将任务栏放在屏幕的顶部、左边或右边。

● 自动隐藏任务栏：有的用户不喜欢任务栏总显示在屏幕上，为了增强视觉效果，选中此复选框可以将其隐藏起来。只有将鼠标移向屏幕的底部时任务栏才会出现。

● 将任务栏保持在其他窗口的前端：若取消选中此复选框，在某个程序启动后，该程序的最大化窗口将覆盖任务栏，只有最小化或改变大小后，任务栏才会显示。若选中此复选框，任务栏将始终保持在其他窗口的前端。

● 分组相似任务栏按钮：若选中此复选框，如果任务栏上的按钮太拥挤，按钮的宽度小于一定的长度，则同一程序的按钮将会折叠为一个按钮，单击此按钮将会打开一个对话框，选中要访问的文档就可以了；若取消选中此复选框，任务栏将为每个按钮保留一定的空间。当打开程序过多时，程序按钮将会在任务栏上分页显示，并在任务栏的右端出现带有上下箭头的按钮，单击它们可以向前或向后翻页。

● 显示快速启动：快速启动栏里存放了一些程序的快捷方式，通过单击就可以启动响应的程序。选中此复选框，快速启动栏将显示在任务栏上。在任务栏不锁定的情况下，可以把经常要启动的程序存放在任务栏里。

“通知区域”选项组有如下两个选项。

● 显示时钟：选中此复选框可以在任务栏的最右端显示系统的当前时间。

● 隐藏不活动的图标：选中此复选框可以将系统中处于不活动的程序图标隐藏，也可以单击“自定义”按钮选择需要隐藏的程序图标。

2. 在 student 用户的“开始”菜单中添加新组及 Word 快捷方式

任务要求如下：进入 student 用户，整理“开始”菜单。在“开始”菜单中添加“办公软件”的新组，并将 Word 应用程序的快捷方式添加到“办公软件”中。

任务分析如下：掌握切换用户的方法。掌握添加、删除及整理“开始”菜单的方法。

用户不但可以方便地使用“开始”菜单，而且可以根据自己的爱好和习惯自定义“开始”菜单，下面分别介绍一下中文版 Windows XP 系统默认和经典“开始”菜单的自定义方式。

1）自定义默认“开始”菜单

第一次启动中文版 Windows XP 系统后，系统默认的是 Windows XP 风格的“开始”菜单，用户可以通过改变“开始”菜单属性对它进行设置，具体操作步骤如下。

(1)在任务栏的空白处或者在“开始”菜单上右击，然后从弹出的快捷菜单中选择“属性”命令，就可以打开“任务栏和「开始」菜单属性”对话框，在“「开始」菜单”选项卡中，可以选择系统默认的“「开始」菜单”，或者是“经典「开始」菜单”，选择“「开始」菜单”单选按钮会使用户很方便地访问 Internet、电子邮件和经常使用的程序，如图 2-80 所示。

图 2-80 “任务栏和「开始」菜单属性”对话框

(2)在“「开始」菜单”选项卡中单击“自定义”按钮，打开“自定义「开始」菜单”对话框，如图 2-81 所示。

在“为程序选择一个图标大小”选项组中，用户可以选择“大图标”或者“小图标”单选按钮。

图 2-81 "自定义「开始」菜单"对话框

在"开始"菜单中会显示用户经常使用程序的快捷方式,用户可以在"程序"选项组中定义所显示程序名称的数目,系统默认为六个,用户可以根据需要任意调整其数目,系统会自动统计使用频率最高的程序,然后在"开始"菜单中显示,这样用户在使用时可以直接单击快捷方式启动,而不用从"所有程序"中启动。

如果不需要在"开始"菜单中显示快捷方式或者要重新定义显示数目时,可以单击"清除列表"按钮清除所有的列表,它只是清除程序的快捷方式并不会删除这些程序。

在"在「开始」菜单上显示"选项组中,用户可以选择浏览网页的工具和收发电子邮件的程序,当用户取消选中这两个复选框时,"开始"菜单中将不显示这两项。

(3)在完成常规设置后,可以切换到"高级"选项卡中进行高级设置,如图 2-82 所示。

在"「开始」菜单设置"选项组中,"当鼠标停止在它们上面时打开子菜单"复选框是指用户把鼠标放在"开始"菜单的某一选项上,系统会自动打开其级联子菜单,如果不选中此复选框,用户必须单击此菜单项才能打开。"突出显示新安装的程序"复选框是指用户在安装完一个新应用程序后,在"开始"菜单中将以不同的颜色突出显示,以区别于其他程序。

在"「开始」菜单项目"列表框中提供了常用的选项,用户可以将它们添加到"开始"菜单中,在有些选项中用户可以通过单选按钮来让它显示为菜单、链接或者不显示该项目。选择"显示为菜单"单选按钮时,在其选项下会出现级联菜单,而选择"显示为链接"单选按钮时,单击该选项会打开一个链接窗口。

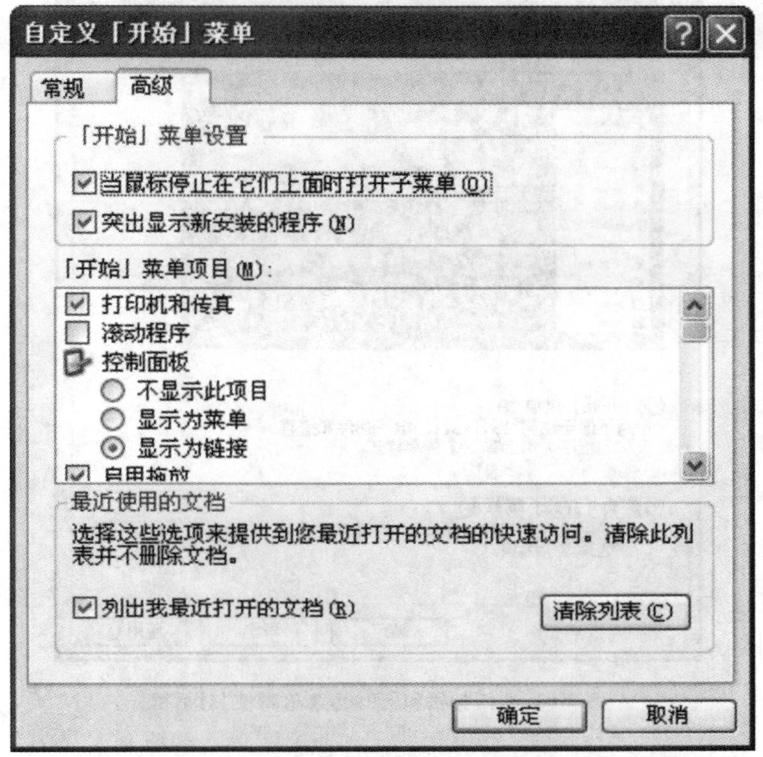

图 2-82　“高级”选项卡

在“最近使用的文档”选项组中，如果选中“列出我最近打开的文档”复选框，“开始”菜单中将显示这一菜单项，用户可以对自己最近打开的文档进行快速的再次访问。当打开的文档太多需要进行清理时，可以单击“清除列表”按钮，这时在“开始”菜单中“我最近的文档”选项下为空，此操作只是在“开始”菜单中清除其列表，而不会对所保存的文档产生影响。

(4)用户在“常规”和“高级”选项卡中设置好之后，单击“确定”按钮，会回到“任务栏和「开始」菜单属性”对话框中，在该对话框中单击“应用”按钮，然后单击“确定”按钮会关闭该对话框，当用户再次打开“开始”菜单时，所做的设置就会生效。

2)自定义经典“开始”菜单

在中文版 Windows XP 中，不但可以自定义系统默认的“开始”菜单，如果用户使用的仍然是经典的“开始”菜单，也可以对它做出适当的调整。

在任务栏的空白处或者在“开始”菜单上右击，从弹出的快捷菜单中选择“属性”命令，这时会打开“任务栏和「开始」菜单属性”对话框，在“「开始」菜单”选项卡中选择“经典「开始」菜单”单选按钮，在上面的预览窗口中会出现相应的菜单样式，如图 2-83 所示。

要进行设置时，可单击“自定义”按钮，打开“自定义经典「开始」菜单”对话框，在此对话框中用户可以通过增减项目来自定义“开始”菜单，可以删除最近访问过的文档或程序等，如图 2-84 所示。

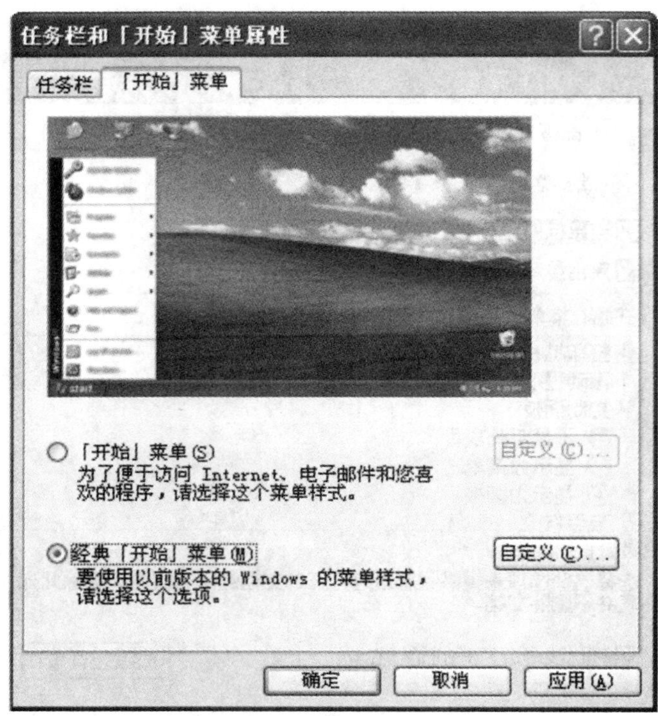

图 2-83 “任务栏和「开始」菜单属性”对话框

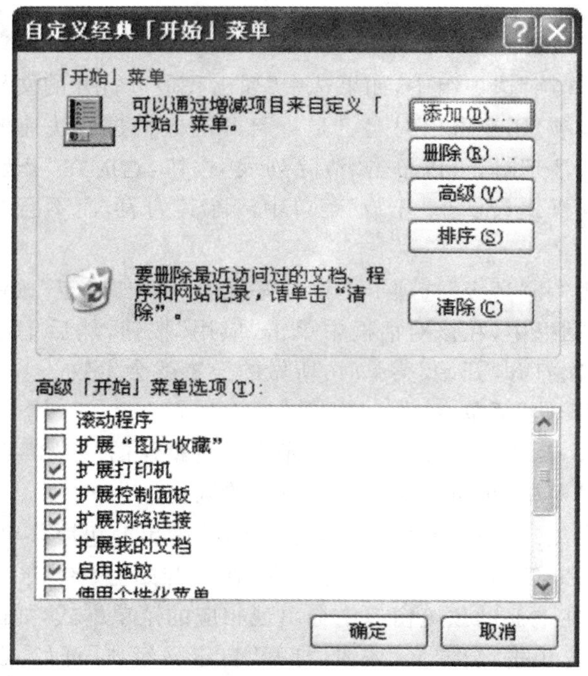

图 2-84 “自定义经典「开始」菜单”对话框

3)添加“开始”菜单项目

在安装一个程序后，在“开始”菜单的“程序”菜单项下会自动添加这个程序的名称，如果要经常用到某程序、文件或者文件夹等，可以直接在“开始”菜单中添加，这样在使用时可以很方便地启动，而不需要在其他位置查找，具体操作步骤如下。

(1)在如图 2-84 所示的“「开始」菜单”选项组中单击“添加”按钮，会打开创建快捷方式向导，利用这个向导，用户可以创建本地或网络程序、文件、文件夹、计算机或 Internet 地址的快捷方式。

(2)在“请键入项目的位置”文本框中输入所创建项目的路径，或者单击“浏览”按钮，在打开的“浏览文件夹”对话框中，用户可以选择快捷方式的目标，选定目标后，单击“确定”按钮，如图 2-85 所示。

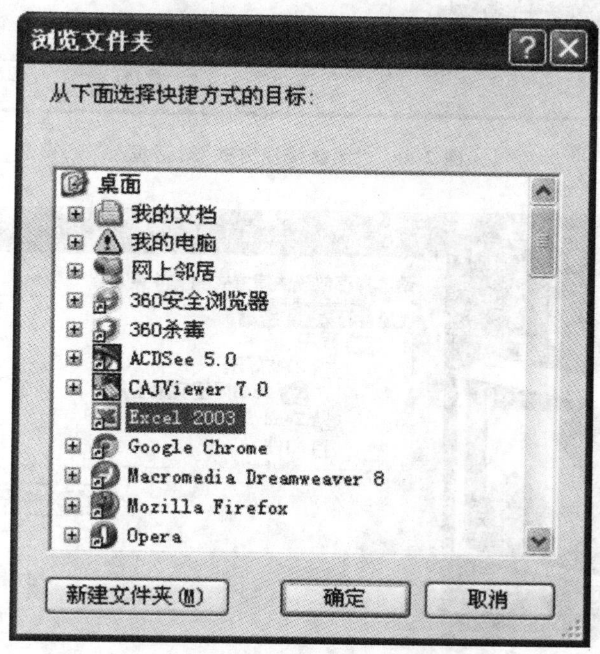

图 2-85 “浏览文件夹”对话框

(3)这时在“创建快捷方式”对话框中的“请键入项目的位置”文本框中会出现用户所选项目的路径，如图 2-86 所示，单击“下一步”按钮。

(4)在打开的“选择程序文件夹”对话框中，用户要选择存放所创建的快捷方式的文件夹，系统默认是“程序”选项，为了使用时更方便，可以考虑选择“「开始」菜单”，这样该选项会直接在“开始”菜单中出现。当然，用户可以根据自己的需要存放在其他位置，也可以单击“新建文件夹”按钮来创建一个新的文件夹来存放，如图 2-87 所示。

(5)用户选择存放快捷方式的位置后，单击“下一步”按钮，这时会出现“选择程序标题”对话框。在“键入该快捷方式的名称”文本框中，用户可以使用系统推荐的名称，也可以自己为快捷菜单项命名，输入名称后，单击“完成”按钮，这样就完成了快捷方式的创建全过程。当用户再次打开“开始”菜单时，就可以在菜单中找到自己刚刚添加的快捷项目了。

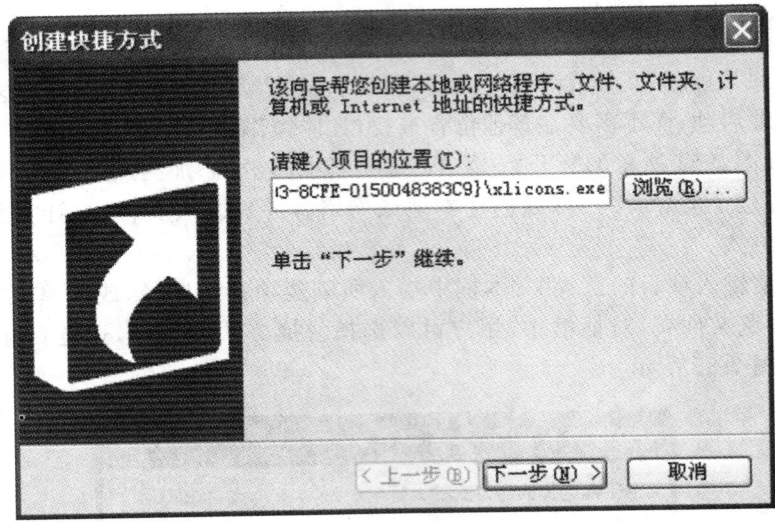

图 2-86 “创建快捷方式”对话框

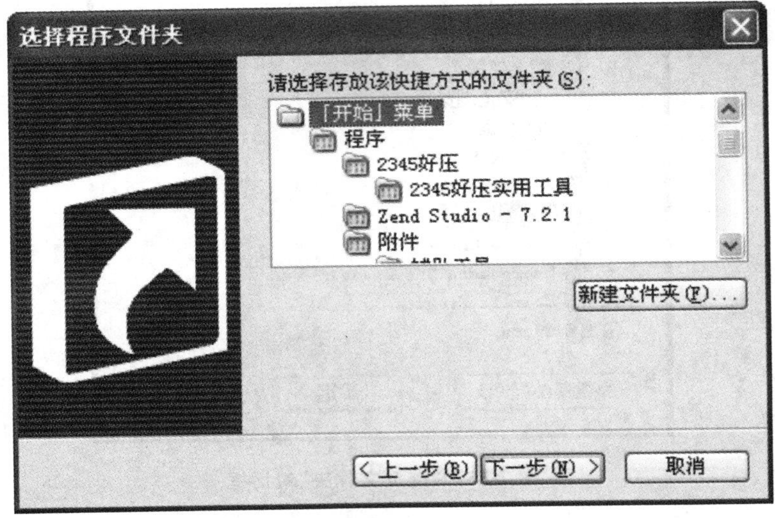

图 2-87 “选择程序文件夹”对话框

4)删除“开始”菜单项目

在“自定义经典「开始」菜单”对话框中，用户不但可以添加项目，而且可以随时删除不再使用的项目，这样有利于保持“开始”菜单的简单有序，具体操作步骤如下。

(1)在“「开始」菜单”选项组中单击“删除”按钮，系统会打开“删除快捷方式/文件夹”对话框，在这个对话框中列出了“开始”菜单中的所有项目，如图 2-88 所示。

(2)用户可以在图 2-88 所示的对话框中选择要删除的选项，单击“删除”按钮，这时会出现一个“确认文件删除”对话框，询问用户是否将此项目放入回收站，如图 2-89 所示，单击“是”按钮即可将该项目删除。

在“「开始」菜单”选项组中，单击“高级”按钮，可以打开“「开始」菜单”对话框，在该对话框中可以对所有的选项进行查看，也可以添加或者删除选项。

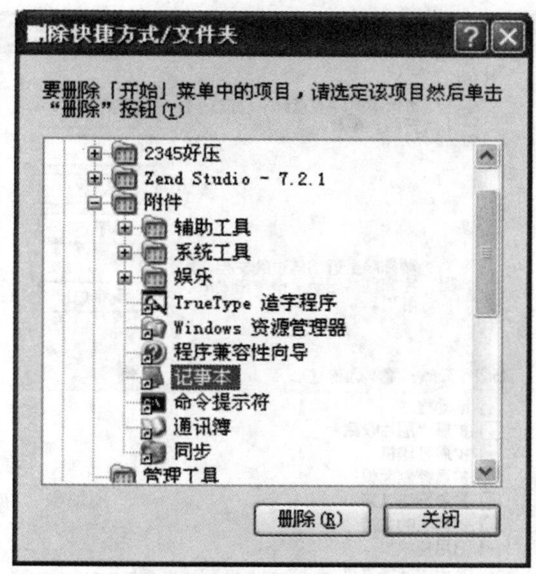

图 2-88　"删除快捷方式/文件夹"对话框

图 2-89　"确认文件删除"对话框

单击"排序"按钮，可以对"开始"菜单中的项目进行重新排序，使各菜单项恢复在系统中默认的位置。

单击"清除"按钮，可以删除最近访问过的文档、程序和网站记录等内容。

5)高级"开始"菜单选项

在用户完成对"开始"菜单的一些基本设置后，可以再进行一些更高级的设置，在"高级「开始」菜单选项"列表框中为用户提供了多种选项，如图 2-90 所示。

● 滚动程序：如果用户在自己的计算机中安装了很多程序，可以选中此复选框，它将以卷轴形式显示"开始"菜单，在打开时会显示用户常用的程序，而将不常用的程序隐藏起来，当需要使用隐藏的程序时，单击向下的箭头即可显示全部的内容，这样不至于一下子打开很多程序，造成用户视觉的混乱。

● 扩展选项：在列表框中有扩展"图片收藏"、扩展打印机、扩展控制面板等，在选中这些复选框后，在"开始"菜单中将显示这些选项中的详细内容，否则，将以窗口链接的形式显示这些选项的具体内容。

● 启用拖放：选中这个复选框后，在"开始"菜单中可以任意拖动项目，改变它们的排列顺序。

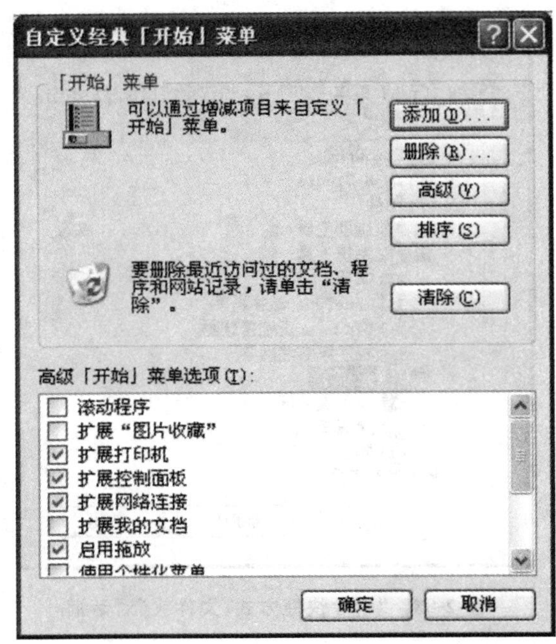

图 2-90 "高级「开始」菜单选项"列表框

其他的复选框比较容易理解，比如"在「开始」菜单显示小图标"是指选项图标在"开始"菜单中会以小图标形式显示。

2.6 磁盘管理

1. 查看磁盘状况

使用磁盘管理，用户可以查看和管理磁盘，了解磁盘的使用情况、分区格式等有关信息。要查看磁盘的这些信息，可以进行如下操作。

(1)选择"开始"→"控制面板"命令，打开"控制面板"窗口。

(2)双击"管理工具"图标，打开"管理工具"窗口。

(3)双击"计算机管理"图标，打开"计算机管理"窗口，单击"存储"选项左边的"+"号，展开后选择"磁盘管理"选项。或者右击"我的电脑"图标，从弹出的快捷菜单中选择"管理"命令，进入磁盘管理。

在如图 2-91 所示的窗口中，可以查看磁盘的个数，各个磁盘的分区情况，各个分卷的文件系统类型、容量和状态等。

在此界面下可以更改驱动器名称和路径，删除分区，并且可以格式化 C 盘以外的其他硬盘分区。

2. 更改驱动器名和路径

为了便于标识和查找，应为不同用途的各个卷起一个与其所充当角色相关的名称，即重命名。更改磁盘名称的具体操作步骤如下。

(1)以管理员身份登录并打开"计算机管理"窗口，选择"磁盘管理"选项。

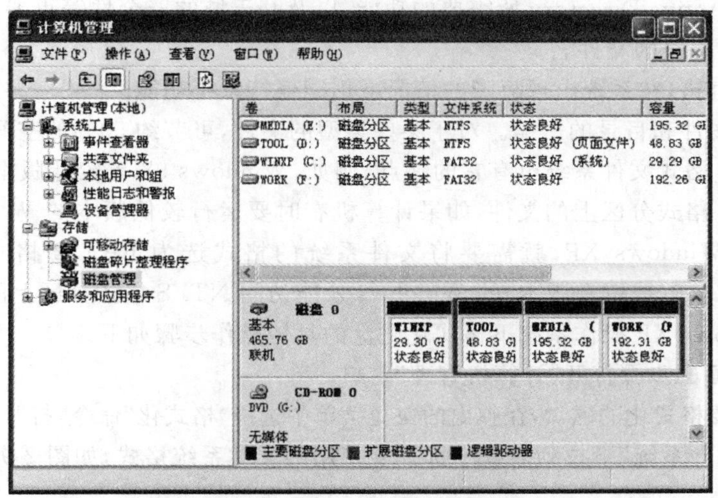

图 2-91　“计算机管理”窗口

(2)选中要更改名称的磁盘，例如 F 盘。

(3)右击，在弹出的快捷菜单中选择“更改驱动器名和路径”命令，打开更改 F 盘的驱动器号和路径的对话框，如图 2-92 所示。

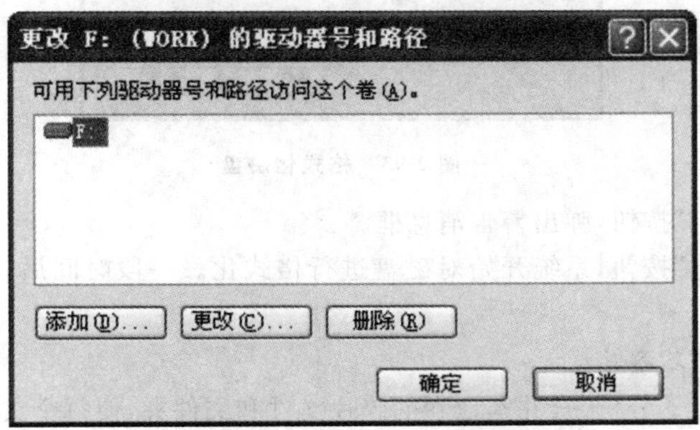

图 2-92　更改磁盘名称

(4)单击“更改”按钮，打开“更改驱动器号和路径”对话框。

(5)从下拉列表框中选择希望使用的驱动器号(本例为 X)，然后单击“确定”按钮，打开确认对话框。

(6)单击“是”按钮，完成对驱动器号的更改。再次打开“计算机管理”窗口，可以看到驱动器号已由 F 变成了 X。

3. 磁盘的格式化

在介绍磁盘格式化之前，先要介绍一下磁盘文件系统的格式。在 Windows XP 系统中，支持 FAT32 和 NTFS 两种格式的文件系统，FAT32 格式文件系统主要是在 Windows 98 系统中使用，NTFS 格式文件系统主要是在 Windows NT 系统中使用。

相比之下，NTFS 格式文件系统比 FAT 格式文件系统有以下优点。

● 提供 Active Directory 所需要的功能，以及基于域的安全性等重要功能，并支持最长可达 255 个字符的文件名。

● 支持容错，在系统出现故障的情况下仍能保持系统功能。

● 支持文件和目录的压缩。对于某些类型的文件，可节约 50%的空间。

但 NTFS 格式文件系统也有它的缺点，例如，Windows 98 等较低版本的操作系统不能访问 NTFS 格式分区上的文件，如果计算机有时要运行较低版本的 Windows 系统，其他时间运行 Windows XP，就需要将文件系统的格式选为 FAT32 格式。另外，具有 Windows NT 4.0(或以上版本)的 Windows 才能访问 NTFS 格式分区上的文件。

在 Windows XP 操作系统下格式化磁盘的具体操作步骤如下。

(1)按前面的步骤打开“计算机管理”窗口。

(2)右击要格式化的磁盘，在弹出的快捷菜单中选择“格式化”命令，打开格式化对话框。

(3)从“文件系统”下拉列表框中选择要使用的文件系统格式，如图 2-93 所示。

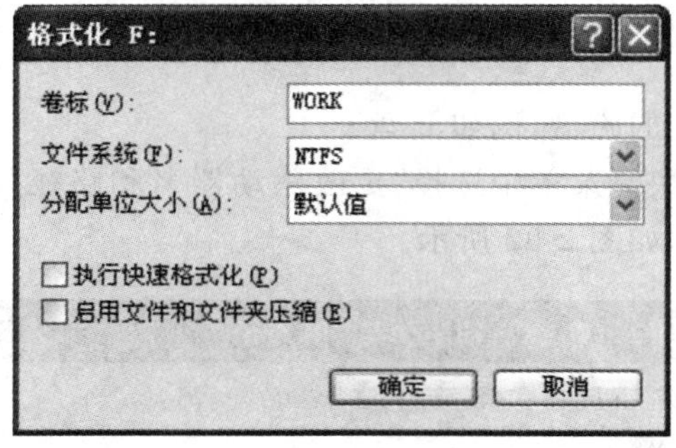

图 2-93　格式化磁盘

(4)单击“确定”按钮，弹出警告消息框。

(5)单击“确定”按钮，系统开始对磁盘进行格式化。一段时间后，系统自动完成对磁盘的格式化。

4. 磁盘碎片整理程序

碎片整理是为了分析、合并本地卷的碎片文件和文件夹，使每个文件和文件夹都可以占用卷上单独连续的磁盘空间，并减少新文件出现碎片的可能性，以提高磁盘空间的利用率，并提高系统的速度。

整理磁盘碎片的具体操作步骤如下。

(1)按前面的步骤打开“计算机管理”窗口，选择“磁盘碎片整理程序”选项。

(2)选中要分析或整理的磁盘。如果要分析磁盘，可单击“分析”按钮；如果要整理磁盘，可单击“碎片管理”按钮。

由于磁盘碎片管理的时间比较长，因此在整理磁盘前一般要先进行分析以确定磁盘是否需要整理。为此，单击“分析”按钮，这样系统便开始对当前磁盘进行分析，分析完成后，自动弹出“磁盘分析”对话框。

单击“查看报告”按钮，打开“分析报告”对话框，在该对话框中可以看到有关磁盘卷和一些分析出的碎片文件的信息。

单击“碎片管理”按钮，系统将对磁盘进行碎片整理。

第 3 章

文字处理软件 Word

随着计算机的日益普及，无纸化办公越来越风靡，由此衍生出的办公自动化成了每个公司都追求的目标。在这种状况下，办公软件成了日常办公不可缺少的一部分，而办公软件的使用技能成了每个求职者必备的技能之一。在众多的办公软件中，微软的 Office 办公软件是使用最多、最受欢迎的办公系列软件。Word 是 Microsoft 公司的一款功能强大的文字处理软件，其出色的文字编辑功能、强大的制表能力、直观的操作界面、多媒体混排、自动功能以及超强的兼容性，使其成为最常用的文字处理软件。

3.1　Word 的启动与退出

3.1.1　Word 2003 的启动

常见的启动 Word 2003 的方法有如下三种。

1. 常规方式

选择“开始”→“程序”(或“所有程序”)→“Microsoft Office 2003”→“Microsoft Office Word 2003”命令，启动 Word 2003，如图 3-1 所示。

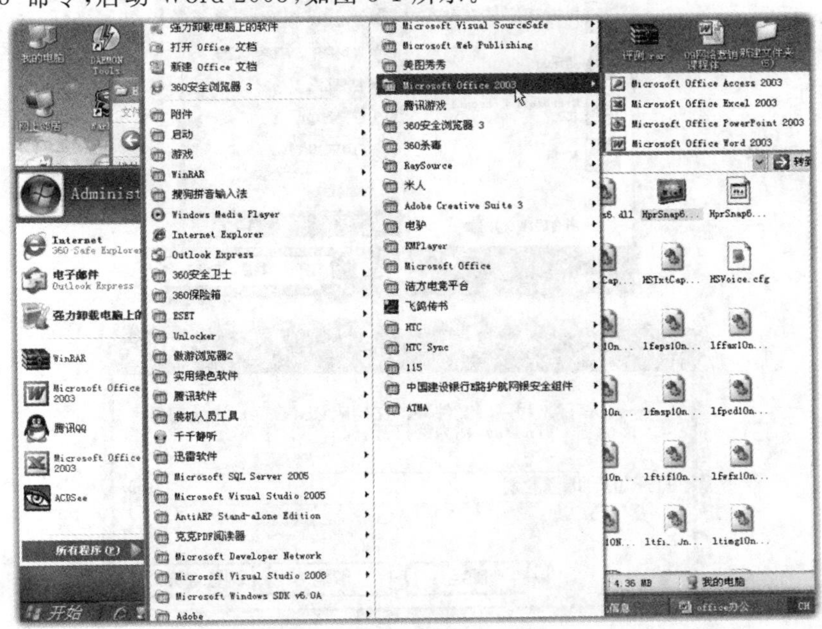

图 3-1　常规方式启动 Word 2003

图 3-2　Word 2003 应用程序图标

2. 快捷方式

启动 Word 2003 的快捷方式有如下两种。

1)桌面快捷方式

用户可以在桌面上创建快捷方式，使操作工作更加便利。右击“Microsoft Office 2003”级联菜单中的“Microsoft Office Word 2003”，并选择“发送到”→“桌面快捷方式”命令，可以在桌面上创建该组件的快捷方式。

双击桌面上的 Word 2003 应用程序图标(见图 3-2)即可打开 Word 2003。

2)程序文件

在“资源管理器”中找到 Microsoft Office 2003 的安装目录，在文件夹中找到 Word 2003 图标文件，双击打开程序。

3. 命令行方式

利用 Windows 快速命令启动 Word 2003 程序。选择“开始”→“运行”命令，在打开的“运行”对话框中输入“winword”(见图 3-3)，启动程序。

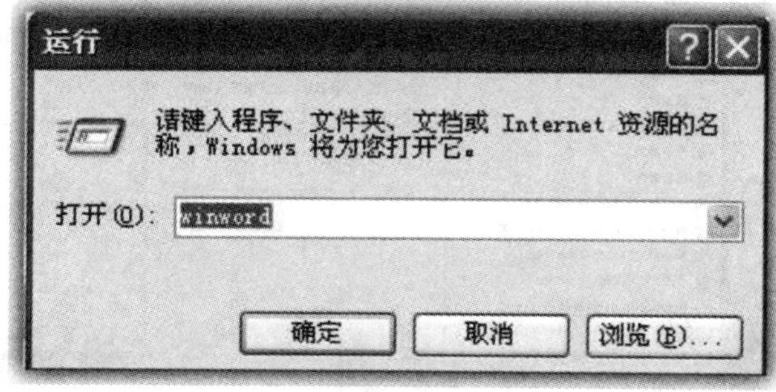

图 3-3　利用 Windows 快速命令启动 Word 2003 程序

3.1.2　退出 Word 2003

常用的 Word 2003 的退出方式有如下五种。

方法 1：选择“文件”→“退出”命令，退出。

方法 2：按快捷键 Alt+F4，退出。

方法 3：单击标题栏右边的“关闭”按钮，关闭当前文档。

方法 4：双击 Word 2003 标题栏最左边的控制按钮，关闭 Word。

方法 5：单击 Word 2003 标题栏最左边的控制按钮或右击标题栏，选择“关闭”命令。

在退出 Word 2003 的时候，如果当前编辑的文档没有保存，那么系统会给出一个提示对话框，询问是否要保存当前文档，如果单击“是”按钮，则保存当前的文档。如果是没有保存过的文档还会弹出保存对话框，具体的保存操作在 3.3 节中详细介绍。

3.2　Word 2003 窗口的组成

启动 Word 2003 后，将显示 Word 的窗口，如图 3-4 所示。

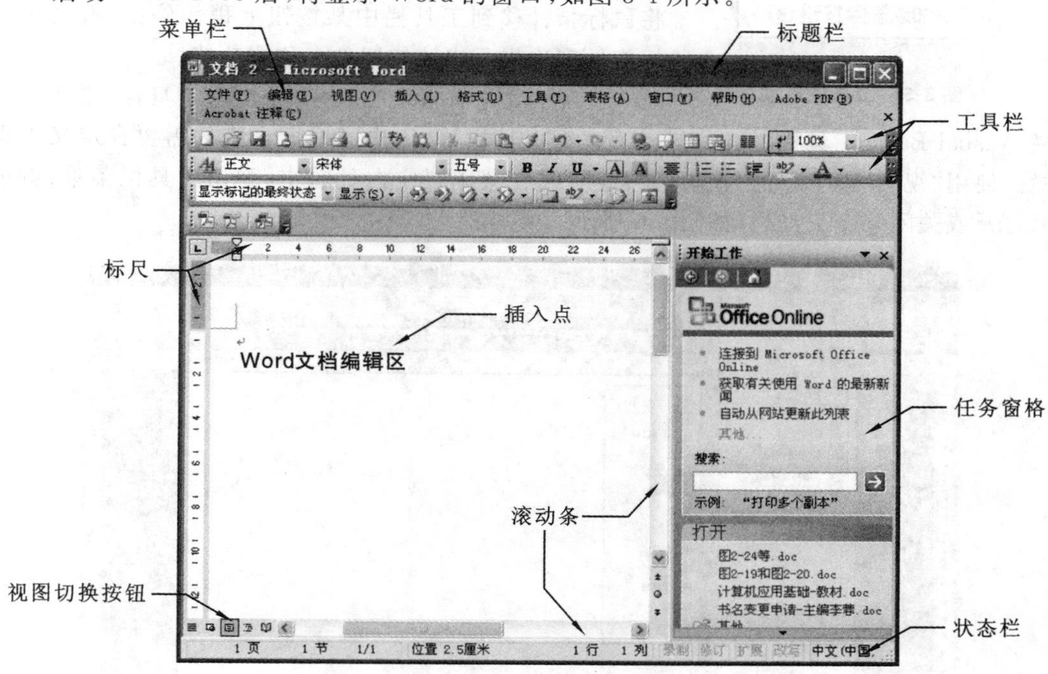

图 3-4　Word 2003 窗口

1. 标题栏

标题栏位于窗口的最顶端，左边显示的是控制菜单按钮、当前文档的名字，右边依次是“最小化”按钮，“最大化”按钮或“还原”按钮及“关闭”按钮。

2. 菜单栏

菜单栏位于标题栏的下方，是 Word 的核心组成部分。Word 中对于文字的编辑和版式的设置等所有操作都可以在菜单栏中找到。菜单栏有“文件”“编辑”“视图”“格式”等九个菜单。每个菜单项包含若干个菜单命令。

当鼠标指针移动到菜单标题上时，菜单项就会高亮显示，单击后弹出下拉菜单。Word 的个性化的菜单，在初次单击的时候会出现未完全显示标志，它表示的含义是在该菜单上有隐藏的菜单项目，单击该标志可释放所有隐藏的菜单项目，或者鼠标指针在未完全显示标志上停留，也可以自动显示隐藏项目。在下拉菜单中单击某个菜单项就可以弹出对应的对话框或相应设置。

图 3-5 工具栏选项

3. 工具栏

菜单栏的下方是工具栏，工具栏中的项目可以说是菜单栏中功能项的快捷方式，所以常用的 Word 设置都可以在工具栏中找到，使用工具栏可以快捷、方便地进行文档编辑。通常情况下，Word 会显示常用工具栏，在常用工具栏的最右边有 (工具栏选项)，打开工具栏选项之后会出现如图 3-5 所示选项，可以添加选项也可以设置两行显示。分两行显示按钮就是将格式工具栏显示在常用工具栏的下方。工具栏的设置是很人性化的，只需将鼠标指针移到工具栏中某按钮上稍作停留，就会在鼠标指针旁边提示出该按钮的名称或功能。

在 Word 中有很多工具栏，如常用工具栏、格式工具栏、Visual Basic 工具栏、绘图工具栏、大纲工具栏等，用户可根据自己的需要自定义工具栏。使用“视图”菜单中的“工具栏”选项，或在菜单栏空白处右击，弹出工具栏菜单，就可以打开或关闭某个工具栏，如图 3-6 所示。

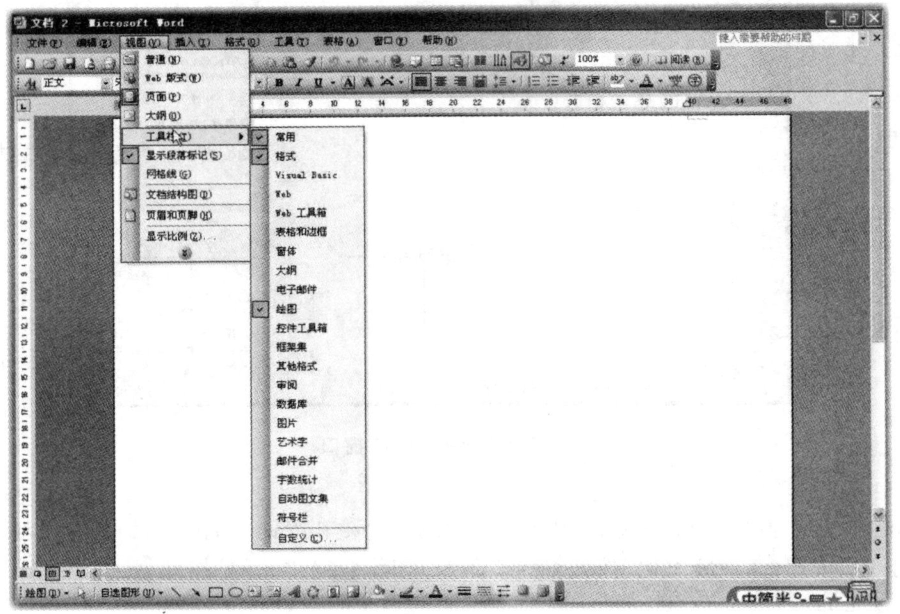

图 3-6 工具栏设置

4. 文本编辑区

文本编辑区也称工作区域，在水平标尺的下方。用户可以在文本编辑区内编辑文本、设置图片、制作表格等。在文本编辑区中，当鼠标指针进入区域进行编辑时，鼠标指针变成一闪一闪的光标插入点，这是在提醒用户当前输入的位置。也就是说，光标闪烁点在哪，文本输入点就在哪。

5. 滚动条

滚动条在文本编辑区的外围，包括水平滚动条和垂直滚动条。水平滚动条位于文本编辑区的下方，垂直滚动条位于文本编辑区的右方。有的时候文章内容过多，这时就需要拖动滚动条来浏览整个窗口。

在水平滚动条的左侧有视图切换按钮，其中包含普通视图、Web 版式视图、页面视图、大纲视图、阅读版式。选择这些方式可以改变视图显示模式，包括页边距、页眉、页脚等窗口元素，其中页面视图是最常用的一种视图。用户可根据具体的情况来选择需要使用的视图。

6. 状态栏

状态栏位于水平滚动条的下方，为用户提示文档编辑时的相关信息。其中包括页数、节数、当前页/总页数、光标输入点的位置等信息。

3.3　创建和保存文档

文档在 Word 中是指对 Word 创建的文档的一个统一称呼。下面先学习新建文档和保存文档。

3.3.1　创建新文档

在启动 Word 2003 的时候系统会自动创建一个新的文档，并自动起名为“文档 1”。创建新文档有以下几种方法。

1. 利用菜单栏

在 Word 中所有的操作命令都可以在菜单栏中找到，创建新文档也一样。选择“文件”→“新建”命令，会弹出如图 3-7 所示的“新建文档”任务窗口，在窗体中单击“空白文档”即可。

2. 使用工具栏

单击常用工具栏中“新建”按钮，可直接创建一个新的空白文档。

3. 快捷方式

当 Word 为当前活动窗口时，使用快捷键 Ctrl+N 可以快速创建一个空白文档。

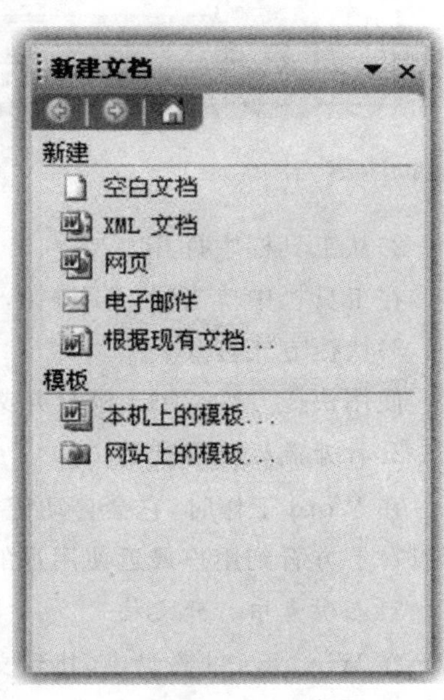

图 3-7　“新建文档”任务窗格

3.3.2 打开存在的文档

打开已经保存的文档的方式有如下三种。

1. 在程序中打开文档

打开 Word 2003 之后，我们不一定都是要编辑新的文档，更多的时候是对已经保存过的文档进行再次编辑，这时可选择以下方式打开。

1)从菜单栏中打开

选择“文件”→“打开”命令，会弹出“打开”对话框，在该对话框中选择磁盘中的文件，然后单击“打开”按钮，如图 3-8 所示。

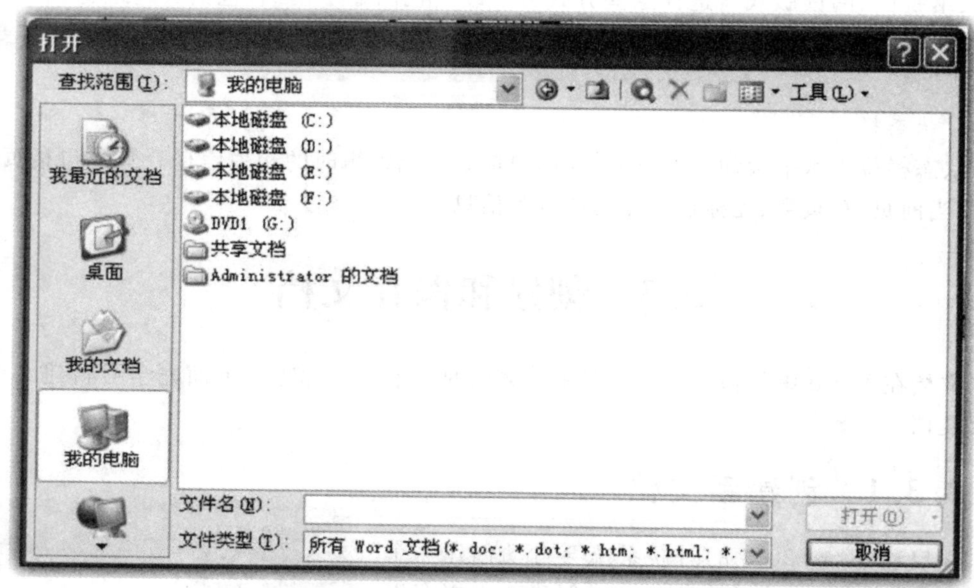

图 3-8 “打开”对话框

2)从工具栏中打开

在工具栏中单击“打开”按钮，选择打开的文件。

3)快捷方式打开

使用快捷方式 Ctrl+O 打开文档。

2. 打开最近使用过的文档

在 Word 工作时，它会自动记录下用户最近使用和编辑的文档。打开“文件”菜单，就可以在下方看到用户最近使用过的文档，选择要打开的文档将其打开，如图 3-9 所示。

3. 在磁盘中打开文档

在 Windows 的磁盘中，找到文件的保存位置，双击该文件图标，将其打开。

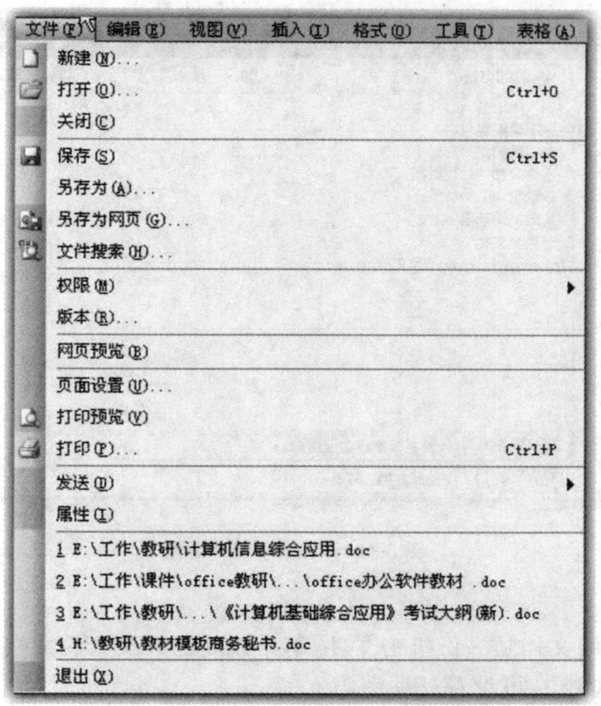

图 3-9　最近使用过的文档列表

3.3.3　文档的保存和保护

1. 保存文档

1)保存未命名的文档

(1)使用"保存"命令保存文档。

选择"文件"→"保存"命令，或者单击工具栏中的"保存"按钮，就会弹出"另存为"对话框，如图 3-10 所示，在该对话框中输入一个新文件名并设置好要保存文档需要存放的路径，单击"保存"按钮。

(2)使用"关闭"命令保存文档。

选择"文件"→"关闭"命令，会弹出"另存为"对话框，其后具体操作同上。

2)保存已命名的文档

只有在第一次保存文档的时候，或是选择"文件"→"另存为"时，才会出现相应的"另存为"对话框，让用户在其中输入保存文档的名称及设置保存文档的路径。而对于一个已经保存过的文档，单击"保存"按钮时，会自动在原文件上进行增量更新，路径和文件名不变。

3)保存所有打开的文档

当用户同时编辑多个文档时，可以选择一次性保存所有文档。方法是：按住 Shift 键，选择"文件"→"全部保存"命令，即可保存当前打开的所有正在编辑的文档。如果在这些文档中出现尚未命名的新文档，则会弹出"另存为"对话框，让用户保存文档。

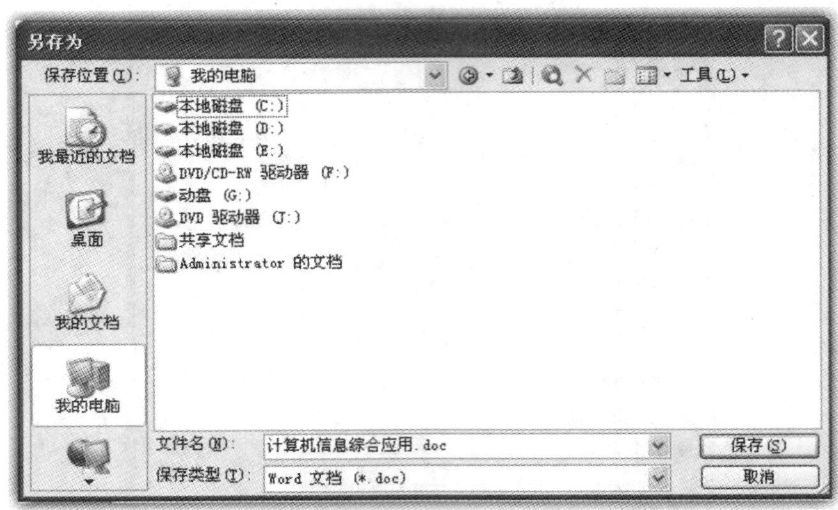

图 3-10 “另存为”对话框

2. 保护文档

如果你所编辑的文档是一份机密文件，不希望其他人员查看文档，则可以给文档设置密码。在 Word 2003 中，可设置三种密码。

1)设置打开权限密码

设置打开权限密码的步骤有以下几步。

选择“工具”→“选项”命令，弹出“选项”对话框，在该对话框中，选择“安全性”选项卡，如图 3-11 所示。在第一栏“打开文件时的密码”文本框中输入密码。

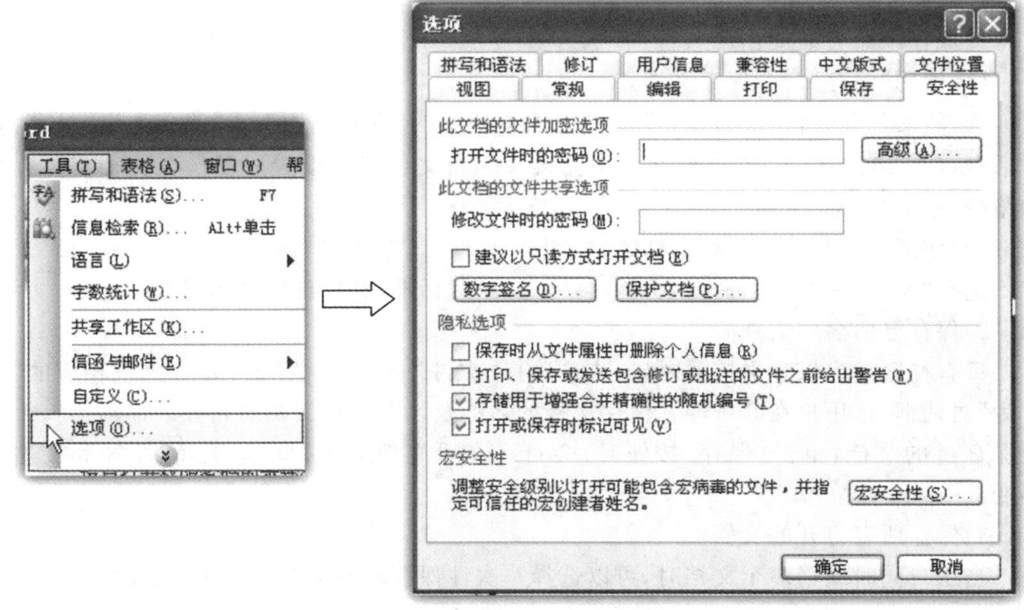

图 3-11 “安全性”选项卡

单击“确定”按钮，此时会出现一个对话框，标示着“确定密码”，要求用户重复输入刚才输入的密码，要注意两次输入的密码要相同，否则会回到重新设置密码的状态。

2)设置修改权限密码

设置此密码，是为了让有的用户可以查看此文档，但是没有修改的权限。这就起到了保护文档完整性的作用。具体操作同上，只是密码填写在“修改文件时的密码”文本框内。

3)设置只读属性

将文本属性设置为“只读”，也是对文本的一种保护。步骤：打开“安全性”选项卡，勾选“建议以只读方式打开文档”复选项，单击“确定”按钮保存设置。

3.3.4　输入字符

1. 一般文本的输入

我们创建或打开一个 Word 文档，就会在文档编辑区域看到一个闪烁的光标，称作光标插入点，这里是输入文本的位置。用户可以根据需要来切换中、英文输入法。一般可以在 Windows 的任务栏中单击按钮切换，也可以用输入法设置的快捷键来快速切换。

2. 特殊字符的输入

一般我们通过键盘就可以输入我们想要的文字和基本符号。但是，有的时候我们还需要输入一些特殊的符号，例如箭头、数字编号等。在 Word 中输入特殊符号可以通过两种方式来完成。选择“插入”→“符号”命令，就可以弹出如图 3-12 所示的“符号”对话框，在其中双击想要插入的符号，或单击想要插入的符号，然后单击“插入”按钮就会在光标插入点处插入所选择的符号。

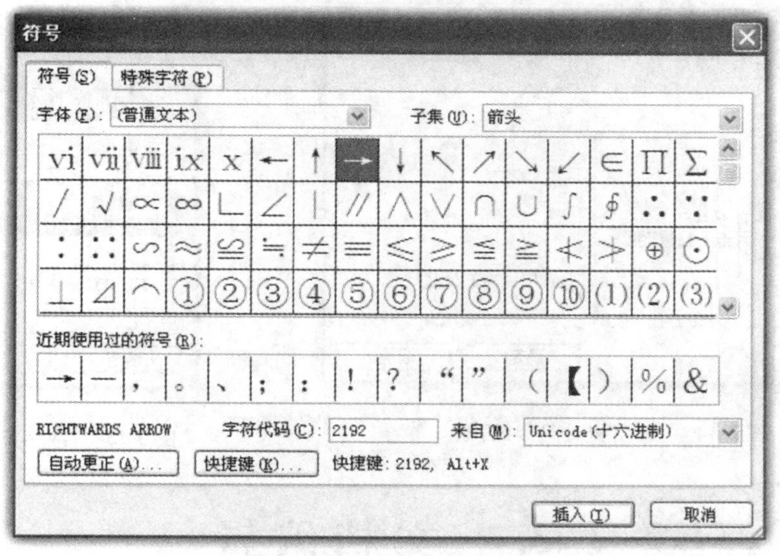

图 3-12　“符号”对话框

还可以使用输入法自带的软键盘或特殊符号来完成插入操作，如图 3-13 所示。

3. 插入时间、日期和数字

选择“插入”→“日期和时间”命令，就可以弹出如图 3-14 所示的“日期和时间”对话框，在

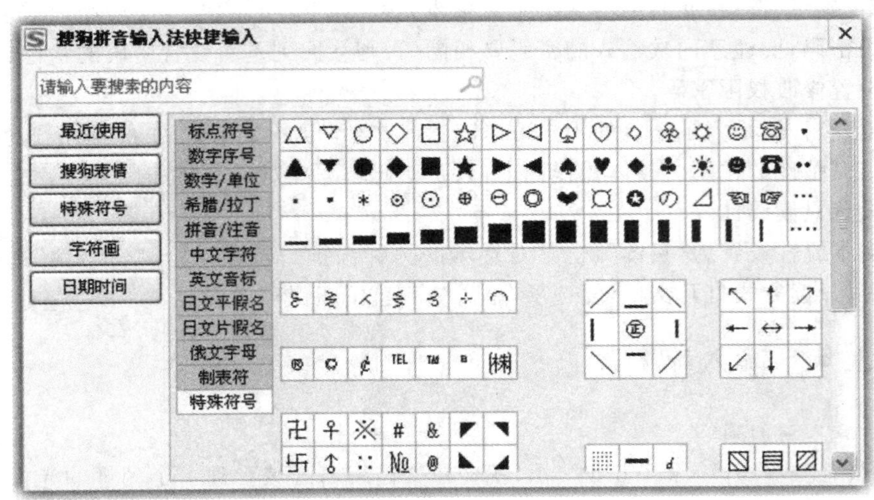

图 3-13　输入法自带的软键盘或特殊符号

其中选择某一格式，再单击“确定”按钮，就可以在光标点处插入相应格式的日期和时间。

选择“插入”→“数字”命令，就会弹出如图 3-15 所示的“数字”对话框，在该对话框中根据提示输入数字和选定数字类型，单击“确定”按钮，就可在光标点处插入相应格式的数字。

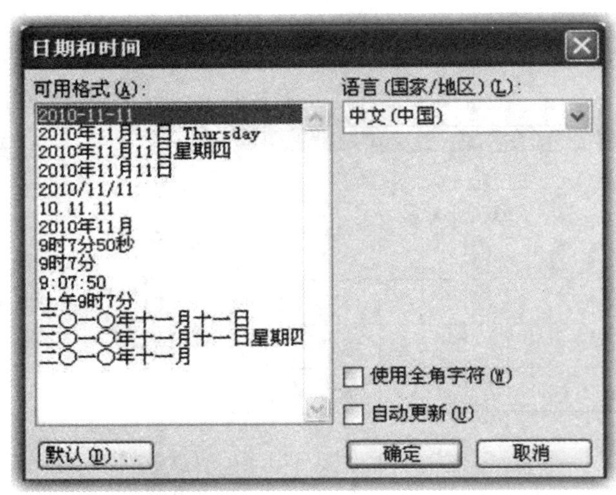

图 3-14　“日期和时间”对话框

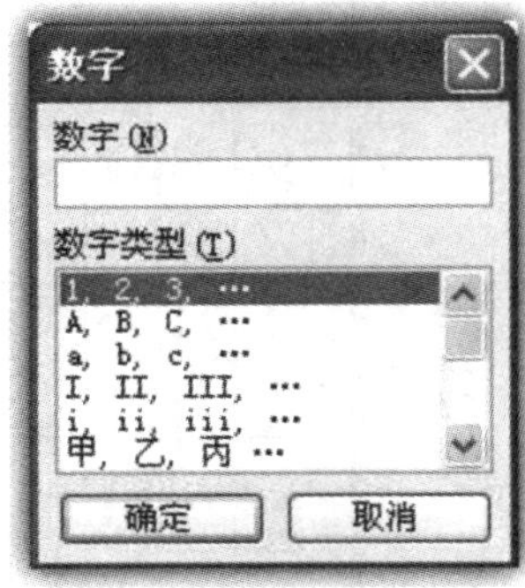

图 3-15　“数字”对话框

3.4　文档编辑

在 Word 中最基本和最常用的功能，就是文档的编辑。熟练使用文档的编辑功能，可以让自己的工作变得更加轻松。

3.4.1　选定文本

要对文本进行编辑，首先就要选定要编辑的文本。选定文本的基本方法就是，将光标移动到要选定的文字前或后，按住鼠标左键不放，向前或向后拖曳即可。还可以使用一些快捷方式来快速选定文本。如：单击行左选定一行，双击行左选定段落，按快捷键 Ctrl＋A 全选。

3.4.2　删除、移动和复制文本

在编辑文本的时候经常会出现一些重复的内容，或者将某段文本移动到另外的地方，这时就需要进行复制、移动操作。

可以在选定文本后在菜单栏或工具栏中找到相应的复制和粘贴命令或按钮，也可以在选定文本后单击鼠标右键，选择复制或粘贴命令，当然也可以使用快捷键 Ctrl＋C（复制）和 Ctrl＋V（粘贴）。

在输入文档的时候难免会出现错误和需要修改的地方，这时最直接的处理方式就是删除文本。删除的方式主要有：

（1）按 Delete 键，光标后的文本删除；

（2）按 Backspace 键，光标前的文本删除；

（3）按快捷键 Ctrl＋X，剪切文本。

3.4.3　查找文本

在编辑文本的过程中，难免会出现一些输入的错误或要通篇修改的某个字或词，如果从头到尾逐个查找很麻烦，也很费时间。Word 2003 提供了查找的功能，可以快速定位到要查找的字或词。

在 Word 2003 中还可以查找规定格式的字或词，具体方法如下。

选择“编辑”→“查找”命令（或按快捷键 Ctrl＋F），弹出如图 3-16 所示的“查找和替换”对话框。

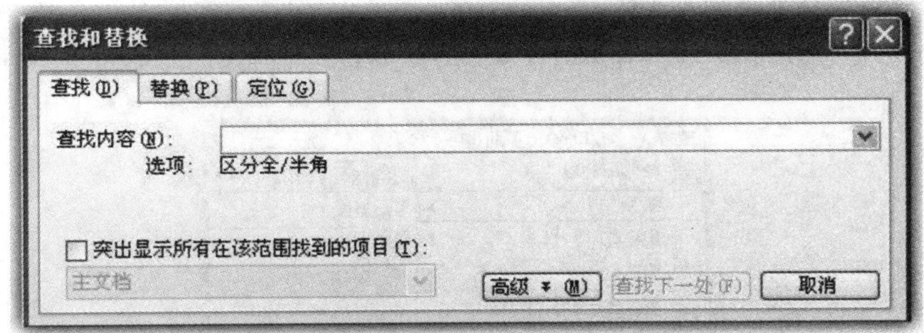

图 3-16　“查找”选项卡

在“查找”选项卡下，在“查找内容”文本框中输入需要查找的内容，单击“查找下一处”按钮进行查找，如果有匹配，Word 2003 会自动将查找到的内容高亮显示。

3.4.4 替换文本

Word 2003 中的替换功能，可以帮助用户一次性地将所查找的内容替换成需要的内容。具体操作步骤如下：

调出“查找和替换”对话框，选择“替换”选项卡，如图 3-17 所示。

图 3-17 “替换”选项卡

在“替换”选项卡下，在“查找内容”文本框中输入要被替换的内容，在“替换为”文本框中输入替换的内容，然后可以单击“替换”按钮逐个替换，也可以单击“全部替换”按钮进行全部替换。

3.5 表格的创建与编辑

在我们处理文档时，经常需要创建和编辑表格。Word 2003 提供了丰富的表格编辑功能，可以使用户很轻松地进行表格的创建和编辑工作。

3.5.1 插入表格

Word 2003 提供了非常便捷的插入表格的方式，插入表格可以通过菜单栏的命令和工具栏的按钮实现。和前面文字编辑不同的是，通过菜单栏插入表格和通过工具栏插入表格有所区别。

1. 通过菜单栏命令插入表格

将光标插入点定在要插入表格的位置，选择“表格”→“插入”→“表格”命令，如图 3-18 所示。

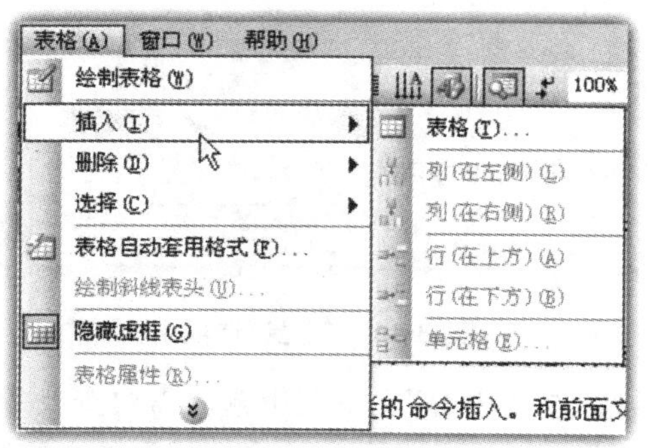

图 3-18 插入表格操作

弹出如图 3-19 所示的“插入表格”对话框，在其中设置表格的行数、列数等基本参数，设置完毕后单击“确定”按钮，就完成了插入表格的操作。

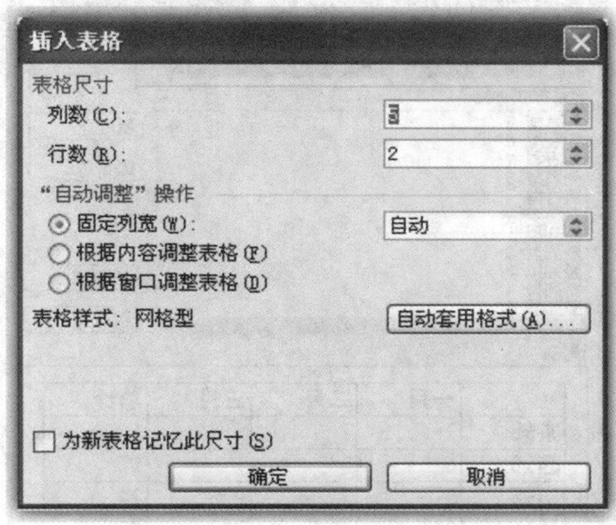

图 3-19　“插入表格”对话框

2. 通过工具栏按钮插入表格

通过工具栏按钮插入表格是非常快速和便捷的，工具栏中的插入表格按钮可以提供快速插入最大 4 行 5 列的表格。方法如下：将光标插入点定在要插入表格的位置，在工具栏中单击 （插入表格），在弹出的列表中，通过移动鼠标来确定插入表格的行与列，如图 3-20 所示。

选择好表格的行数和列数（此处选择 2 行 5 列）后，单击，即可在光标插入点处插入选择的行列数表格，如图 3-21 所示。

图 3-20　通过工具栏按钮插入表格

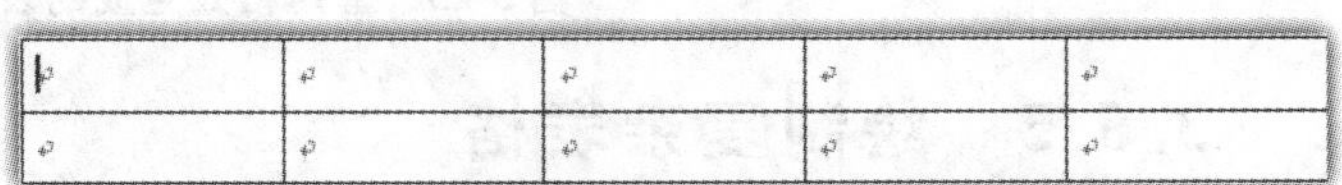

图 3-21　插入完成的 2×5 表格

3.5.2　自动套用格式

有时我们需要设置表格的样式和外观，从而达到想要的效果。Word 2003 提供了多种表格的格式，供用户套用。

将光标插入点定在要插入表格的位置，选择“表格”→“表格自动套用格式”命令，将弹出如图 3-22 所示的“表格自动套用格式”对话框。

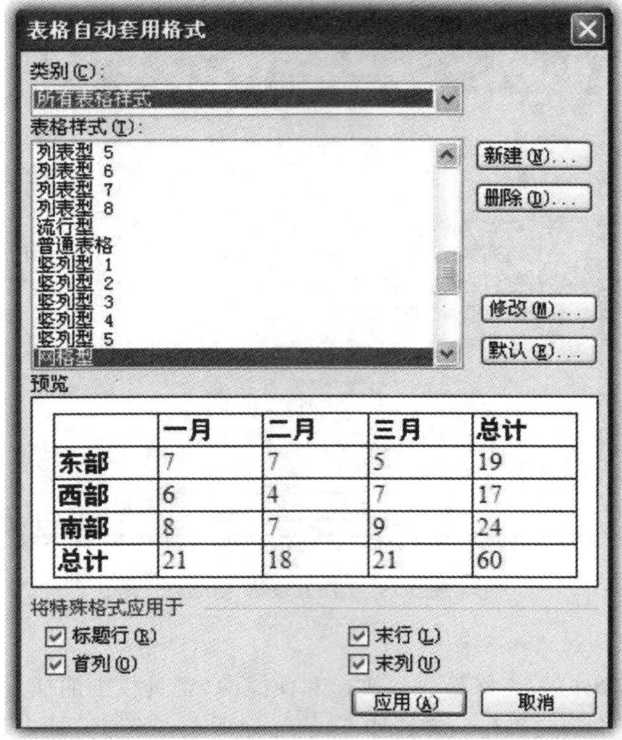

图 3-22 “表格自动套用格式”对话框

在“类别”和“表格样式”列表框中选择所需要的样式，在“将特殊格式应用于”选项区，可以选择是否将选中的格式应用于标题行、首列、末行和末列，单击“应用”按钮，表格的自动套用格式设置即完成，如图 3-23 所示。

图 3-23 套用格式生成的表格

3.5.3 绘制复杂表格

以上方式生成的表格，都是均匀分布的表格。有的时候我们需要的是特殊列宽和行高，或者特殊形态的表格，这时上面的方式就无法满足我们的需求了。Word 2003 提供手绘表格的方式方便用户自己绘制表格。操作步骤如下：

选择“表格”→“绘制表格”命令，将弹出“表格和边框”对话框，如图 3-24 所示。鼠标指针就会变为笔形，并打开绘制模式。随着光标的移动，在水平和垂直标尺上有两条虚线也随着移动，它们代表了当前光标在当前页面中的坐标。

可以在“表格和边框”对话框中的线型、粗细、边框颜色选项中设置相关属性，还可以在该对话框中选择橡皮擦，擦去绘制错误的线条。

图 3-24　“表格和边框”对话框

3.5.4　编辑表格内容

表格制作好了以后就要在表格中填充文字，将光标定位于某一单元格，就可以输入文本了。在单元格中输入文本，Word 2003 会自动换行，也会自动增加单元格的高度，当删除文字时，也会自动减小单元格高度。

3.5.5　调整表格

为了让表格和文档更加贴合，就需要调整表格的基本结构和样式。

1. 设置拆分、合并

在创作表格的过程中经常需要对表格进行格式上的操作，例如拆分或合并。Word 2003 提供了相应的表格拆分和合并的方法，方便用户操作。

1)拆分单元格

选中要拆分的单元格，右击，选择“拆分单元格”命令，或者选择“表格”→“拆分单元格”命令，弹出如图 3-25 所示的“拆分单元格”对话框。

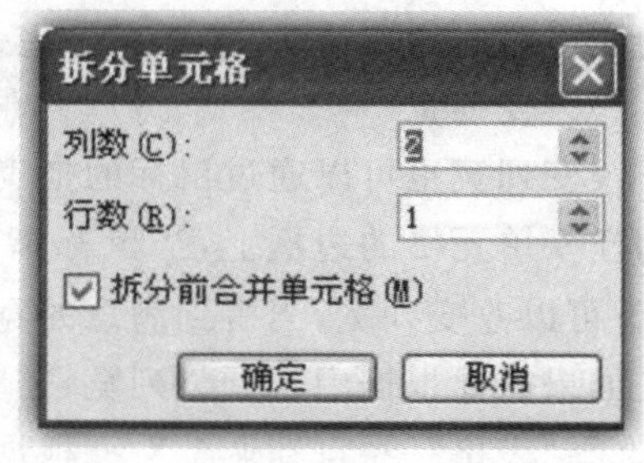

图 3-25　“拆分单元格”对话框

在“列数”和“行数”文本框中分别输入需要将该单元格拆分为的列数和行数。如果是多个单元格的重新编辑拆分，就需要勾选下方的“拆分前合并单元格”复选项，单击“确定”按钮。按图 3-25 所示参数设置后，拆分效果如图 3-26 所示。

单元格的拆分	

单元格的拆分		

图 3-26　拆分单元格

2)合并单元格

选中想要合并的单元格，右击，选择“合并单元格”命令，单元格的合并就完成了。将两行合并成一行的效果如图 3-27 所示。

单元格的合并	

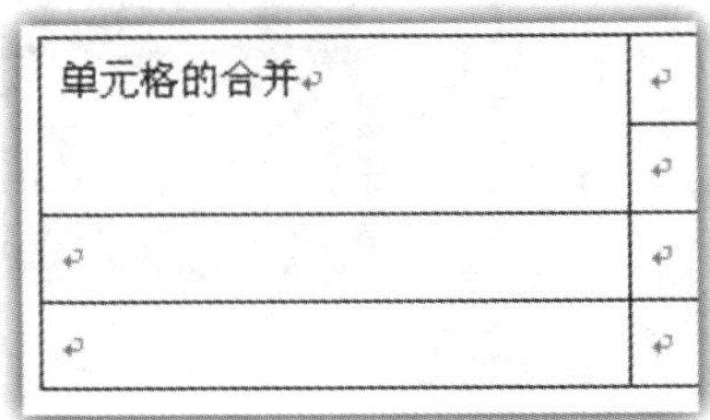

单元格的合并	

图 3-27　合并单元格

3)拆分表格

将光标停留在要拆分的行的任一位置,选择“表格”→“拆分表格”命令,表格的拆分操作就完成了。

2. 调整表格大小

当用户在编辑表格的时候,经常会因为表格的大小和行高、列宽等不够美观,或不符合要求,需要对表格进行调整。

1)缩放整张表

当鼠标指针停留在表格上时,会在表格的左上方出现一个带箭头的十字花,在表格右下角会出现一个方框,将鼠标指针放到十字花上,按下鼠标左键不放,然后拖曳,可以整体移动表格。将鼠标指针指向表格右下角的小方框,这代表着表格尺寸控制点,鼠标指针这时会变成斜向的双箭头,按下鼠标左键进行拖曳,可以按照比例来改变表格的整体大小。

2)改变列宽

改变列宽也可以通过鼠标的拖曳来实现。将鼠标指针停留在需要改变列宽的那一列中的任一单元格的边框上,当鼠标指针变成(左右双反向箭头)时,按住鼠标左键并拖曳,就可以改变列宽,当得到满意的宽度时,松开鼠标左键即可。

如果需要根据内容调整列宽,需将光标停留在需要调整列的任一单元格内,或选中该列,选择“表格”→“自动调整”→“根据内容调整表格”命令即可。

如果需要调整特定列宽,需将光标停留在需要调整列的任一单元格内,或选中该列,选择“表格”→“表格属性”命令。弹出如图 3-28 所示的“表格属性”对话框,选择“列”选项卡。

勾选“指定宽度”复选项,在其右侧的数值文本框中输入需要的列宽数值,并在下拉列表框“列宽单位”中选择计量单位。如需更改其他列的宽度,只需单击“前一列”按钮、“后一列”按钮,继续进行上述操作即可。最后,单击“确定”按钮完成操作。

3)更改行高

改变行高也可以通过鼠标的拖曳来实现。将光标指针停留在需要改变行高的那一行中的任一单元格的边框上,当鼠标指针变成(上下双反向箭头)时,按住鼠标左键并拖曳,就可以改变行高,当得到满意的高度时,松开鼠标左键即可。

如果需要设置特定行高,需将鼠标指针停留在需要调整行的任一单元格内,或选中该行,选择“表格”→“表格属性”命令,弹出如图 3-29 所示的“表格属性”对话框,选择“行”选项卡。

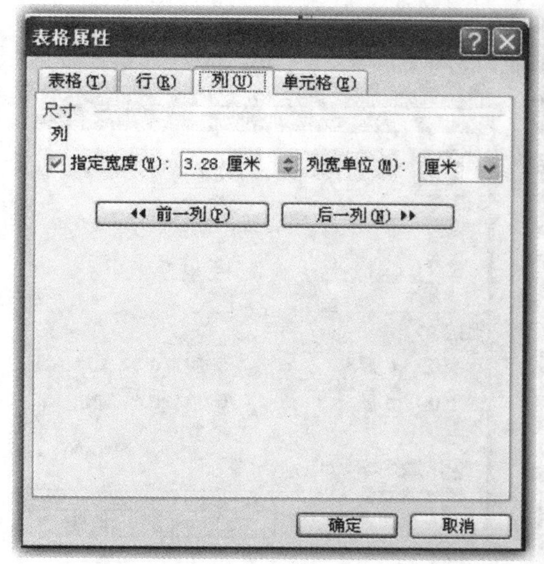

图 3-28　“表格属性”对话框(“列”选项卡)

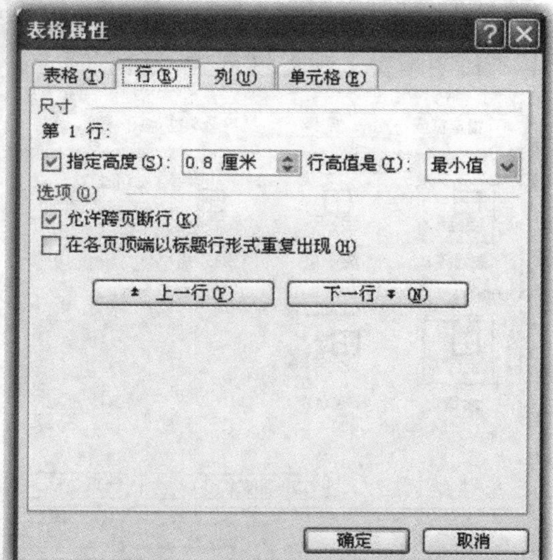

图 3-29　“表格属性”对话框(“行”选项卡)

勾选“指定高度”复选项，在其右侧的数值文本框中输入需要的数值，和列宽不同的是，需要选择所设定的行高值是“最小值”还是“固定值”。设为“最小值”时文本超出会自动增加行高，设为“固定值”时，文本超出行高将不被显示和打印。

3. 设置表格属性

在制作表格的过程中，因美观的需要，用户可以调整表格和文字的对齐方式，例如表格对齐方式、文字环绕等。

1)表格与文本对齐方式

选择“表格”→“表格属性”命令，弹出如图 3-30 所示的“表格属性”对话框，在“表格”选项卡中可以调整表格与文字的对齐方式，包括左对齐、居中、右对齐，以及“左缩进”数值文本框，可以调整表格对于左边界的缩进距离。

2)控制文字环绕

在编辑文档的时候，有时需要表格嵌在文字内，这就需要设置文字环绕。操作方法同设置表格与文本对齐方式类似，首先调出“表格属性”对话框，选择“表格”选项卡。在“表格”选项卡中选中“环绕”，这时文字环绕在表格的周围。如需要定位表格在文字段落中的确切位置，就需单击“定位”按钮，弹出如图 3-31 所示“表格定位”对话框。

在“表格定位”对话框中，根据提示可以设置水平位置、垂直位置、距正文位置等。

3)控制表格断行

选择“表格”→“表格属性”命令，弹出如图 3-30 所示“表格属性”对话框，选择“行”选项卡，勾选“允许跨页断行”复选项，就可以实现表格在两个页面分段显示。如果需要选择从哪一行分割，就需要单击“下一行”按钮或者“上一行”按钮来确定。还可以勾选“在各页顶端以标题行形式重复出现”复选项，将表头复制到下一页表格表头位置。

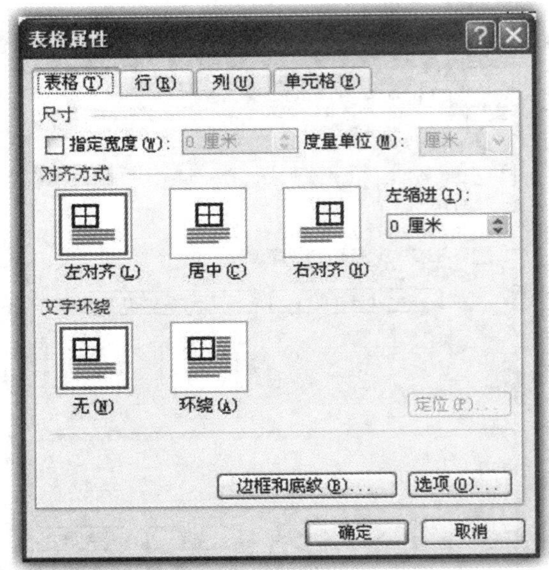

图 3-30 “表格属性”对话框(“表格”选项卡)

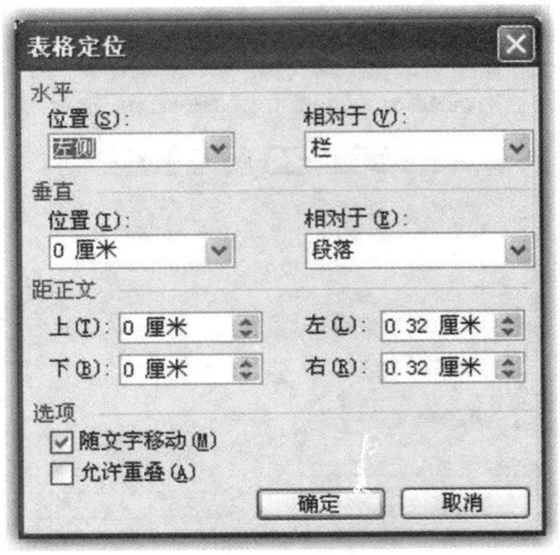

图 3-31 “表格定位”对话框

4. 绘制斜线表头

用户在编辑表格的时候通常要在表格左上角的单元格中添加行、列的介绍，这种设置就需要在单元格中绘制斜线，叫作斜线表头。Word 2003 提供了这种功能。

在创建好的一个表格中，将光标定位于左上角的单元格，选择“表格”→“绘制斜线表头”命令，弹出如图 3-32 所示“插入斜线表头”对话框。

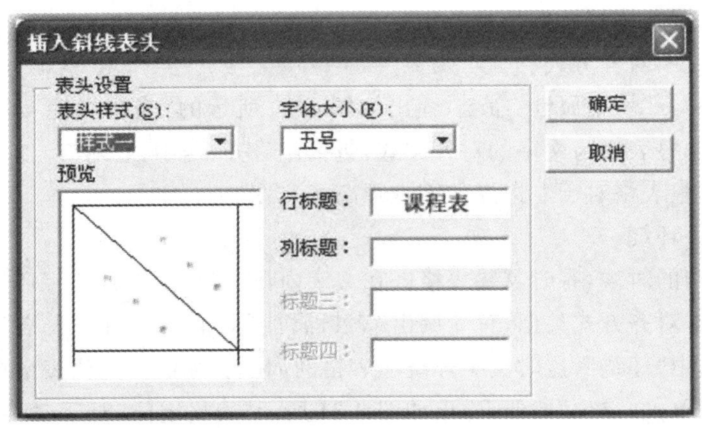

图 3-32 “插入斜线表头”对话框

Word 2003 提供的斜线表头的样式有多种，需根据选择，设定适合的表头样式。在这里我们选择表头“样式一”，在预览中就可以看到，这种表头样式的效果。在样式预览的右边，根据提示填写行标题、列标题等。填写完毕后，单击“确定”按钮，效果如图3-33所示。

课程表				
星期 节次				

图 3-33　插入斜线表头效果

5. 设置边框底纹

用户在编辑表格的过程中，还可以对表格进行美化。Word 2003 提供了设置表格的边框和底纹的设置选项供用户使用。

选中需要设置边框和底纹的单元格或表格，选择“格式”→“边框和底纹”命令，弹出如图 3-34 所示的“边框和底纹”对话框。

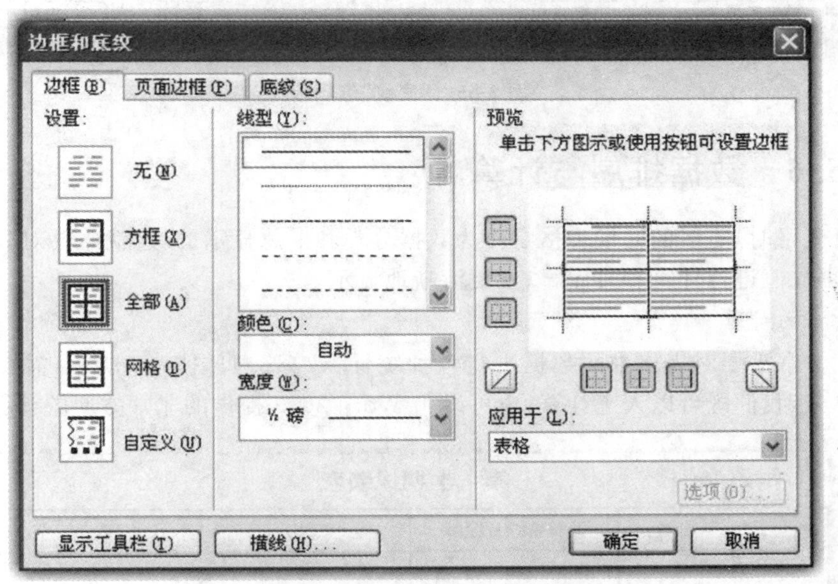

图 3-34　“边框和底纹”对话框(“边框”选项卡)

1)设置边框

在“边框”选项卡中，可以在左边的面板中选中设定好的边框设置样式，也可以选择自定义，设置每条边框的样式。在中间的面板中可以设置线型、颜色、宽度，设置完毕后在右边的“预览”面板中单击想要设置的线的按钮，最后单击“确定”按钮即可。

2)设置底纹

在如图 3-34 所示的“边框和底纹”对话框中选择“底纹”选项卡，如图 3-35 所示。

在“填充”区域可以设置底纹的颜色，在下方还可以设置底纹的图案样式，设置完毕后单击“确定”按钮即可。

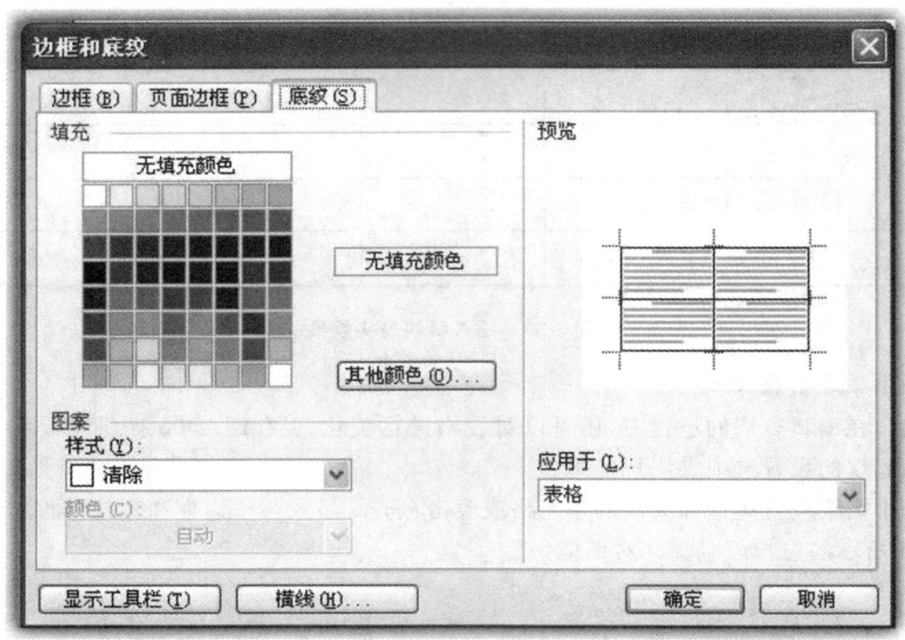

图 3-35 “底纹”选项卡

3.5.6 数据排序与计算

编辑表格时，更多的时候表格是作为数据分类和汇总显示的，这就需要对表格中的数据，尤其是数值进行计算和排序，以便更清晰地显示。

1. 数据的计算

我们常常需要对表格中的数据进行各种统计、计算。如图 3-36 所示，需要计算每个学生的总分，我们既可以人工计算，也可以用 Word 2003 提供的非常方便的计算方法。

第一学期成绩表			
科目 姓名	计算机综合应用	文秘	总分
张三	84	90	
李四	89	91	
王五	92	86	

图 3-36 学生成绩表

将光标移至“张三”所在行的“总分”单元格中，选择“表格”→“公式”命令，弹出如图 3-37所示“公式”对话框。

在“公式”文本框中系统给出了一个公式，“＝SUM(LEFT)”。SUM 函数，是求和的函数，括号当中填写需要求和的单元格。“LEFT”的含义是以当前单元格左边的有数值的单元格作为计算的基数。也可以按照单元格的坐标来填写，单元格的坐标由两部分组成，即“列数”与“行数”。列数从左到右，从“A”开始；行数从上到下，从“1”开始。例如图

3-36 中，“张三”所在的单元格，就可以显示为“A2”。那么，在求和公式里我们就可以这样来填写“＝SUM(B2,C2)”，单元格之间用“,”逗号隔开。

设置完公式之后，单击“确定”按钮，就会得到如图 3-38 所示结果。

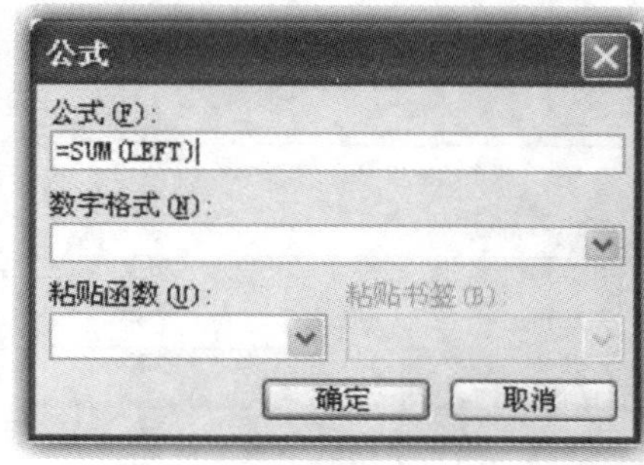

图 3-37　“公式”对话框

第一学期成绩表			
科目 / 姓名	计算机综合应用	文秘	总分
张三	84	90	174
李四	89	91	
王五	92	86	

图 3-38　成绩表总分结果

求其他学生的总分，操作同上，只需注意的是，公式中，选择求和“SUM()”，以及在函数的参数部分填写“LEFT”或单元格的地址。

在 Word 2003 中除了可以使用求和公式之外，还可使用多种常用的统计公式，如求平均值“AVERAGE()”，计数“COUNT()”等，使用方法与求和公式的使用方法类似。

2. 数据的排序

在用户完成了统计汇总之后，往往还需要对计算出的数值进行排序，以便清晰地分析结果。例如对图 3-38 所示的成绩表中的总分进行排序，排出学生名次。

在表格中选中要排序的行，以选中从第二行到第四行为例。如图 3-39 所示，选择“表格”→“排序”命令，弹出如图 3-40 所示“排序”对话框。

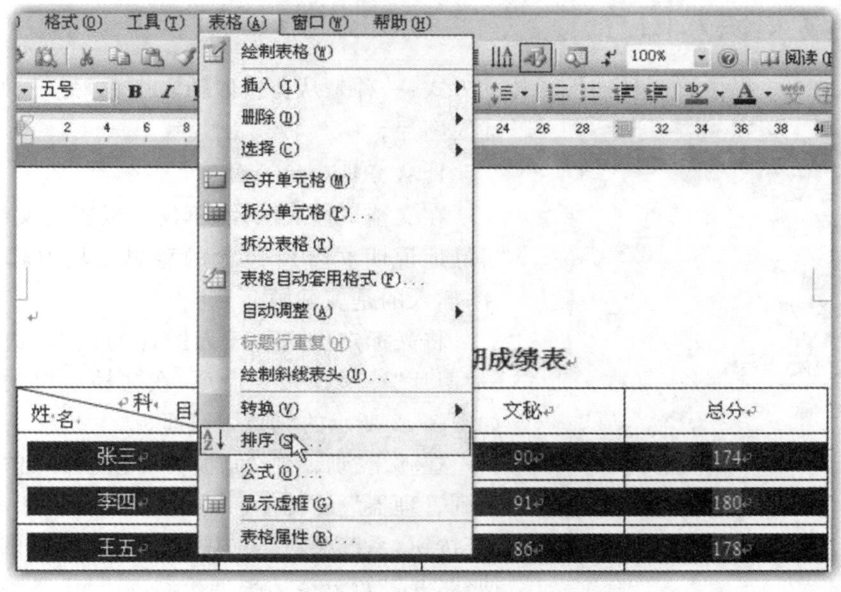

图 3-39　选中需要排序的数据行，选择“排序”命令

在“排序”对话框中的“主要关键字”的下拉列表框中选择，需要以哪一列的数据作为排序的参照，在“类型”下拉列表框中选择排序的数值类型，最后选择是“升序”还是“降序”排列。“升序”是指从小到大排序，“降序”是指从大到小排序。这里我们选择“降序”。单击“确定”按钮，得到如图 3-41 所示的排序结果。

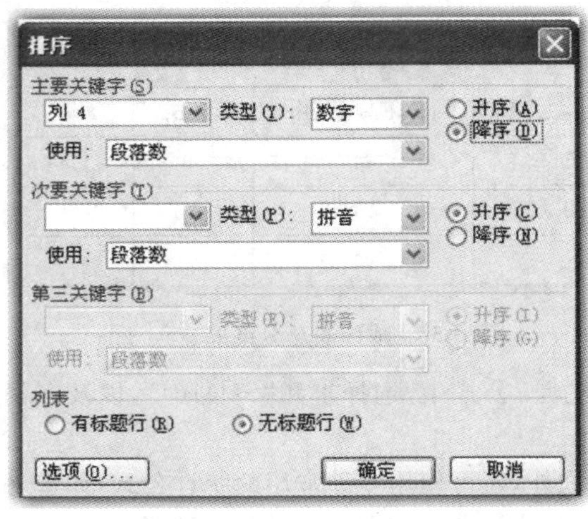

图 3-40 “排序”对话框

第一学期成绩表

科目 / 姓名	计算机综合应用	文秘	总分
李四	89	91	180
王五	92	86	178
张三	84	90	174

图 3-41 排序结果

3.6 图文混排

编辑文档的时候，经常需要向文档中插入特定的图片，以便更好地解释文档的内容。

3.6.1 插入图片

Word 2003 提供了两种插入图片的方式：一种是从剪辑库插入图片，另一种是从文件插入图片。

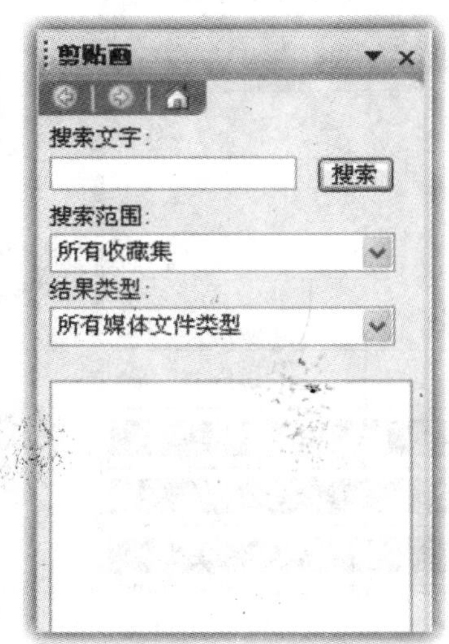

图 3-42 “剪贴画”面板

1. 从剪辑库插入图片

在文档里插入图片，不仅可以美化文档，还可以很好地说明文字所包含的意思。从剪辑库插入图片，插入的是剪贴画。

将光标定位到要插入图片的位置，选择“插入”→“图片”→“剪贴画”命令，在文档窗口的右侧弹出如图 3-42 所示的“剪贴画”面板。

在弹出“剪贴画”面板的时候会弹出“将剪辑添加到管理器”的提示信息。在提示信息中单击“立即”按钮，系统会对当前硬盘上所能使用的素材进行搜索，并进行分类。根据机器的不同，搜索工作可能需要几分钟到十几分钟时间。搜索完成后，在图 3-42所示的“剪贴画”面板中的“搜索文字”文本框内填写所需要的素材的类型名称。在“搜索范围”下拉列表框中选择图像集合。在“结果类型”下拉列表框中选择需要的剪贴画的格式类型，是 JPG 或是 GIF 等，选择完毕后单击“搜索”按钮即可。

搜索完毕后，在下方的显示区会显示出所搜索到的剪贴画的图形资料。单击所需要的剪贴画，就可以在光标点处插入所需要的剪贴画。

2. 从文件插入图片

如果用户需要插入一些特定的图片，或者是自己收集和准备的图片，就需要从文件中插入图片。

将光标定位到要插入图片的位置，选择“插入”→“图片”→“来自文件”命令，会弹出如图 3-43 所示的“插入图片”对话框。

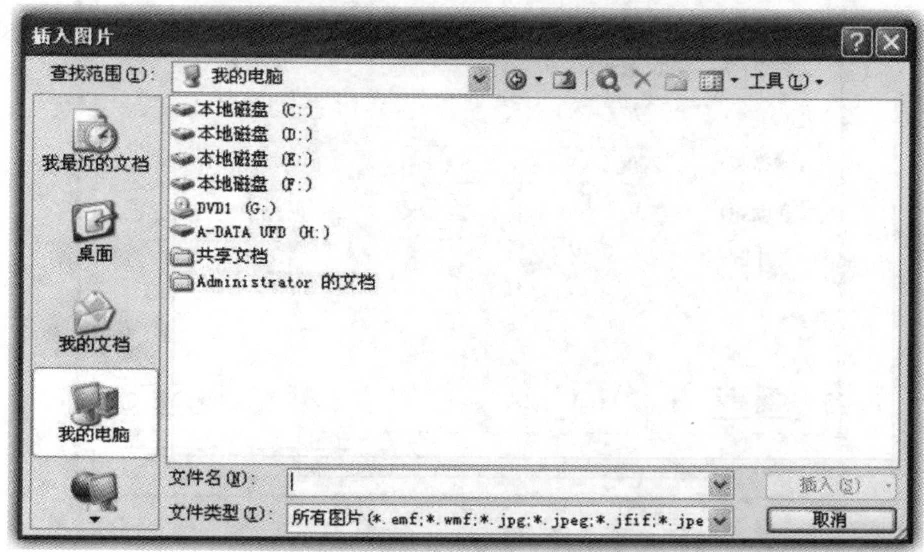

图 3-43　“插入图片”对话框

在“插入图片”对话框中选择图片所在磁盘的盘符和相应的文件夹，找到文件后，将文件选中，单击“插入”按钮，就会在光标点处插入所选择的图片文件。

3.6.2　编辑与设置图片格式

用户在插入图片之后，单击图片会弹出如图 3-44 所示的“图片”悬浮工具栏。

图 3-44　“图片”悬浮工具栏

在“图片”悬浮工具栏中可以通过按钮和提示设置图片的颜色、亮度、对比度，并可以对图片进行裁剪、旋转、压缩等操作。

1. 调节颜色

在图片调节的选项中可以调节图片的色彩颜色，还可以设置图片为灰白、黑白等特殊的效果。选中要修改的图片，在“图片”悬浮工具栏中单击（颜色）按钮，在弹出的下拉菜单中选择想要的颜色特效即可。

要想设置图片精确的亮度和对比度，可双击图片，弹出如图 3-45 所示的“设置图片格式”对话框。

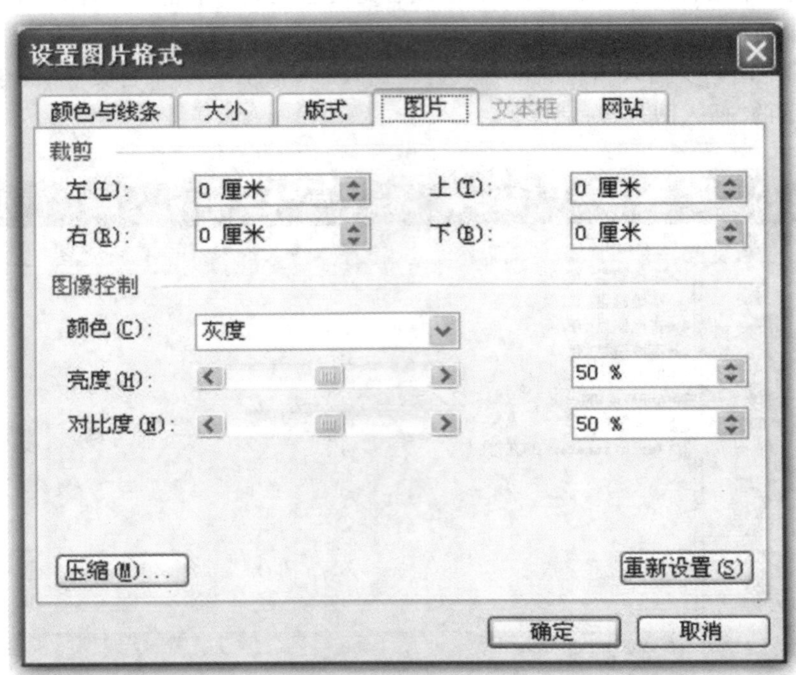

图 3-45 “设置图片格式”对话框

在“设置图片格式”对话框中，单击“图片”选项卡，在“图像控制”选项区中，通过鼠标拖曳亮度、对比度的滚动条，可设置图片的亮度和对比度，也可以在右边的数值框中设置精确的百分数，来调节图片的亮度和对比度。

2. 裁剪图片

单击选中需要裁剪的图片，在“图片”悬浮工具栏上单击（裁剪）按钮。

光标变成了形状，根据需要，在起始点按下鼠标左键不放，拖曳鼠标，直到得到需要的尺寸，松开鼠标左键即可完成裁剪。

3. 压缩图片

用户在编辑文档的时候，经常会插入很多图片，在编辑完成的时候，会发现文档所占用的空间很大，这样不利于我们移动文档，且会占用很大的硬盘空间。这时就需要我们对文档中的图片进行压缩。

选中文档中的任意图片，在“图片”悬浮工具栏中单击（压缩图片）按钮，弹出如图 3-46 所示的“压缩图片”对话框。

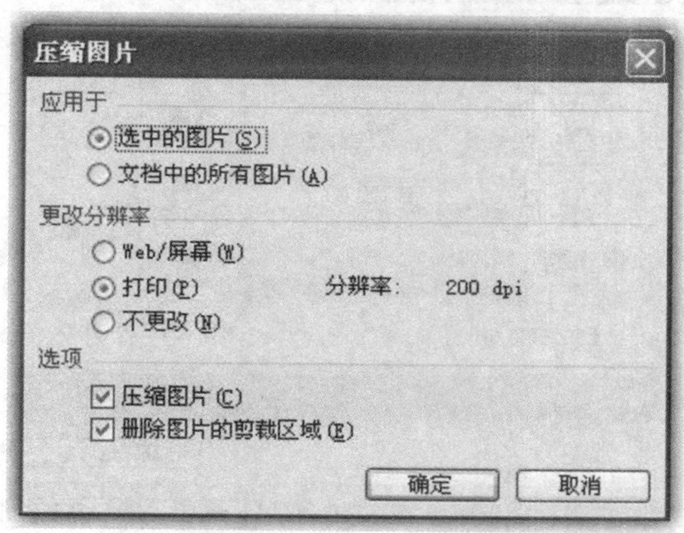

图 3-46　“压缩图片”对话框

在“应用于”选项区选择是压缩选中的图片还是压缩文档中的所有图片，根据需要选择单选项。

根据需要在“更改分辨率”选项区中可以选中“Web/屏幕”单选项，将分辨率设置为 96dpi(点/英寸)；选中“打印”，可将分辨率设置为 200dpi；选中“不更改”，则不更改分辨率。

根据需要，在“选项”选项区中勾选“压缩图片”复选项，将按照上面的设置对图片进行压缩；如果勾选“删除图片的剪裁区域”复选项，可以放弃图片中剪裁掉的部分，否则图片中剪裁掉的部分将作为隐藏部分仍然存储在文件中。

设置完毕后，单击“确定”按钮，即完成压缩工作。

4. 移动图片

在 Word 2003 中，图片不仅可以编辑颜色、改变大小，也可以更改位置。

选中图片，按住鼠标左键不放，拖曳鼠标，可以移动图片到相应的位置，释放鼠标左键，即可将图片移动到新的位置。

移动图片也可以采用剪切、粘贴来实现，先选中想要移动的图片，按快捷键 Ctrl+X 剪切图片，将光标移动到要粘贴图片的位置，按快捷键 Ctrl+V 粘贴图片。

5. 设置图片格式

用户在插入图片的时候，默认方式下图片会单独占据一定的位置，有的时候我们需要将图片嵌入到文字当中，以达到美观的效果，这时就需要设置图片的格式，设置图文混排，调整图片与文字的关系、位置。

双击要设置的图片，弹出如图 3-47 所示的“设置图片格式”对话框，选择“版式”选项卡。

Word 2003 中给出的文字和图片的环绕方式有五种，分别是嵌入型、四周型、紧密型、

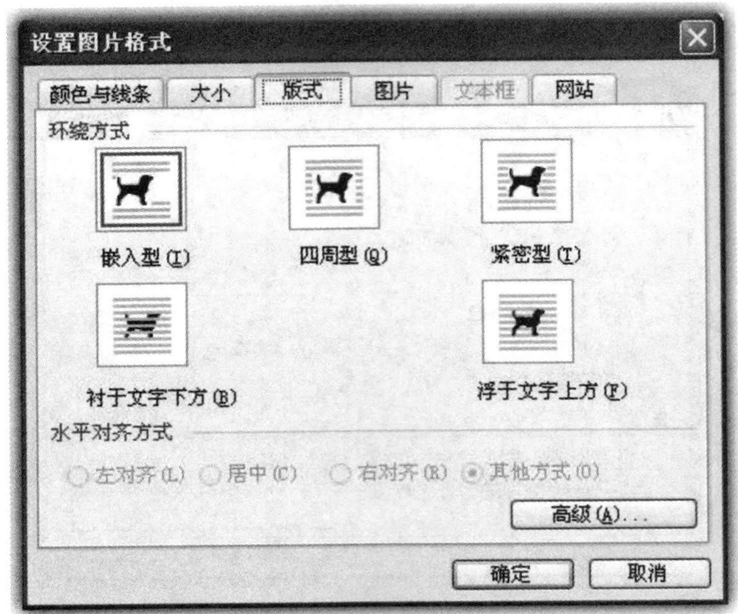

图 3-47 "设置图片格式"对话框

衬于文字下方、浮于文字上方。根据需要选择相应的环绕方式，单击"确定"按钮即可实现文字和图片的环绕。

3.6.3 绘制图形

在 Word 2003 中编辑文档，有时会使用到相应的流程图或者自绘图形，这就需要使用系统提供的绘制图形的功能。

在 Word 2003 中绘制自绘图形的操作如下。

将光标停留在要插入自绘图形的位置。选择"插入"→"图片"→"绘制新图形"命令，就会在相应的位置插入空白的画布。在文档显示区状态栏的上方会出现如图 3-48 所示的"绘图"工具栏。

图 3-48 "绘图"工具栏

在"绘图"工具栏的"自选图形"下拉菜单中，可以选择线条、连接符、基本形状等图形元素，用来绘制图形。

3.6.4 设置水印

有的时候需要在文档里设置醒目的文档保密权限或提示信息，这时可使用 Word 2003 提供的增加水印的效果来实现。选择"格式"→"背景"→"水印"命令，即可弹出如图 3-49 所示的"水印"对话框。

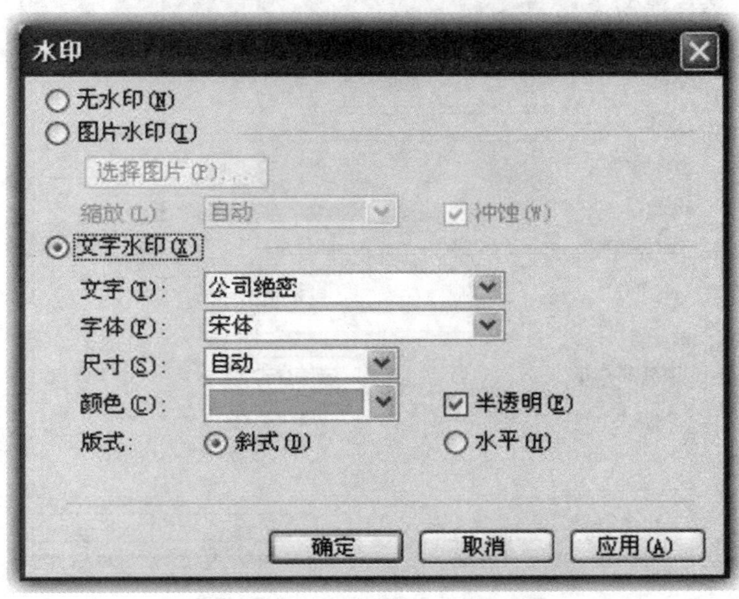

图 3-49　“水印”对话框

在“水印”对话框中有无水印、图片水印、文字水印三种选择。水印主要包括文字水印和图片水印。图片水印可以选择磁盘中的图片进行设置，还可以选择冲蚀的效果。文字水印可以自己设置文字效果、字体、尺寸、颜色等。

在设置水印的时候要注意的一点就是，在打印时需要勾选“打印”对话框中的“背景色和图像”选项，水印才会被打印出来。

3.6.5　文本框

文本框是一种独立的对象，文本框中的文字和图形可以随着文本框进行整体的移动。实际上，我们可以将文本框看作是一种特殊的图形。在这个特殊的图形里可以放置文本、图片、表格等内容，将它们融为一体，从而能将其随意地放置到文档的任意位置。文本框是一种图形，也可以使用“绘图”工具栏对其设置格式(如颜色、线条、阴影等)。

将光标定位到要插入文本框的位置，选择“插入”→“文本框”→“横排”或“竖排”命令，或者在“绘图”工具栏中单击 (文本框)按钮。

当光标变成“十”时，按住鼠标左键拖拽，即可在文档中绘制出一相应大小的文本框。单击文本框，即可在其中输入文字。

初始化的文本框，边框是细线黑色边框，文字是宋体五号。在文本框的框线上右击，选择“设置文本框格式”命令，弹出如图 3-50 所示“设置文本框格式”对话框，在该对话框中根据提示进行文本框的美化工作。

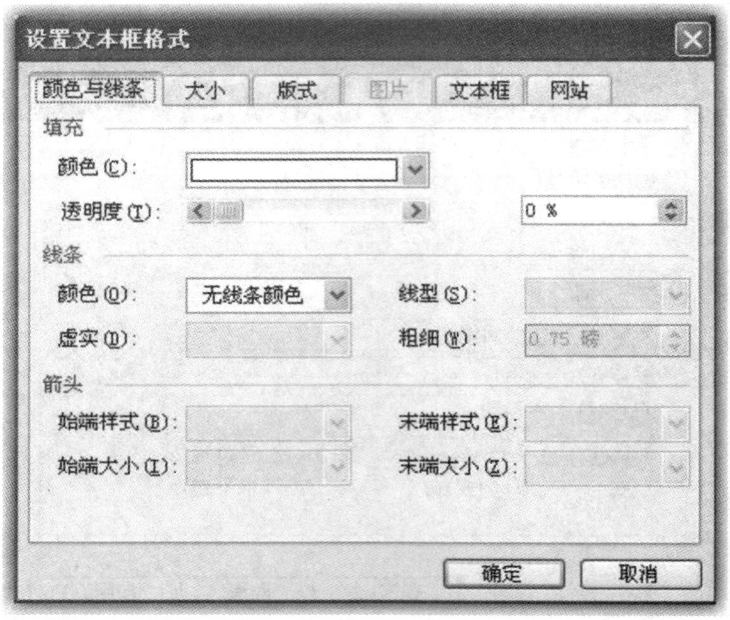

图 3-50 “设置文本框格式”对话框

3.6.6 艺术字

在 Word 2003 中不仅可以编辑基本的文字，还可以设置艺术字。设置艺术字，可以使文档更加美观。

将光标定位到要添加艺术字的位置，选择“插入”→“图片”→“艺术字”命令，弹出如图 3-51 所示的“艺术字库”对话框。

图 3-51 “艺术字库”对话框

在“艺术字库”对话框中选中所需要的艺术字的样式，单击“确定”按钮，弹出如图 3-52 所示的“编辑‘艺术字’文字”对话框，在其中输入所需要的文字(此处输入“计算机基础”)，单击“确定”按钮即可。

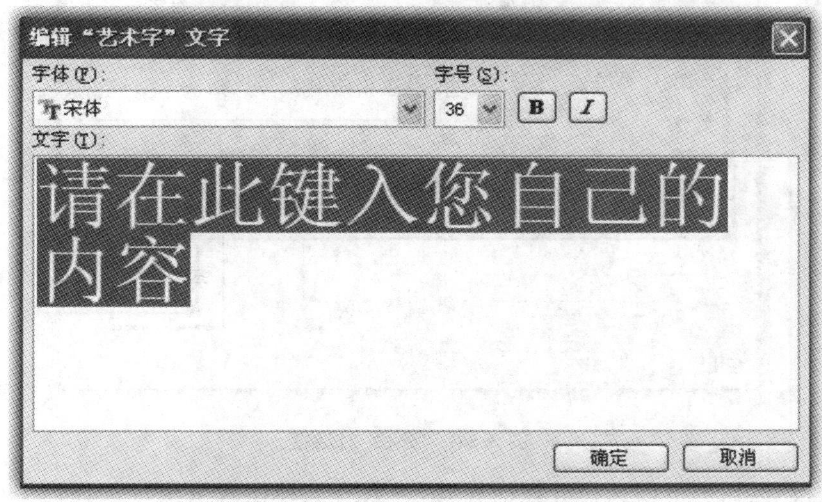

图 3-52　“编辑‘艺术字’文字”对话框

要注意的是，艺术字属于特殊的图片。此处做成的效果如图 3-53 所示。

图 3-53　艺术字效果示例

3.7　常用的编排技巧

在编辑文档的时候，Word 2003 会为用户预先设定一个正常使用的模板，这种模板适合大部分的文档。但是这样设置出来的文档，整体效果会逊色很多。要使文档更加合理和美观，就需要在排版的时候设置样式、目录、页眉页脚等。

熟练地掌握排版的技巧会使文档的制作更加轻松，也会使文档更加美观和具备更好的阅读性。

3.7.1　分栏、添加边框和底纹

1. 设置分栏

分栏是报纸和杂志常用的一种排版方式，它是将文字的某个段落分割在同一区域内并排显示。具体操作步骤如下。

选中要进行分栏的文章部分，选择“格式”→“分栏”命令，弹出如图 3-54 所示的“分栏”对话框。

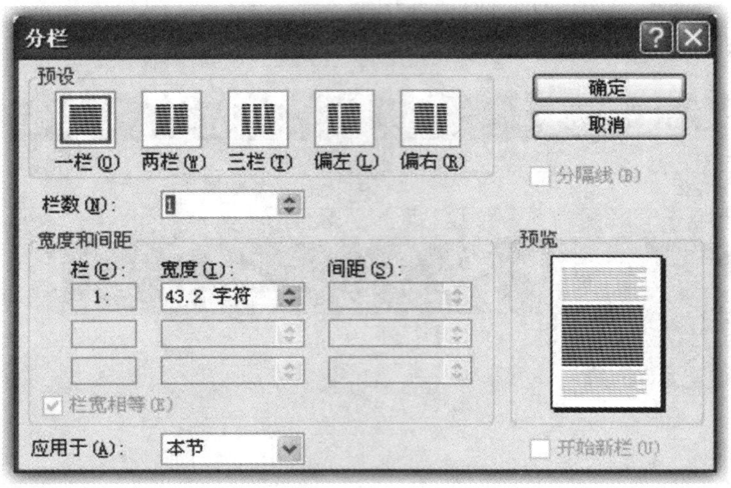

图 3-54 “分栏”对话框

在“预设”区域中可以选择分栏的样式，一共有五种样式供用户选择：“一栏”“两栏”“三栏”“偏左”“偏右”。也可以在“预设”区域下方“栏数”后的数值框中根据需求填写相应的栏数。

在“宽度和间距”选项区可以输入每一栏的宽度和栏与栏的间距。

设置完毕后单击“确定”按钮即可。

2. 边框和底纹

1)边框

选中需要添加边框的文本或段落，选择“格式”→“边框和底纹”命令，弹出如图 3-55 所示的“边框和底纹”对话框，选择“边框”选项卡。

和设置表格的边框方式类似，在“设置”区域选择边框类型，在“线型”列表框中选择线条的样式。选择好后再设置线条的颜色和宽度，在这里宽度的单位是“磅”。

设置好边框线条的样式、颜色、宽度等，在选项卡最右边的预览区域，单击相应的按钮添加边框线条。添加完成后单击“确定”按钮即可。

要注意的是，在设置边框时，需要先设置边框的线条样式、颜色和宽度，再添加边框。

2)底纹

添加底纹的操作和添加边框的操作类似，先要选中添加底纹的文字段落，选择“格式”→“边框和底纹”命令，在弹出的如图 3-55 所示的“边框和底纹”对话框中选择“底纹”选项卡，如图 3-56 所示。

在“填充”选项区域中有多种系统设定好的填充颜色供用户选择，如果在这些颜色中没有适合的颜色，则可单击右侧的“其他颜色”按钮，弹出如图 3-57 所示的“颜色”对话框。

可以在“颜色”对话框中选择相应的颜色，选中之后单击“确定”按钮，返回“边框和底纹”对话框。在“底纹”选项卡的“图案”选项区，可以在“样式”下拉列表中选择一种应用于填充颜色上的底纹样式。

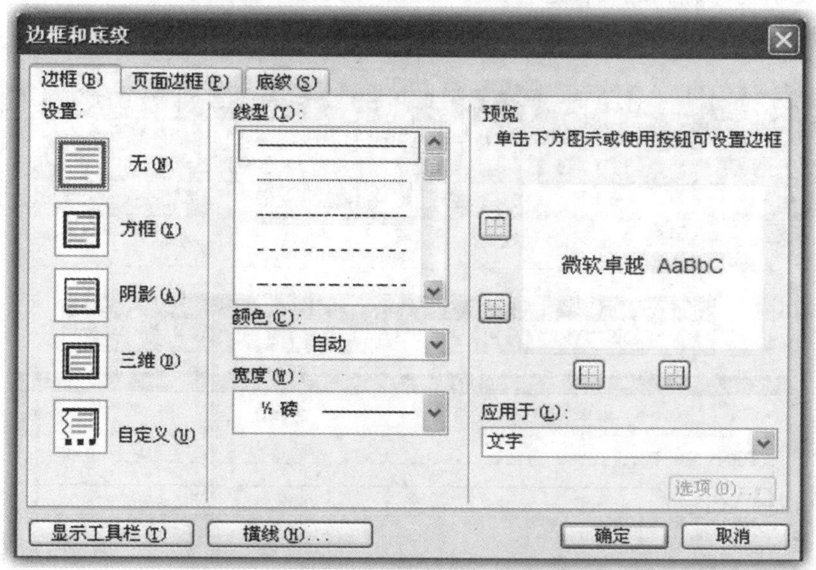

图 3-55　“边框和底纹”对话框(“边框”选项卡)

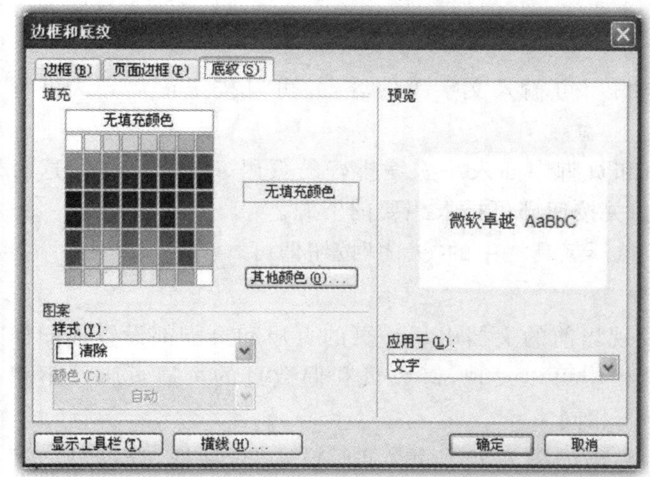

图 3-56　“底纹”选项卡

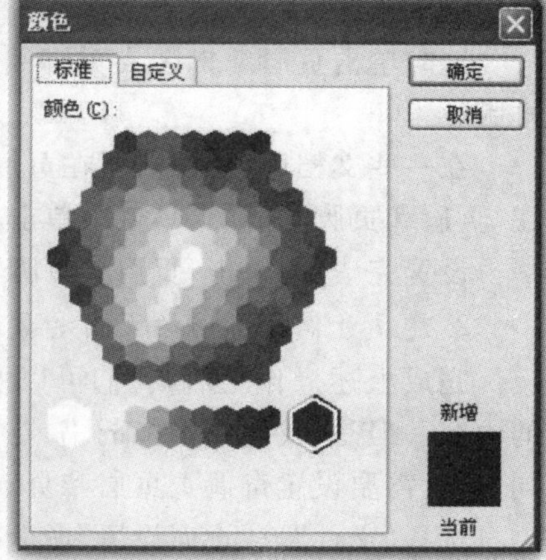

图 3-57　“颜色”对话框

3.7.2　添加页眉和页脚

页眉和页脚是指在文档每一页的顶部或底部出现的一些描述性的文字。一般来说，页眉和页脚可以包含简单的文字、页码、日期、标题章节或者是图片等。页眉和页脚只在页面视图中才会显示出来。

1. 插入页眉和页脚

插入页眉和页脚，需选择“视图”→“页眉和页脚”命令，即会在文档的页面的开头和结尾显示虚线框，并标明页面顶部的是“页眉”区域，页面底部的是“页脚”区域。同时，弹出如图 3-58 所示的“页眉和页脚”悬浮工具栏，此时页面中的文字显示为灰色，代表着无法对其进行编辑。

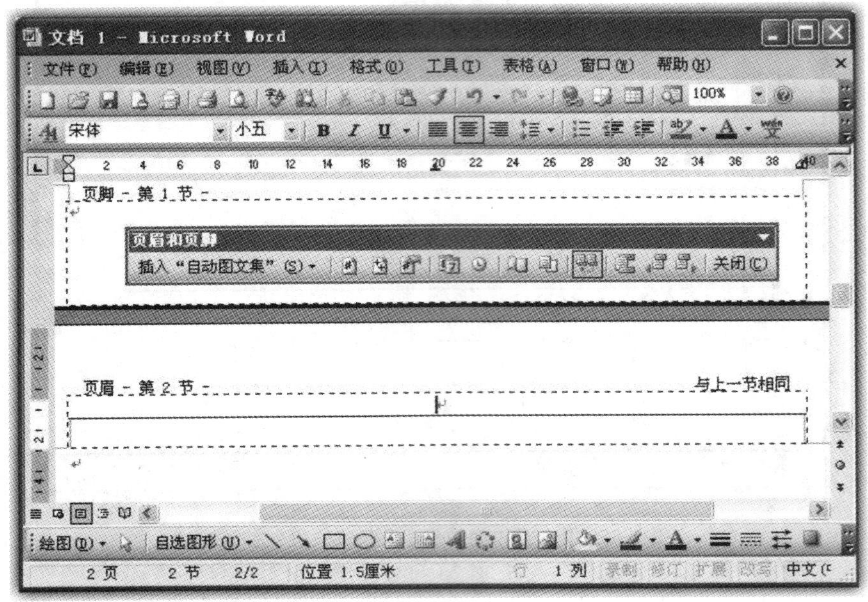

图 3-58 页眉和页脚编辑区域

这时单击页眉编辑区或页脚编辑区，可输入文字等内容，并可以按照正常方式进行排版。

在一些文档中，我们需要在页眉和页脚中插入一些编排好的页码、时间等资源，这时在“页眉和页脚”悬浮工具栏中单击相关按钮即可插入想要的资源。

设置完毕后，单击“页眉和页脚”悬浮工具栏中的“关闭”按钮即可。

2. 建立奇偶页不同的页眉和页脚

完成上述操作之后，我们可以发现当前的文档中每一页的页眉和页脚都设置成同样的内容。但是，我们在很多的书或文档中可以发现，奇数页和偶数页的页眉页脚并不相同，这就需要设置奇偶页页眉和页脚不相同。

选择“文件”→“页面设置”命令，弹出如图 3-59 所示“页面设置”对话框，选择“版式”选项卡。

在“版式”选项卡中“页眉和页脚”区域中勾选“奇偶页不同”复选项，单击“确定”按钮，即回到编辑文档区域。

按照插入页眉和页脚的操作，打开页眉和页脚编辑区，我们可以发现，在虚线框上方的提示文字发生了变化，成为“奇数页页脚”“偶数页页眉”等，如图 3-60 所示。

在相应的奇偶页的页眉和页脚中填写文字或插入相应的页码、图片等，最后单击“页眉和页脚”悬浮工具栏上的“关闭”按钮即可。

在“页面设置”对话框中我们还可以设置首页与其他页的页眉和页脚不相同。

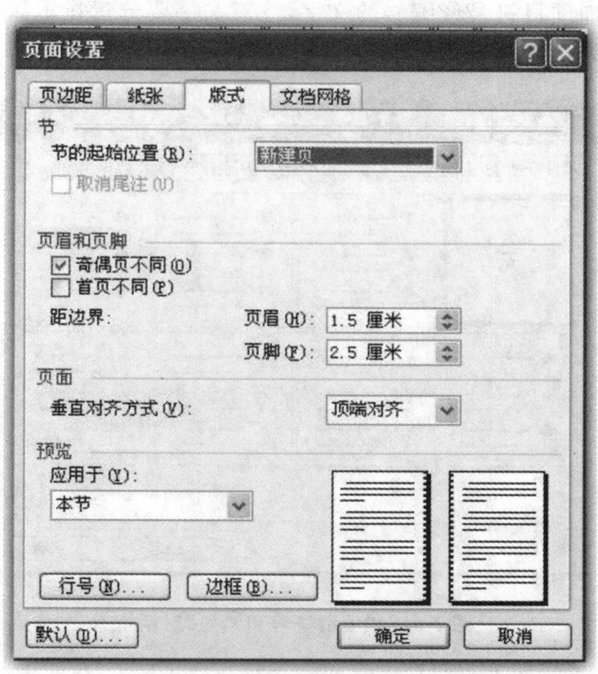

图 3-59　“页面设置”对话框

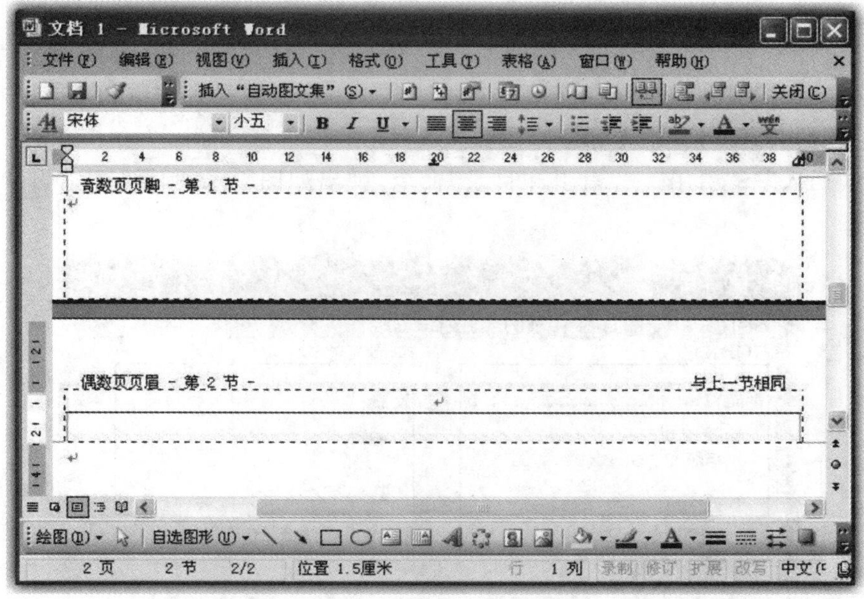

图 3-60　奇偶页页眉和页脚不同

3.7.3　添加项目符号和编号

在文档中添加项目符号或编号，可以让文档更有层次和条理，方便用户阅读。

选中所需要添加项目符号或编号的文字，注意文字要分行显示。选择“格式”→“项目符号和编号”命令，弹出如图 3-61 所示的“项目符号和编号”对话框。

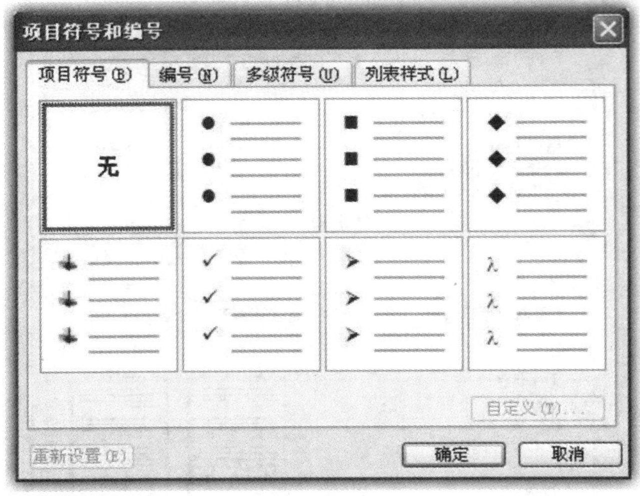

图 3-61 “项目符号和编号”对话框

在“项目符号和编号”对话框中可以设置项目符号、编号、多级符号、列表样式，选择所需要的符号或编号的样式，单击“确定”按钮即可。

3.7.4 编排目录

目录是编写文档时经常使用到的，目的是方便用户快速找到相应的章节。首先要设置章节标题的大纲级别，将光标停留在要插入目录的位置。

选择“插入”→“引用”→“索引和目录”命令，弹出如图 3-62 所示的“索引和目录”对话框。

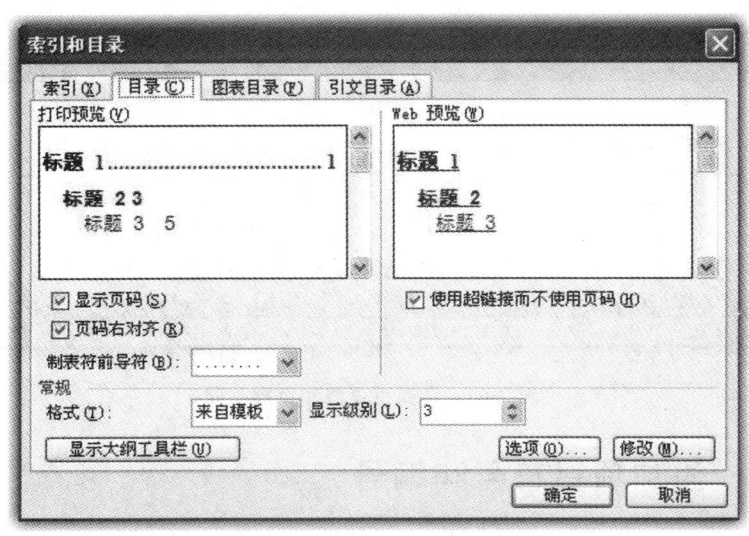

图 3-62 “索引和目录”对话框

选择“目录”选项卡，勾选“显示页码”复选项，意味着在目录中每一标题后出现该章节部分的起始页码。勾选“页码右对齐”复选项，可以使页码右对齐。

在“制表符前导符”下拉列表框中选择连接符的样式。在“常规”选项区可以设置目录的格式和整体目录所显示的大纲级别。设置完毕后单击“确定”按钮即可。

在文档目录生成完毕后，难免会对文章进行更改，这时目录中所对应的标题和页码就会出现误差，就需要对目录进行更新。在目录中任意位置右击，在弹出的快捷菜单中选择“更新域”命令，弹出“更新目录”对话框，在该对话框中选中只更新页码或更新整个目录，单击“确定”按钮即可。

3.7.5 页面设置

文档在编辑完毕后，需要对页面进行设置，以保证页面打印出来后有最佳的观赏效果。页面设置，一般可以修改页边距、纸张、版式等元素。

1. 页边距

在文档的页面中，可以看到文字并不是占满整个页面的，文字与纸张边缘的距离就叫作页边距。设置页边距是为了让文档在打印的时候，纸张上、下、左、右留出相应的空白区域，从而更加美观和整齐。

在 Word 2003 中纸张默认为 A4 纸张，选择“文件”→“页面设置”命令，弹出如图 3-63 所示的“页面设置”对话框。

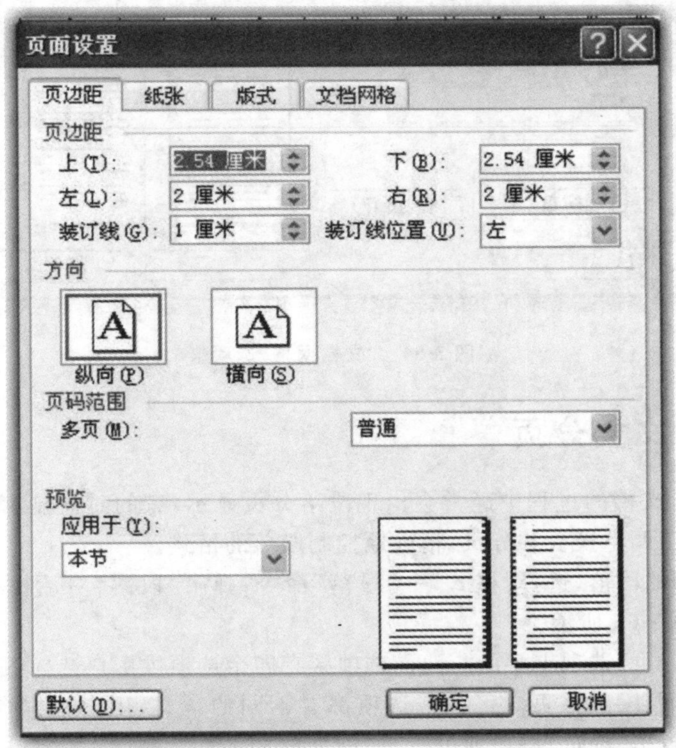

图 3-63 “页面设置”对话框(“页边距”选项卡)

在“页面设置”对话框中可以看到，Word 2003 中上、下页边距默认为 2.54 厘米，左、右页边距为 2 厘米。可以根据需要在“页边距”选项区的数值框中输入数字，还可以在“方向”选项区选择文本页面的显示是“纵向”或“横向”。

2. 文档网格

在“页面设置”对话框中，选择“文档网格”选项卡，可以设置每页的行数和字符数，还可以设置文字的排列方向及是否使用网格，如图 3-64 所示。

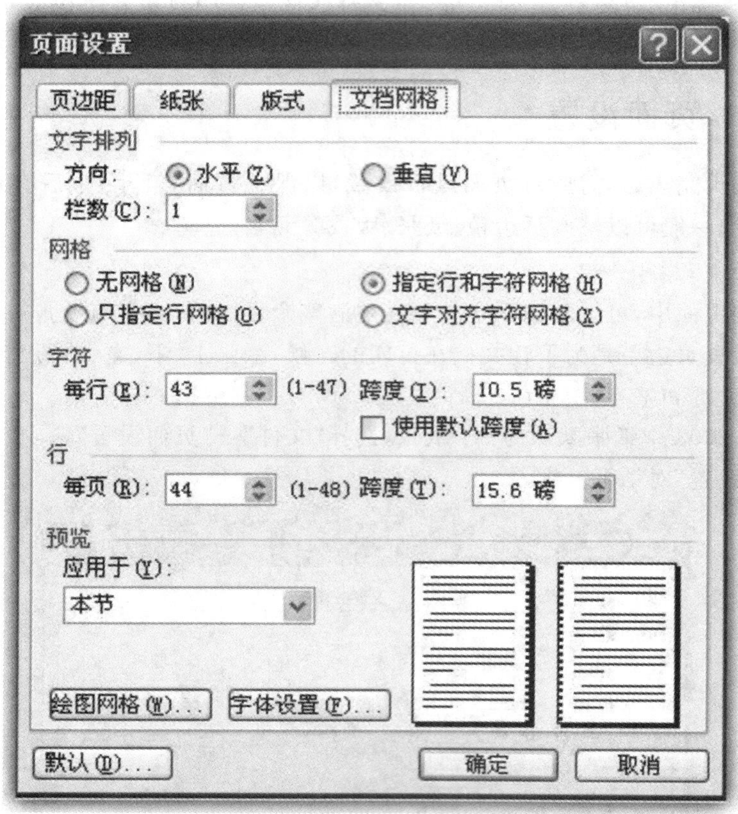

图 3-64 “文档网格”选项卡

3.7.6 文档分页

用户在编辑文档的过程中经常会出现段落分页显示，有的时候显示的并不是特别合理，需要我们手工调整换行和分页，精确地控制段落的格式。

选中要处理的段落，选择“格式”→“段落”命令，弹出“段落”对话框，选择“换行和分页”选项卡，如图 3-65 所示。

在“换行和分页”选项卡中的“分页”选项区有四个选项供用户选择：孤行控制、与下段同页、段中不分页、段前分页。每一个选项都有不同的含义，用户根据自己的需要勾选。选择完毕之后，单击“确定”按钮即可。

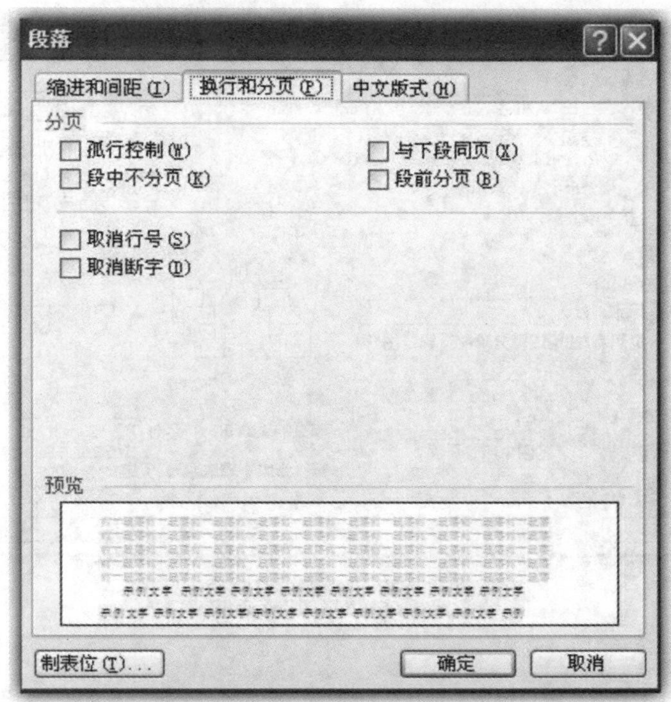

图 3-65　“换行和分页”选项卡

3.7.7　打印及打印预览

文档编辑完成后，经常需要将文档打印出来，在打印的过程中我们需要知道打印出的效果，以及打印所用的纸张等。

1. 打印预览

Word 2003 提供了模拟打印文档效果的“打印预览”功能。

选择“文件”→“打印预览”命令，或在工具栏中单击“打印预览”按钮，即可弹出效果图。

调整到预览状态，鼠标指针会变成放大镜样式，单击可以放大页面，也可在工具栏中调整显示的百分比。用户可以根据自己的需要对文档进行调整。

2. 打印设置

文档预览没问题之后，选择“文件”→“打印”命令，弹出如图 3-66 所示的“打印”对话框。

在“打印”对话框中选择打印机、需要打印的页面及打印的份数。

如果有特殊需要，可以选择缩放打印，将几个页面集中在一张纸上打印出来。

在打印设置完毕后，单击“确定”按钮，即完成打印工作。

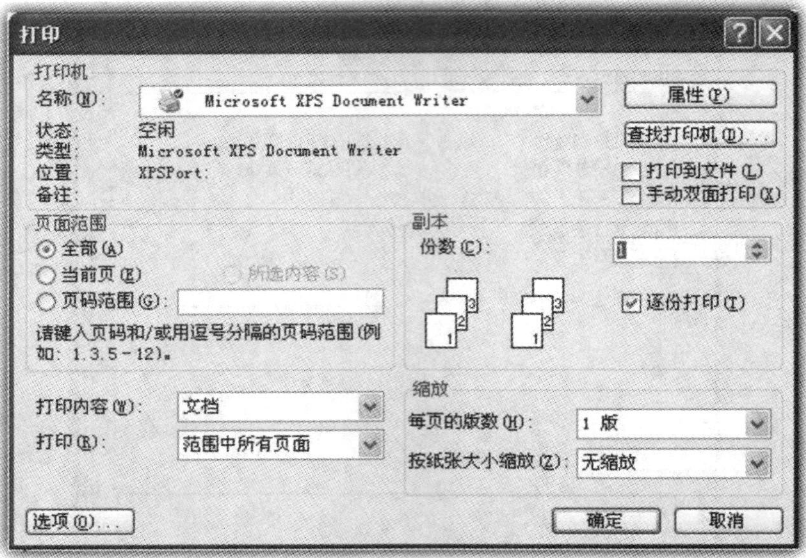
打印
打印机
名称(N):
Microsoft XPS Document Writer
属性(P)
状态:
空闲
类型:
Microsoft XPS Document Writer
查找打印机(D)...
位置:
XPSPort:
打印到文件(L)
备注:
手动双面打印(X)
页面范围
全部(A)
当前页(E)
所选内容(S)
页码范围(G):
请键入页码和/或用逗号分隔的页码范围(例如: 1,3,5-12)。
副本
份数(C):
逐份打印(T)
打印内容(W):
文档
打印(R):
范围中所有页面
缩放
每页的版数(H):
1 版
按纸张大小缩放(Z):
无缩放
选项(O)...
确定
取消

图 3-66 "打印"对话框

第4章

电子表格软件 Excel

微软公司出品的 Microsoft Excel 2003 是 Office 2003 办公系列软件中的一个组件。Excel 2003 以其强大的功能、便捷的操作方式，成为目前流行的电子表格软件之一。用户使用 Excel 2003 可以制作电子表格，进行数据运算、分析，制作图表，以及打印制作完毕的表格。

4.1 Excel 2003 的启动和退出

对于一款应用软件来说，启动和退出是最基本的操作。

4.1.1 启动 Excel 2003

启动 Excel 2003 的方法和启动 Word 2003 的操作方式是相同的。

1. 常规方式

将鼠标指针移动到桌面左下角，选择"开始"→"所有程序"→"Microsoft Office 2003"→"Microsoft Office Excel 2003"命令，启动 Excel 2003。

2. 快捷方式

启动 Excel 2003 的快捷方式有如下两种。

1)桌面快捷方式

用户可以在桌面上创建快捷方式，从而使操作更加便利。右击"Microsoft Office 2003"级联菜单中的"Microsoft Office Excel 2003"菜单，选择"发送到"→"桌面快捷方式"命令，可以在桌面创建该组件的快捷方式。

在桌面上找到 Excel 2003 快捷方式图标，双击 Excel 2003 应用程序图标即可打开 Excel 2003。

2)程序文件

在"资源管理器"中找到 Microsoft Office 的安装目录，在文件夹中找到 Excel 2003 图标文件，双击打开程序。

3. 命令行方式

利用 Windows 快速命令启动 Excel 2003 程序。选择"开始"→"运行"命令，在"运行"对话框中输入"excel"，启动程序。

4.1.2 退出 Excel 2003

退出 Excel 2003 也有多种方法，一般常用的方法有以下几种。

(1)单击 Excel 2003 窗口右上角的“关闭”按钮关闭 Excel 2003。

(2)双击标题栏左侧图标,关闭 Excel 2003。

(3)选择“文件”→“退出”命令,关闭 Excel 2003。

(4)按快捷键 Alt+F4,关闭 Excel 2003。

4.2　Excel 2003 的工作环境

微软公司的产品的工作界面保持风格统一,主要是为了使用户更加容易上手。

4.2.1　Excel 2003 的窗口

启动 Excel 2003 之后,我们会发现 Excel 2003 的窗口和 Word 2003 的窗口是非常相似的,如图 4-1 所示。

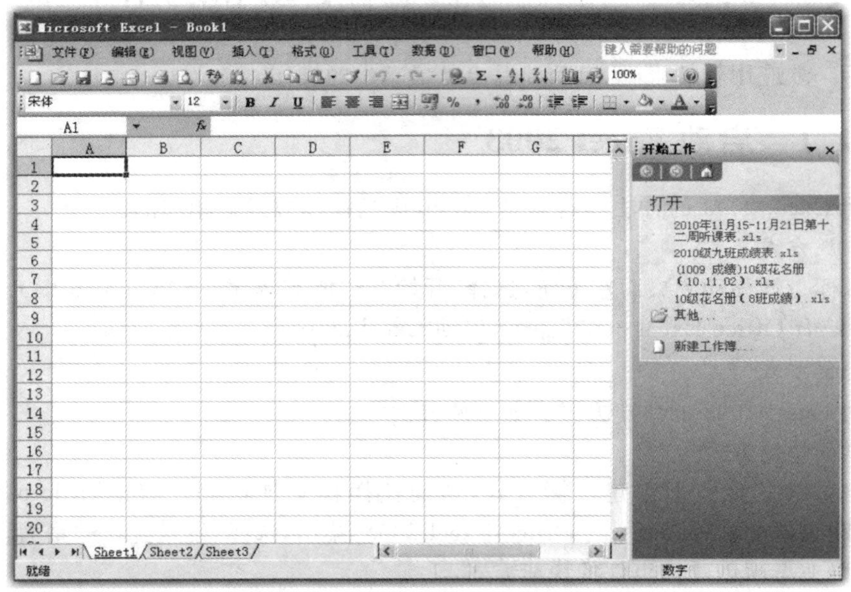

图 4-1　Excel 2003 窗口

1. 标题栏

标题栏位于 Excel 2003 窗口的最顶端,左边显示的是控制菜单按钮,程序名“Microsoft Excel”之后为当前 Excel 表格名称,默认为“Book1”,右边依次为“最小化”按钮、“最大化”按钮或“还原”按钮及“关闭”按钮,可以实现调整界面大小、关闭等功能。

2. 菜单栏

菜单栏中集合了对 Excel 2003 的所有基本操作,排列方式和 Word 2003 的基本相同,最大的区别就是将“表格”菜单替换为“数据”菜单,如图 4-2 所示。

文件(F)　编辑(E)　视图(V)　插入(I)　格式(O)　工具(T)　数据(D)　窗口(W)　帮助(H)

图 4-2　Excel 2003 菜单栏

3. 工具栏

工具栏有很多，普通状态下只会显示“常用”工具栏和“格式”工具栏，其他的工具栏都处于隐藏的状态，如需使用，调出即可。

4. 编辑栏

编辑栏是 Excel 2003 特有的一个供用户使用的操作区域，如图 4-3 所示。

图 4-3　Excel 2003 编辑栏

在 Excel 2003 的编辑栏中，左边是名称框，显示的是当前选中的单元格的地址或单元格区域地址。fx按钮是插入函数按钮，和名称框右边的向下箭头功能类似。当插入函数时，名称框里显示的是函数的名称。中间会显示出 × ✓，分别表示取消内容和确认内容。在插入函数按钮的右边是输入文本框，用户可以在文本框中输入文本。

5. 状态栏

状态栏位于 Excel 2003 窗口的最底部，用于显示用户对单元格的操作类型，有就绪、编辑、输入等三种状态。

4.2.2　Excel 2003 的基本对象

1. 工作簿

工作簿是 Excel 2003 中独特的一种文件称呼，它指的是 Excel 的文件，每次用户打开 Excel 2003 程序，系统都会自动创建一个工作簿，并命名为“Book1”。工作簿是由多张工作表所组成的。初次创建的工作簿中，Excel 2003 默认创建三张工作表，分别是 Sheet1、Sheet2、Sheet3。工作簿保存的文件后缀名为“.xls”。

2. 工作表

在打开 Excel 2003 之后所见的表格就是工作表，它是工作簿的基本组成元素。工作表中包含 256 列和 65 536 行。在每张工作表的下方都有个工作标签来显示当前工作表的名称。

工作表是一个独立的二维表格。表格中存储数据，可以存储数字、符号、图形或声音等数据信息。

用户如需修改工作表的名字，只需在工作表标签上右击，选择“重命名”命令即可。创建新的工作表，在工作表标签上右击，选择“插入”命令，弹出如图 4-4 所示的“插入”对话框。

在“插入”对话框中选择工作表，单击“确定”按钮即可。

3. 单元格

单元格是工作表的最基本组成元素，在 Excel 2003 中是行与列交叉而得的小方格。

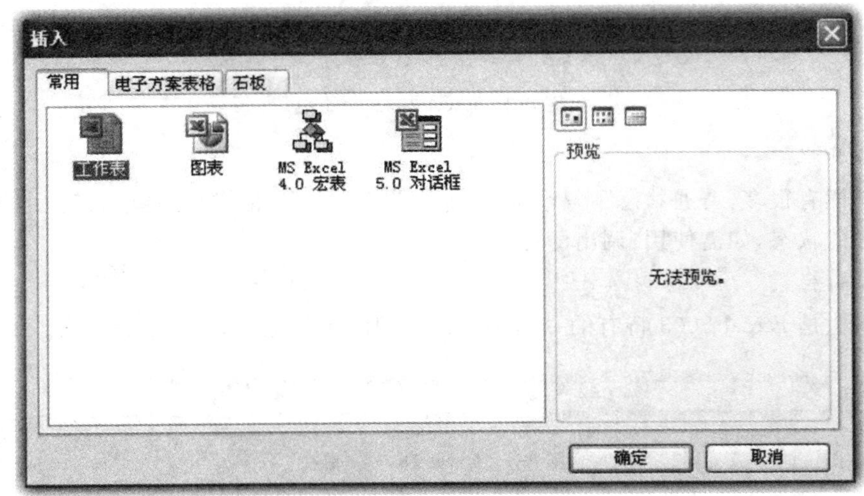

图 4-4 “插入”对话框

单元格是最基本的数据存储的地方。单元格的名称由“列号”+“行号”组成，譬如第二行、第 B 列的单元格，地址就是“B2”。

4.3 工作簿的操作

下面介绍工作簿的常用操作：新建、打开与保存。

4.3.1 新建工作簿

创建一个新的工作簿的方式和创建文档的方式基本类似。在 Excel 2003 中新建工作簿有以下两种方式。

1. 创建空白工作簿

选择“文件”→“新建”命令，弹出如图 4-5 所示“新建工作簿”面板。

在“新建工作簿”面板中单击“空白工作簿”选项即可。

2. 新建模板工作簿

Excel 2003 给用户提供了一些设置好的工作簿的模板，用户可以根据自己的需要选择合适的模板来使用。

在图 4-5 所示的面板中的“模板”选项区选择“本机上的模板”，弹出如图 4-6 所示的“模板”对话框。

在“模板”对话框中选择“电子方案表格”选项卡，在该选项卡中选择需要的模板。选择完毕后，单击“确定”按钮即可。

4.3.2 打开工作簿

用户在编辑工作表格的过程中，有的时候需要使用到其他工作簿中的数据。这时就

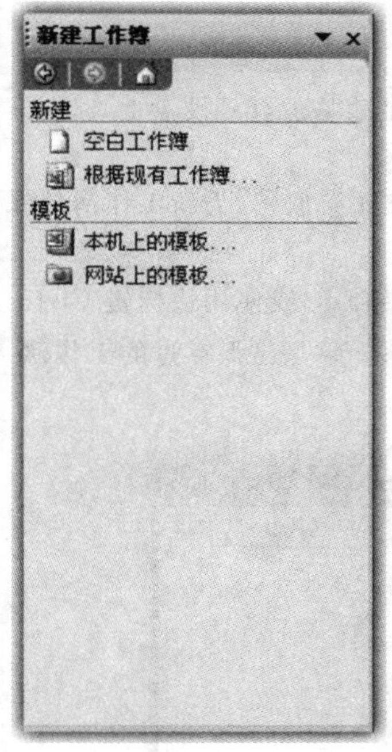

图 4-5　“新建工作簿”面板

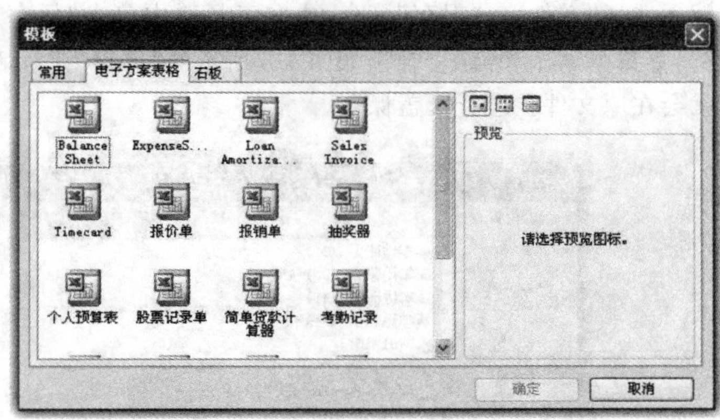

图 4-6　“模板”对话框

需要打开一个已经保存的工作簿。

选择“文件”→“打开”命令，或者在工具栏中单击“打开”按钮，弹出如图 4-7 所示的“打开”对话框。

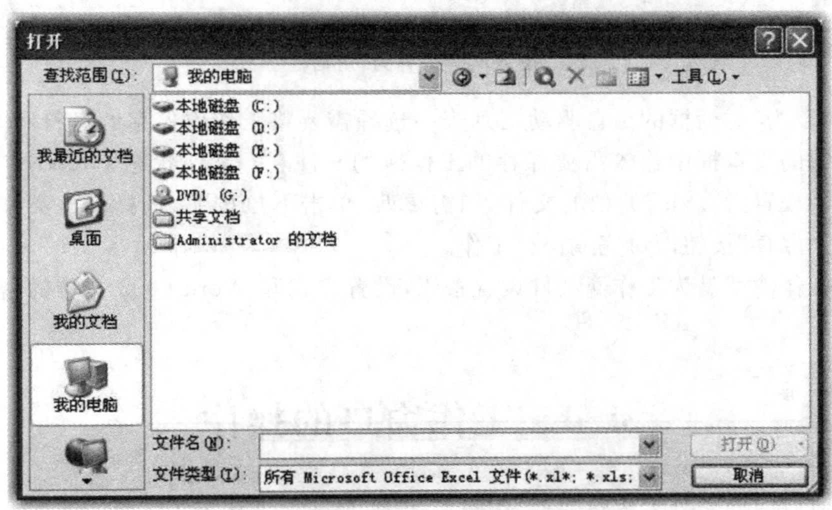

图 4-7　“打开”对话框

在“打开”对话框中可以查找计算机磁盘上的所有分区，在相对应的分区中找到需要的 Excel 2003 的工作簿文件，单击“打开”按钮即可。

4.3.3 工作簿的保存和保护

用户在编辑完 Excel 2003 的工作簿后，就需要将编辑好的表格保存到硬盘上，以便下次使用和保护数据。

Excel 2003 工作簿的保存和 Word 2003 的文档保存的方式类似，分为新工作簿的保存和保存过的工作簿的覆盖重新保存以及重新保存。

选择"文件"→"保存"命令，或在工具栏中单击"保存"按钮，或使用快捷键 Ctrl+S。如果是新工作簿，会弹出如图 4-8 所示的"另存为"对话框；如果是已保存过的工作簿，就会在原文件上进行覆盖保存。

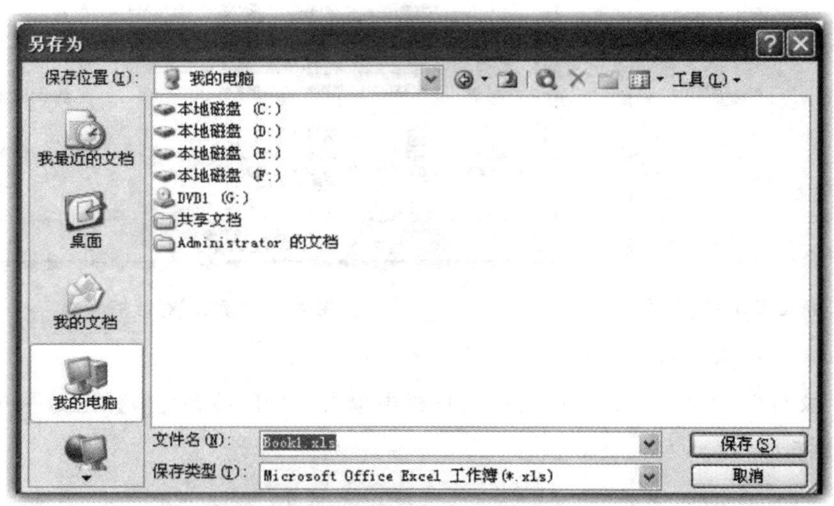

图 4-8 "另存为"对话框

在"另存为"对话框的磁盘驱动器列表中选择需要将工作簿保存的盘符和文件夹，在"文件名"后的文本框中输入需要保存的工作簿的文件名。默认状态下，Excel 2003 将工作簿的类型设置为". xls"类型的文件，如需更改，单击下拉按钮，选择其他类型。设置完毕后，单击"保存"按钮即可完成保存工作。

保护工作簿就是为工作簿文件设置密码，设置方式和 Word 2003 文档的密码设置方式相同。

4.4 工作窗口的操作

工作窗口的操作分为编辑数据、编辑工作表、格式化工作表等部分。

4.4.1 编辑数据

在 Excel 2003 中，最重要的操作就是数据输入。所有的数据都是在单元格中进行存放和处理的。

新建的工作簿中默认有三个工作表。在工作表的单元格中输入数据的时候，在单元格和编辑栏均会出现当前所输入的数据。在数据的输入中，不同类型的数据采用不同的处理方式。

1. 数字的输入

1）一般数字的输入

在 Excel 2003 中输入一般的数字，只需单击想要输入数字的单元格，直接输入数字，输入完成后按回车键即可完成一般数字的输入。

2）分数的输入

在 Excel 2003 中是不能够直接输入"数字/数字"形式的分数的。在工作簿中输入分数，必须在分数前加上"0"，按下空格键，再进行分数输入。

2. 字符的输入

在 Excel 2003 的工作簿中，经常需要输入文本，在输入文本的时候，会有两种类型的字符：一种字符是一般文本；另一种字符是纯数字类型的文本，例如邮编、身份证号码、电话号码等。两者的输入方式是不一样的。

1）一般文本的输入

在 Excel 2003 中输入一般文本只需将光标定位于要输入的单元格内，在其中输入文本即可。

2）纯数字类型的文本输入

在 Excel 2003 中输入纯数字类型的文本，如果像一般文本那样输入，超过显示的格式，Excel 2003 会自动将数字用科学计数法进行存储，这就不是用户所需要的样式了。在输入纯数字文本的时候，需要在文本前先输入一个英文输入法状态下的"'"（单引号），再在后面输入纯数字类型的文本。

3. 日期和时间的输入

日期和时间在 Excel 2003 中存储的形式也是数字。Excel 2003 可以识别大多数格式的日期和时间的格式。

在 Excel 2003 中输入日期，可以输入"10 月 1 日"，也可以用"/"来代替年、月、日。如果在输入日期的时候省略年份，系统会自动默认为当前的年份。

在输入时间的时候，小时、分钟、秒之间用冒号":"隔开。Excel 2003 默认的时间格式是 24 小时制，如需显示"AM""PM"，只需在时间后空格＋"AM"或"PM"即可。

在 Excel 2003 中插入当前机器日期是按快捷键 Ctrl＋";"，快速插入当前机器时间是按快捷键 Ctrl＋Shift＋";"。

4. 有序数据的快速输入

在 Excel 2003 中有个非常方便的功能就是快速填充，快速填充可以是相同的数据，也可以是有序的数据和有序的数字。

在单元格中输入数据时，鼠标指针是✚（白色的空心十字）形状。在输入后，将鼠标指针移动到单元格的右下角，鼠标指针就会变成✚（黑色的实心十字）形状，按住鼠标左键向下或向右拖拽，Excel 2003 就会将当前单元格的内容进行复制填充到所选择的单元格内。

如果所输入的内容是Excel 2003中所定义的有序数据，拖拽鼠标填充的就是相应的有序数据内容。

5.数字的有序输入

数字的输入也是一样，输入数字后，将光标停留到单元格的右下角，按住Ctrl键，再按住鼠标左键向下或向右拖拽，系统就会递增而有序地填充数字。

4.4.2 编辑工作表

在工作表中的操作基本上就是对单元格进行操作。对单元格的操作有以下几种。

1.选定单元格

在Excel 2003中输入数据就必须先选定单元格，这是在Excel中编辑输入的最基本的操作。

1)选定单个单元格

单击一个单元格，则该单元格为当前选中的单元格。

2)选定连续的单元格区域

在Excel 2003中编辑数据时经常需要选中连续的单元格区域。将鼠标停留在需要选定的单元格区域的起始单元格，按住鼠标左键不放进行拖拽，当鼠标指针到达结束的单元格时松开鼠标左键，即可选中连续的单元格区域。

3)选定多个不连续的单元格

当需要选定多个不连续的单元格时，需要按住Ctrl键的同时逐个单击单元格完成选定操作，或者选中连续单元格后，按住Ctrl键不放，再单击其他不需要选择的单元格，需要选择的单元格即处于选定状态。

4)选定一行或一列

单击工作表的行号或列号，即可选中当前单击的行或列。

5)选定多行或多列

选定多行或多列，将鼠标指针定位到要选择多行或多列的起始位置，单击起始行号或列号，按住鼠标左键不放，向终点行号或列号拖拽即可。

6)选定整个表格

在行号与列号的交叉处，单击交叉框，或按快捷键Ctrl+A即可选定整个表格。

2.插入单元格

将光标定位到需要插入单元格的位置，右击，在弹出的快捷菜单中选择“插入”命令，弹出如图4-9所示的“插入”对话框。

在“插入”对话框中有“活动单元格右移”“活动单元格下移”“整行”“整列”四个选项。根据需要，选中某一选项，单击“确定”按钮即可。

3.删除单元格

删除单元格的操作和插入单元格的操作类似。选中需要删除的单元格，右击，在弹出的快捷菜单中选择“删除”命令，或选择“编辑”→“删除”命令，弹出如图4-10所示的“删除”对话框。

在“删除”对话框中有“右侧单元格左移”“下方单元格上移”“整行”“整列”四个选项。

图 4-9　“插入”对话框

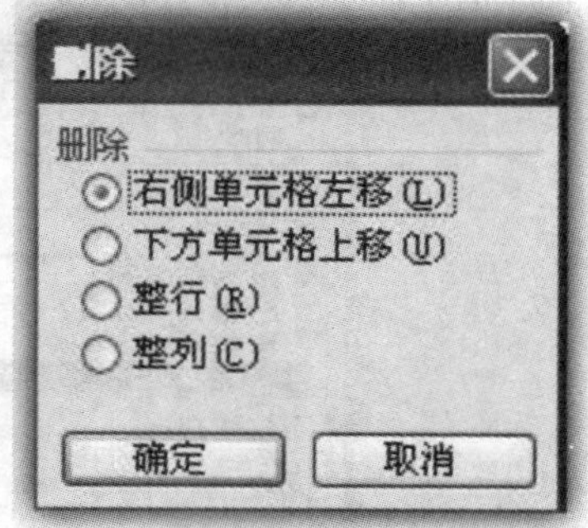

图 4-10　“删除”对话框

根据需要选中某一选项，单击“确定”按钮即可。

4. 复制单元格

复制单元格的方式很简单，首先选中所需要复制的单元格或单元格区域，选择“编辑”→“复制”命令或按快捷键 Ctrl+C 复制单元格。

在粘贴处(单元格)单击，选择“编辑”→“粘贴”命令，或使用快捷键 Ctrl+V 粘贴单元格。

4.4.3　格式化工作表

用户在 Excel 2003 中输入内容后，需要对表格进行美化设置，这就需要对工作表进行格式化的操作，对表格的格式化操作起始就是对单元格的格式化。

1. 设置字体

在工作表中用户制作完数据表格后，对于不同单元格的内容是需要选择不同的字体的，这样才会让表格更美观，层次更清晰。

首先选择需要设置字体的单元格，选择“格式”→“单元格”命令，弹出“单元格格式”对话框，在弹出的对话框中选择“字体”选项卡，如图 4-11 所示。

在“字体”选项卡中，我们可以设置字体、字形、字号、下划线、颜色、特殊效果等，用户根据自己的需要进行设置。设置完毕后，单击“确定”按钮即可。

2. 设置单元格边框

为了让表格看起来更加清晰和有条理，就需要为表格中的单元格或单元格区域添加单元格的边框。

在默认状态下，Excel 2003 中单元格显示浅色略灰的边框线条，这种线条只是为了用户可以方便操作单元格而设定的，在打印的时候并不会显示。

选择“格式”→“单元格”命令，弹出“单元格格式”对话框，在该对话框中选择“边框”选项卡，如图 4-12 所示。

和 Word 2003 设置表格边框的操作一样，先设置边框线条样式和颜色，再设置边框样式，设置完毕后单击“确定”按钮即可。

3. 为单元格添加底纹和图案

可以为单元格和单元格区域添加底纹和图案，在“单元格格式”对话框中选择“图案”

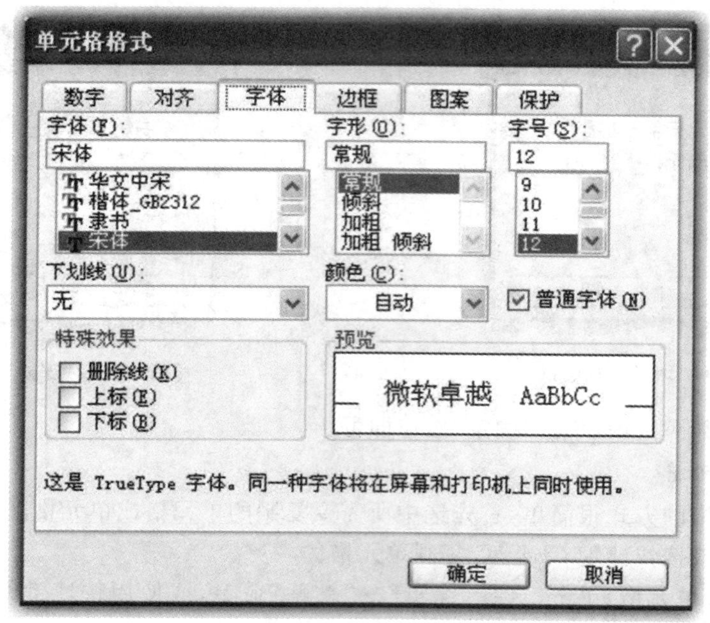

图 4-11 "字体"选项卡

选项卡，在其中设置单元格的底纹和图案即可。

4. 设置文本的对齐方式

文本在单元格中默认的情况下是文字左对齐，数字右对齐。为了美观，我们经常需要设置文本的对齐方式。

选中要设置的单元格，选择"格式"→"单元格"命令，弹出"单元格格式"对话框，选择"对齐"选项卡，如图 4-13 所示。

图 4-12 "边框"选项卡

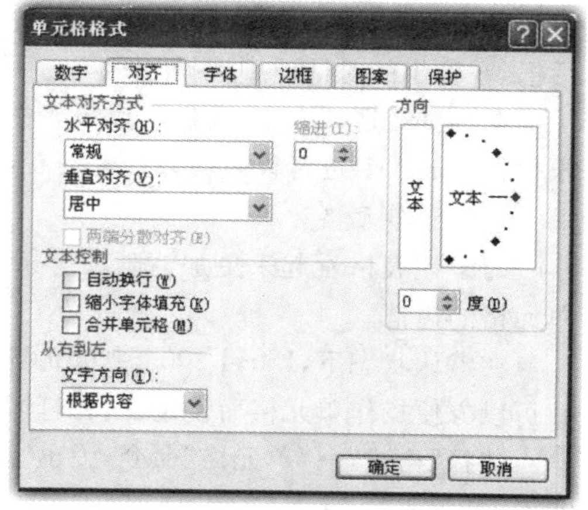

图 4-13 "对齐"选项卡

在"对齐"选项卡中，可以设置文字对齐的两种方向，一种是水平对齐，另一种是垂直对齐。两种对齐方式又各分为上、中、下、居中、居左、居右对齐。用户根据自己的选择设置对齐的方式，设置完毕后单击"确定"按钮即可。

在“对齐”选项卡中还可以设置文字的方向、自动换行、缩小字体填充和合并单元格等。

4.5 创建图表

在 Excel 2003 中要对数据进行分析就要创建图表，这是数据分析最重要和最直观的一种分析方式。

图表就是将工作表中的数据以图的形式进行显示，设定图表要先选择数据的来源。

在工作表中选定要生成图表的单元格区域，选择“插入”→“图表”命令，弹出如图 4-14 所示的“图表向导-4 步骤之 1-图表类型”对话框。

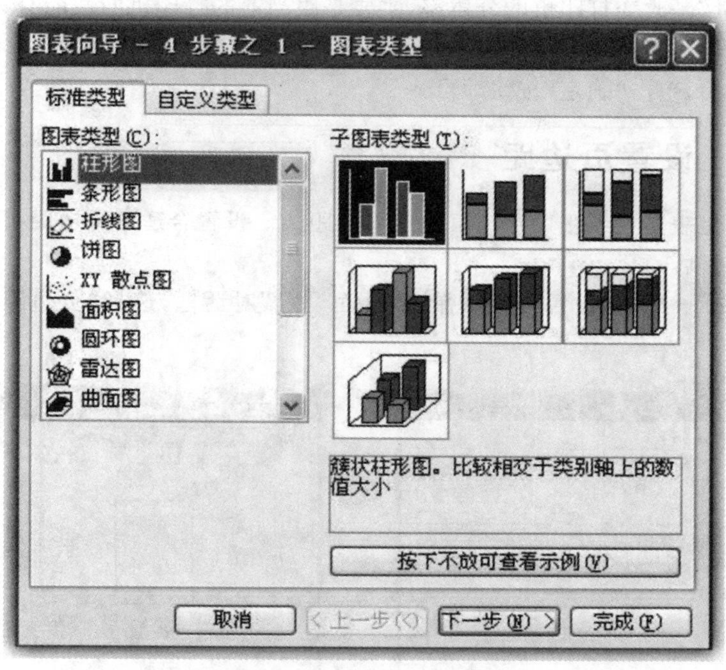

图 4-14　“图表向导-4 步骤之 1-图表类型”对话框

在“图表向导-4 步骤之 1-图表类型”对话框的“图表类型”选项区中选择图表类型，包含柱形图、条形图、饼图等，在“子图表类型”中选择当前选择的图表类型的具体样式。

选择完毕后单击“完成”按钮生成图表，或者单击“下一步”可以设置 X 轴、Y 轴的坐标，以及对应轴的名称、每条图形对应的名称。

4.6 页面设置

用户在编辑完工作表后需要整理、打印。我们知道，Excel 2003 中工作表的区域很大，打印哪一部分、使用哪一部分等，是需要我们自己设置的。

4.6.1 设置页面选项

页面设置，可设置页面纸张、方向、起始页码等。

选择“文件”→“页面设置”命令，弹出如图 4-15 所示的“页面设置”对话框，在该对话框中默认出现的就是“页面”选项卡。

在“页面”选项卡中，我们看到，可以设置页面的方向、缩放、纸张大小、打印质量、起始页码等。

“方向”区域可设置打印文档时，打印纸张的方向(包括纵向和横向)。

“缩放”区域是调整工作表整体的大小以适应纸张的要求。

“纸张大小”是指设置打印纸的大小规格，例如 A4、A3 等。

“打印质量”是改变打印出的分辨率，主要是跟当前的打印机的性能有关。

“起始页码”决定打印时是从哪一页开始打印的。

设置完毕后，单击“确定”按钮即可。

4.6.2 设置页边距

页边距就是表格在纸张中距离页面边界的距离。设置合适的页边距可以使页面更加美观，更便于阅读。

选择“文件”→“页面设置”命令，弹出“页面设置”对话框，选择“页边距”选项卡，如图 4-16 所示。

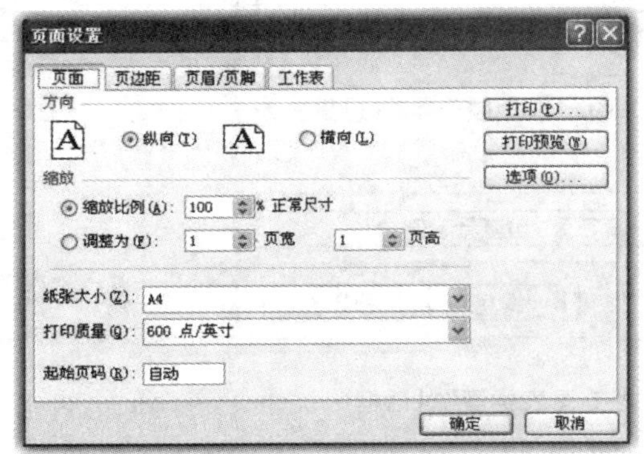

图 4-15 “页面设置”对话框

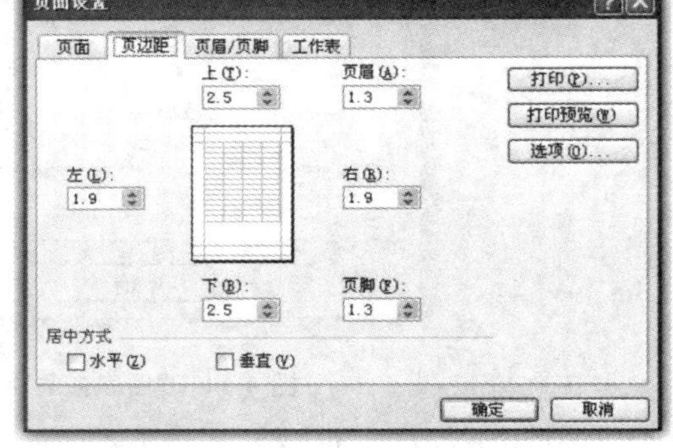

图 4-16 “页边距”选项卡

在“页边距”选项卡中可以设置打印内容的边界与纸张边界的上、下、左、右的距离，还可以设置居中的方式。用户按照自己的需要进行选择，设置完毕后，单击“确定”按钮即可。

4.7 打印及打印预览

工作簿编辑完成之后有时会需要进行打印，合理的打印设置能大大提高打印的效率。

4.7.1　打印预览

打印 Excel 2003 工作表和打印 Word 2003 的文档一样，用户在打印之前都需要进行预览，看看打印出来的效果，再进行打印或进一步调整。

选择"文件"→"打印预览"命令，或在工具栏上单击"打印预览"按钮，即可切换到打印预览界面，如图 4-17 所示。

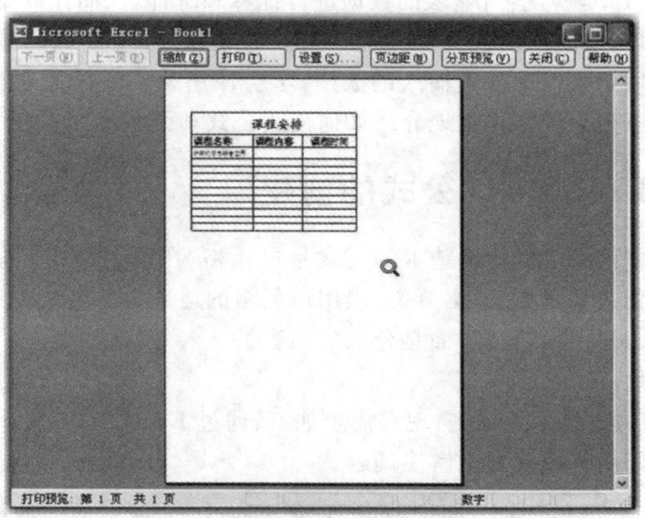

图 4-17　打印预览界面

在预览中，用户可以查看所有页面打印出来的效果，可以在当前窗口调整页边距、页面内容等。检查无误后单击"关闭"按钮即可。

4.7.2　打印工作表

在所有准备工作都已完毕后，就可以打印工作表了。选择"文件"→"打印"命令，弹出如图 4-18 所示的"打印内容"对话框。

图 4-18　"打印内容"对话框

在“打印内容”对话框中，可以选择打印机名称、打印工作表的范围、打印的内容以及打印的份数等。用户根据自己的需要进行具体的设置，设置完毕后，单击“确定”按钮，即可。

4.8　Excel 公式与函数

在 Excel 2003 中经常会对输入的数据进行计算和统计，从而让数据更加清晰和直观。如果采用人工处理，既耽误时间又难免会出现一些错误。Excel 2003 提供了方便的公式和函数的功能供用户快捷地处理输入的数据，学会使用公式和函数对我们编辑工作簿是非常有帮助的。下面为大家详细地介绍如何使用公式和函数。

4.8.1　Excel 2003 公式的创建

Excel 2003 中存储数据的最基本的元素是单元格，在单元格中不仅可以存放数值还可以存放公式。公式就是数值、运算符、引用单元格的地址等所组成的集合。公式是填写在编辑栏中，开头是“＝”，“＝”后面是公式的内容。

1. 公式的创建

图 4-19 所示的是学生成绩表，现有需求如下：通过 Excel 2003 的计算，算出每位学生的总分。这里我们用创建公式来解决问题。

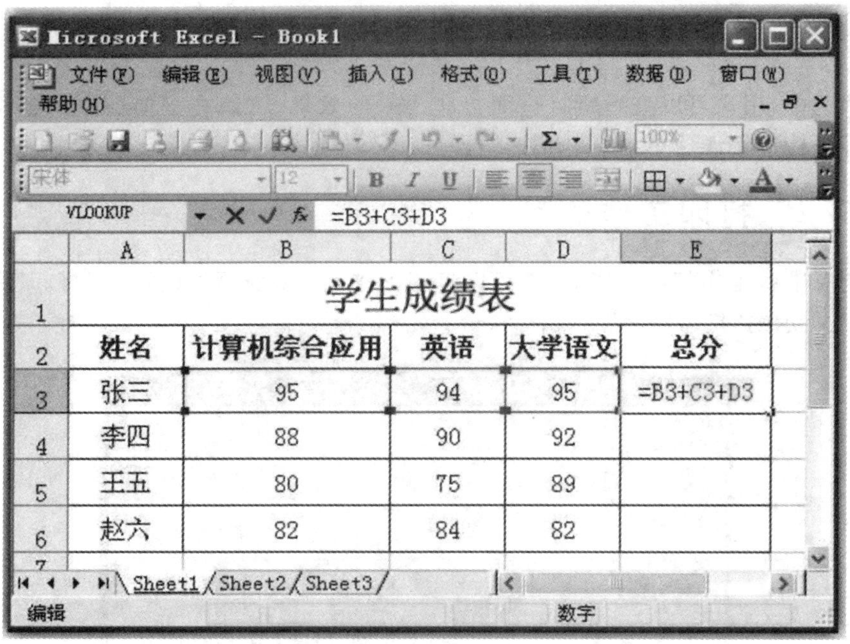

学生成绩表

姓名	计算机综合应用	英语	大学语文	总分
张三	95	94	95	=B3+C3+D3
李四	88	90	92	
王五	80	75	89	
赵六	82	84	82	

图 4-19　学生成绩表

根据图 4-19 所示的内容，我们需要选中 E3 单元格，在编辑栏或在单元格内输入公式“＝B3＋C3＋D3”，按回车键即可。此时，单元格中将显示出计算的结果。

2.运算符与优先级

在输入公式计算的时候需要使用运算符，Excel 2003 提供了四种运算符供用户选用。

1)算术运算符

常用的算术运算符包括＋(加)、－(减)、*(乘)、/(除)，以及^(乘方)、%(百分比)等。

优先级：百分比＞乘方＞除和乘＞加和减。

2)比较运算符

在 Excel 2003 中比较运算符包括＞(大于)、＜(小于)、＝(等于)、＞＝(大于等于)、＜＝(小于等于)、＞＜(不等于)。获得的值只有两种：True(真)、False(假)。

3)字符运算符

字符运算符在 Excel 2003 中作为一种特殊的运算符，起到的作用就是连接文本字符。字符运算符也就是将多个单元格中的字符连接在一起组成一个新的文本字符。基本符号为“&”(连接符)。如果在 A1 单元格内是“弘博”，在 A2 单元格内是“教育”，在 A3 单元格中输入“＝A1&A2”，那么得到的结果就是“弘博教育”。

4)引用运算符

引用运算符也是 Excel 2003 中特有的一种运算符，包括冒号(:)、逗号(,)、空格、负号。

冒号代表的是从起始单元格到结束单元格的单元格区域。逗号代表的是同时引用。空格代表的是重叠引用。

优先级：冒号＞逗号＞空格＞负号。

5)运算符的优先级

在一个公式中会出现多个和多种运算符，它们之间有优先级运算的关系。引用运算符的优先级最高。具体关系如下。

引用运算符＞算术运算符＞字符运算符＞比较运算符。

在公式运算的时候是优先运算括号内的内容，大家在编辑公式的时候需要注意。

4.8.2　Excel 2003 公式的编辑

用户可以在 Excel 2003 中编辑公式，公式创建完毕后，可以根据自己的需要对公式进行相应的修改与移动。

1.公式的移动与复制

上面我们提到的公式就是由数值、运算符、引用单元格的地址等所组成的集合，在单元格内也可以进行拖曳达到自动填充的效果，还可以进行复制。公式到达新的单元格后会按照当前的位置进行计算。

1)公式的移动

为了方便用户的使用，Excel 2003 提供了公式移动的功能，提高了用户的工作效率。

定位到需要设置的单元格，把鼠标指针移动到单元格的右下角，当鼠标指针变为填充柄(黑色的“十”字形)时，按下鼠标左键不放进行拖曳，到达目标单元格时，松开鼠标按键即可。

2)公式的复制

单击需要复制公式的单元格，按快捷键 Ctrl+C 或在工具栏上单击“复制”按钮。

公式复制完毕后，移动到需要粘贴的位置，右击，在弹出的快捷菜单中选择“选择性粘贴”命令，弹出如图 4-20“选择性粘贴”对话框。

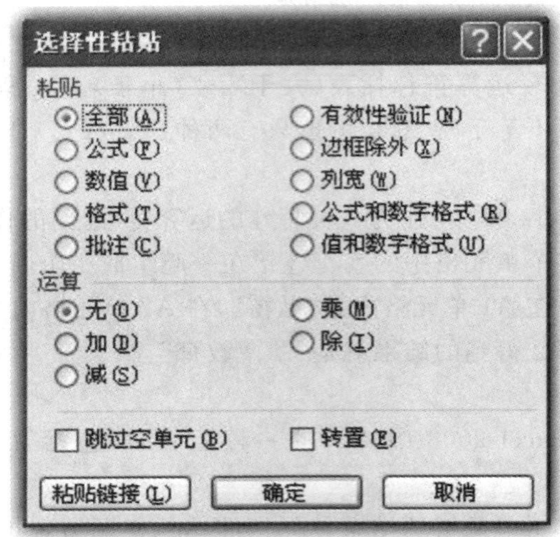

图 4-20 “选择性粘贴”对话框

在“选择性粘贴”对话框中选择“公式”单选项，单击“确定”按钮即可。

2. 公式的修改

用户在创建公式的时候，难免会出现错误，这时就需要对公式进行修改。双击需要修改公式的单元格，这时在单元格和编辑栏里出现公式，在当前的单元格或编辑栏中可以直接对公式进行修改，修改完毕后，按回车键即可退出公式的编辑状态。

4.8.3 Excel 2003 公式的引用

Excel 2003 中的公式是为了方便用户对多个单元格进行计算，在计算的过程中肯定要对单元格进行引用，引用的范围很广，可以是单元格，也可以是单元格区域，还可以是不同工作表中的单元格，甚至可以是不同工作簿中某一工作表内的单元格。所引用的是单元格的地址，而不是单元格内的值，当单元格内的值发生改变时，引用得到的值也会随之发生改变。

1. 引用的类型

在 Excel 2003 中为了满足不同用户的需求，系统提供了三种引用类型，即相对引用、绝对引用、混合引用，在使用时三种引用得到的效果是不一样的。

1)相对引用

这里提到的相对引用是指直接引用对应的单元格或单元格区域，建立相对引用后系统会记录当前单元格与被引用单元格的位置之间的关系，在移动或粘贴公式后，系统会根据这个关系重新定义公式，使新的单元格与被引用单元格之间保持这种位置关系，总之公式会随着单元格的变化而变化。

例如，我们要求出图 4-19 所示的成绩表中“张三”的总分，就需要在 E3 单元格输入“＝B3＋C3＋D3”。

其他学生的成绩我们就不需要再去编辑公式了，只需将 E3 单元格的公式复制到下面的单元格当中，因为这里是相对引用，所以公式中单元格的公式会相应发生变化，如图 4-21所示。

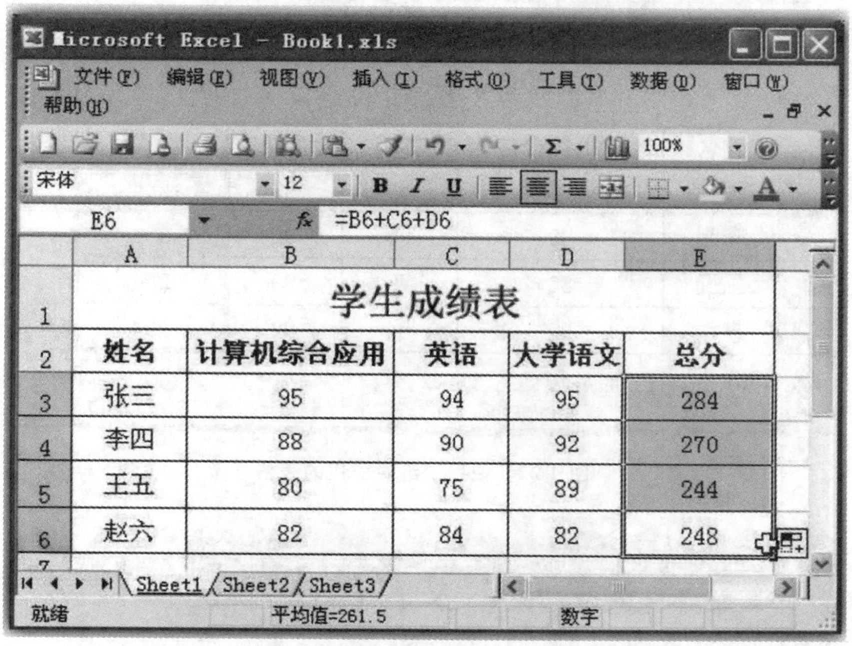

学生成绩表				
姓名	计算机综合应用	英语	大学语文	总分
张三	95	94	95	284
李四	88	90	92	270
王五	80	75	89	244
赵六	82	84	82	248

图 4-21 使用了相对引用的表格

2)绝对引用

绝对引用是指在公式中被引用的单元格的地址是固定的，无论公式移动到哪个单元格，引用不变。绝对引用的符号是“＄”，将“＄”放置到想要锁定的行或列的前面。例如，在图 4-21 所示的成绩表中，我们在 E3 单元格中填写这样的公式“＝＄B＄3＋＄C＄3＋＄D＄3”，再将公式复制到下方单元格，得到的结果是一样的，公式不会发生变化，如图 4-22 所示。

3)混合引用

上面提到的绝对引用就是将被引用单元格的行与列都用“＄”符号进行锁定，而混合引用就是只锁定行或只锁定列，这样公式在使用的时候更加方便和多样。

2. 同一工作簿中单元格的引用

Excel 2003 提供了跨工作表引用单元格的功能。在同一工作簿内，不同表格之间是被允许引用相应单元格的。方法很简单，在引用单元格的位置输入公式：“＝被引用表名！被引用单元格地址”。

例如，在图 4-21 所示的成绩表中，Sheet1 是学生成绩表，那么在 Sheet2 中我们要引用 Sheet1 中单元格 E3 的值，这时双击要插入公式的单元格，输入“＝Sheet1！E3”，按回车键即可，效果如图 4-23 所示。

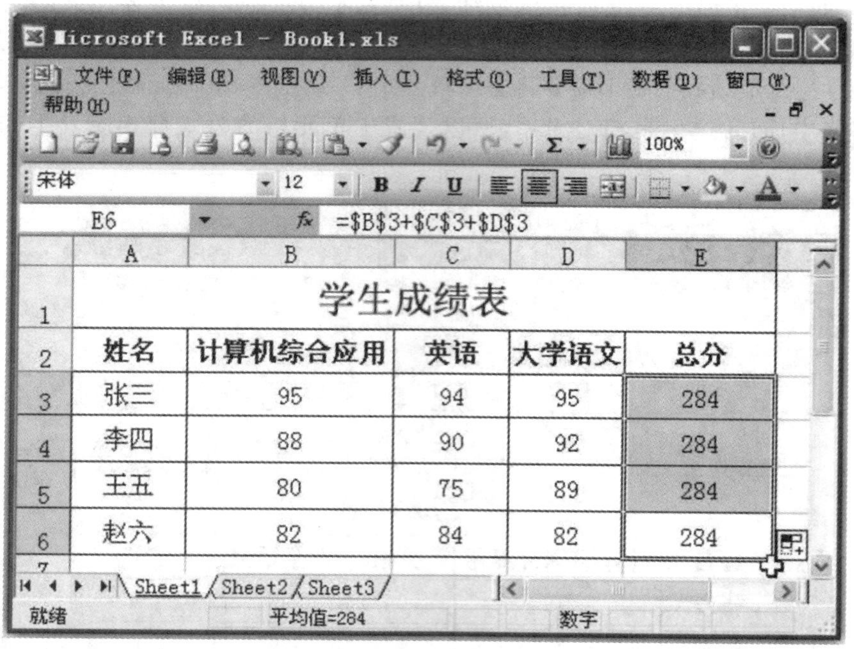

图 4-22　使用了绝对引用的表格

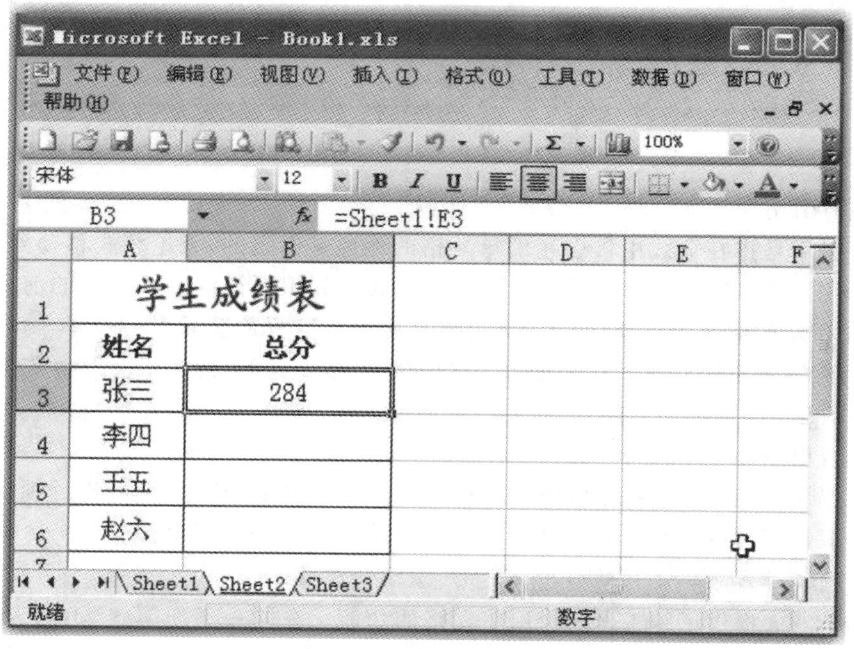

图 4-23　同一工作簿内单元格跨工作表引用

3. 不同工作簿中单元格的引用

用户在编辑表格的时候，有时会需要引用其他工作簿中某张表的数据，这就需要进行不同工作簿之间的引用。

和同工作簿跨工作表引用类似，也是使用公式来完成，具体公式如下：

=【被引用的工作簿名称】被引用表名！被引用单元格地址

4.8.4　Excel 2003 函数的引用

函数是 Excel 2003 提供的预编译好的一组特殊的公式。一般函数的格式是“函数名(参数 1，参数 2，…，参数 *N*)”，选择相关的函数，例如求和函数(SUM())、计数函数(COUNT())等。使用系统给出的函数可以方便我们的工作，提高工作效率。

1. 函数的分类

就函数功能来分类，Excel 2003 提供的函数分为以下几种：数据库函数、日期和时间函数、数学和三角函数、文本函数、逻辑函数、统计函数、工程函数、信息函数、财务函数。

2. 函数的创建

将光标定位到需要插入函数的单元格内，选择“插入”→“函数”命令，或在编辑栏上单击插入函数按钮，弹出如图 4-24 所示“插入函数”对话框。

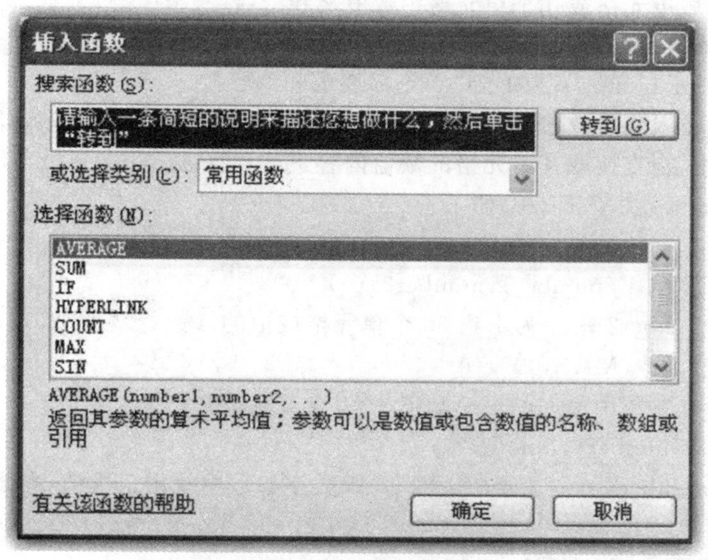

图 4-24　“插入函数”对话框

在“插入函数”对话框的“搜索函数”下方的文本框中可以填写所需要的函数的说明来检索函数，也可以在“或选择类别”下拉列表框中选择所需要的函数的类别，再选择函数，当选中某一函数时，下方会出现函数的格式和解释。例如选择 AVERAGE 函数，这个函数的作用是求平均值，参数列表中的 number1、number2，指的是需要填写的单元格地址。选中函数，单击“确定”按钮，弹出如图 4-25 所示的“函数参数”对话框。

在“函数参数”对话框中填写需要计算的单元格地址或单元格区域地址，填写完毕后单击“确定”按钮即可。

3. 常用的几种函数

Excel 2003 提供了大量的内置函数，合理使用这些内置函数可以帮助我们更快捷和有效地进行工作。下面简单介绍一些常用的函数。

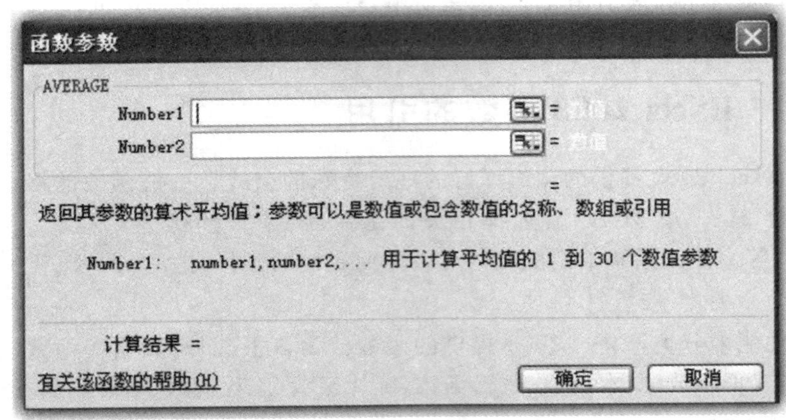

图 4-25 “函数参数”对话框

1)求和函数(SUM())

功能:求区域单元格或几个单元格中数值之和。

语法:SUM(number1,number2,…)

number1、number2……为 1 到 30 个需要求和的参数。

说明:直接键入到参数表中的数字、逻辑值及数字的文本表达式将被计算。参数可以是单元格的引用,会直接取其单元格的数值内容进行计算。

2)求平均值函数(AVERAGE())

功能:求所有参数的平均值。

语法:AVERAGE(number1,number2,…)

number1、number2…… 为 1 到 30 个单元格或值的参数,参数可以为单元格地址。

3)求最大值函数(MAX())

功能:求所有参数中最大的一个数值。

语法:MAX(number1,number2,…)

number1、number2……是要从 1 到 30 个数字参数中找出最大值,参数可以为单元格地址。

4)求最小值函数(MIN())

功能:求所有参数中最小的一个数值。

语法:MIN(number1,number2,…)

number1、number2……是要从 1 到 30 个数字参数中找出最小值,参数可以为单元格地址。

5)逻辑函数(IF())

功能:进行逻辑判断。

语法:IF(logical_test,value_if_true,value_if_false)

logical_test 逻辑表达式,value_if_true 逻辑判断为真的结果,value_if_false 逻辑判断为假的结果。

例如 IF(A2>=60,“及格”,“不及格”),如果单元格 A2 中值大于等于 60,条件成立,结果显示为“及格”,如果不成立则显示为“不及格”。

4.9　Excel 数据管理

数据的管理是 Excel 2003 中重要的功能之一，它也提供了很多管理数据的有效工具，例如数据的排序、数据的筛选、数据的分类汇总等。熟练地掌握这种工具对我们处理和管理数据是非常有帮助的。

4.9.1　数据的排序

有时我们需要对数据按照一定的顺序进行排列，便于用户更直观地了解数据，这就是数据的排序。数据的排序是需要一个标准的，以某一个标准为准则，可以进行升序排列或降序排列。升序是从小到大排列，降序是从大到小排列。

在 Excel 2003 中进行数据排序的步骤是：选定要进行排序的数据区域，设定排序标准，选择排序方式，最后进行排序。

在这里以图 4-26 所示的“学生成绩表”为例。

首先选中数据区域 A2:E6。选择“数据”→“排序”命令，弹出如图 4-27 所示的“排序”对话框。

学生成绩表

姓名	计算机综合应用	英语	大学语文	总分
张三	95	94	95	284
李四	88	90	92	270
王五	80	75	89	244
赵六	82	84	82	248

图 4-26　学生成绩表

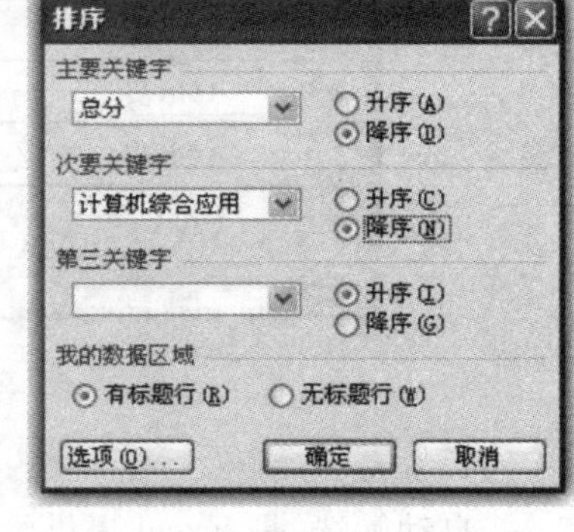

图 4-27　“排序”对话框

在“排序”对话框中可以设置三个关键字，这里的关键字就是排序的标准数据列，根据自己的需求进行选择。首先，我们在“主要关键字”的下拉列表框中选择“总分”，选择“降序”，这时就会按照总分从高到低进行排列。如果出现分数相同的情况如何排序？这就要使用次要关键字，我们选择“计算机综合应用”，也就是说，如果总分相同，再按照“计算机综合应用”的分数来进行排序。设置完毕后，单击“确定”按钮即可。

4.9.2　数据的筛选

Excel 2003 提供了一个特殊的功能就是数据的筛选。筛选就是将表中符合用户需要的数据进行显示，将不符合用户需要的数据进行隐藏。这在用户查找数据的时候是非常方便的。系统给出了两种筛选的方式：自动筛选和高级筛选。

下面以图 4-28 所示的学生成绩综合信息表为例进行讲解。

	A	B	C	D	E
1	班级	姓名	年龄	分数	类型
2	1001班	杨大平	19	49	不及格
3	1001班	郭飞	20	76	及格
4	1003班	郭英雄	18	83	优秀
5	1002班	刑天	18	60	及格
6	1001班	邓晶晶	19	83	优秀
7	1001班	卢威	20	74	及格
8	1002班	阮景天	20	74	及格
9	1003班	马超	19	73	及格
10	1002班	关小敏	18	73	及格
11	1003班	李伟	18	88	优秀
12	1001班	高杰	20	77	及格
13	1003班	马静	18	50	不及格

图 4-28　学生成绩综合信息表

1. 自动筛选

自动筛选，是 Excel 提供给用户的简单和方便的筛选方式。将光标定位到当前工作表的任一单元格，选择“数据”→“筛选”→“自动筛选”命令，在当前工作表的标题栏，每一列标题单元格的右下角都会出现下拉的三角箭头按钮，如图 4-29 所示。

A	B	C	D	E
班级	姓名	年龄	分数	类型

图 4-29　自动筛选按钮

单击每个下拉按钮都会弹出选项框，筛选方式有“全部”“前 10 个”“自定义”，以及当前列中的数据的值。我们筛选成绩类型为优秀的学生，如图 4-30 所示，在类型下拉列表中选择“优秀”。

	A	B	C	D	E
1	班级	姓名	年龄	分数	类型
2	1001班	杨大平	19	49	
3	1001班	郭飞	20	76	
4	1003班	郭英雄	18	83	
5	1002班	刑天	18	60	及格
6	1001班	邓晶晶	19	83	优秀
7	1001班	卢威	20	74	及格
8	1002班	阮景天	20	74	及格
9	1003班	马超	19	73	及格
10	1002班	关小敏	18	73	及格

图 4-30　筛选成绩优秀的学生

选择“优秀”后，我们可以在图 4-31 所示界面中看到，优秀的学生的信息显示出来，不符合要求的学生的信息被隐藏。

	A	B	C	D	E
1	班级	姓名	年龄	分数	类型
4	1003班	郭英雄	18	83	优秀
6	1001班	邓晶晶	19	83	优秀
11	1003班	李伟	18	88	优秀
14					

图 4-31　自动筛选的结果

2. 高级筛选

利用自动筛选可以帮助用户解决很多问题，但是有的时候我们需要进行复杂的筛选，自动筛选就满足不了用户的需求了，这就需要使用高级筛选。高级筛选就是在非筛选区的单元格内写入筛选的条件，再根据这些条件对数据进行筛选。

例如，我们要在图 4-32 所示的数据表中筛选出成绩高于 80 分、年龄小于 19 岁的学生的信息。首先，在空白单元格填写筛选的条件，如图 4-32 所示。

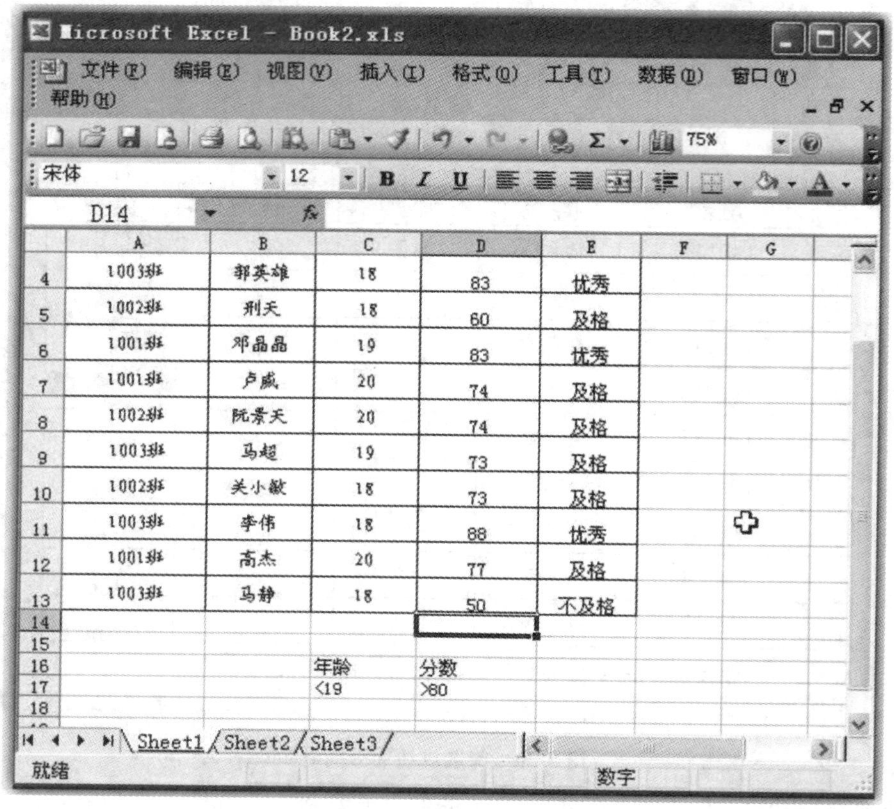

	A	B	C	D	E	F	G
4	1003班	郭英雄	18	83	优秀		
5	1002班	刑天	18	60	及格		
6	1001班	邓晶晶	19	83	优秀		
7	1001班	卢威	20	74	及格		
8	1002班	阮景天	20	74	及格		
9	1003班	马超	19	73	及格		
10	1002班	关小敏	18	73	及格		
11	1003班	李伟	18	88	优秀		
12	1001班	高杰	20	77	及格		
13	1003班	马静	18	50	不及格		
14							
15							
16			年龄	分数			
17			<19	>80			
18							

图 4-32 设置筛选条件

设置完筛选条件后，选择“数据”→“筛选”→“高级筛选”命令，弹出如图 4-33 所示的“高级筛选”对话框。

在“高级筛选”对话框中我们可以看到，有两个选项：“在原有区域显示筛选结果”和“将筛选结果复制到其他位置”，在列表区域选择需要筛选的单元格区域，在条件区域中选择刚才填写的筛选条件。设置完毕后，单击“确定”按钮即可。筛选结果如图 4-34 所示。

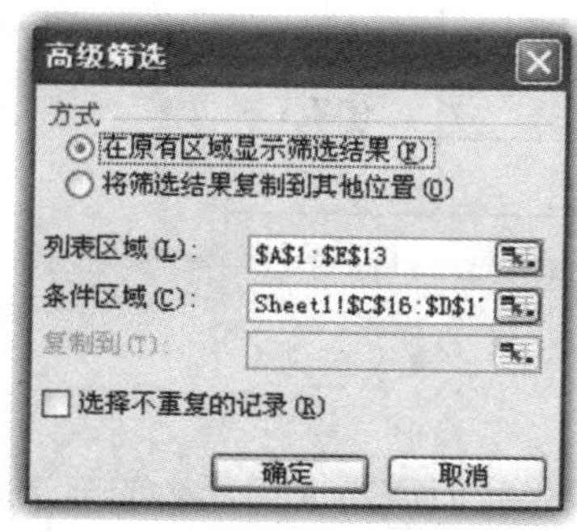

图 4-33 “高级筛选”对话框

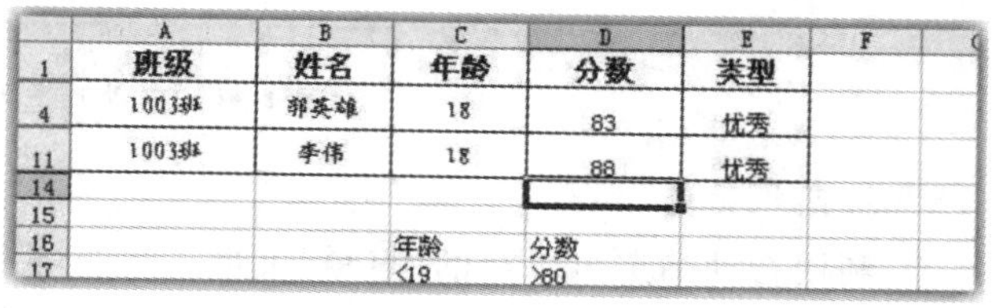

	A	B	C	D	E	F
1	班级	姓名	年龄	分数	类型	
4	1003班	郭英雄	18	83	优秀	
11	1003班	李伟	18	88	优秀	
14						
15						
16			年龄	分数		
17			<19	>80		

图 4-34 高级筛选结果

4.9.3　数据的分类汇总

分类汇总是对表中的数据进行摘要分类，让用户对表中的信息更加理解。分类汇总是以表中某一单元格中的值作为分类的标准，统计的具体内容可以由用户自己来定义。但是要注意的是，在汇总之前要对需要分类汇总的列进行排序。

1. 创建分类汇总

以图 4-35 所示的成绩汇总表为例，汇总每个班级的总分。首先对表格中的数据进行排序，因为要汇总的是每个班级的成绩，所以就按照“班级”列进行排序。

排序完成后，将要分类汇总的单元格区域选中，选择“数据”→“分类汇总”命令，弹出如图 4-36 所示的“分类汇总”对话框。

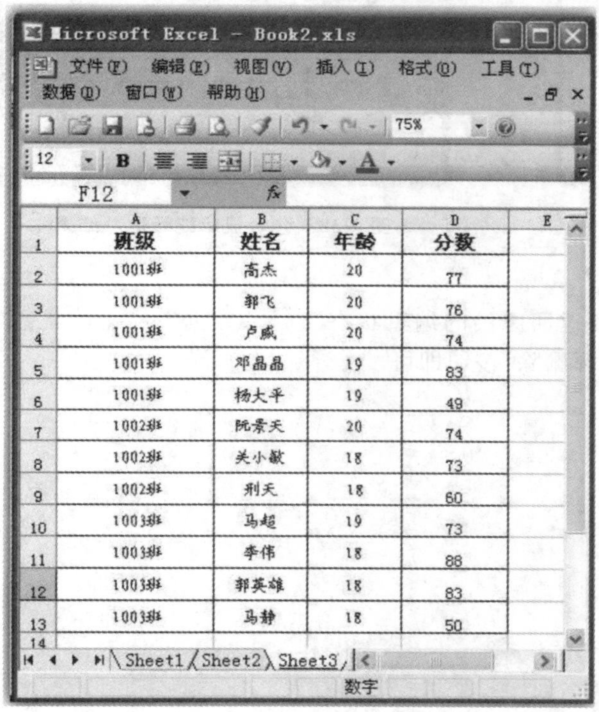

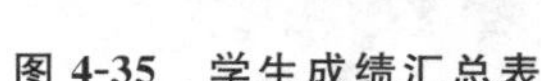

	A	B	C	D
1	班级	姓名	年龄	分数
2	1001班	高杰	20	77
3	1001班	郭飞	20	76
4	1001班	卢威	20	74
5	1001班	邓晶晶	19	83
6	1001班	杨大平	19	49
7	1002班	阮景天	20	74
8	1002班	关小敏	18	73
9	1002班	刑天	18	60
10	1003班	马超	19	73
11	1003班	李伟	18	88
12	1003班	郭英雄	18	83
13	1003班	马静	18	50

图 4-35　学生成绩汇总表

图 4-36　“分类汇总”对话框

在“分类汇总”对话框的“分类字段”下拉列表中选择需要分类汇总的标准字段“班级”。在“汇总方式”下拉列表中可以选择求和、计数、平均值、最大值、最小值、乘积等，在这里我们选择“求和”。

在“选定汇总项”选项区域中可以选择对哪几列进行汇总，这里我们选择“分数”列进行汇总。设定完毕后，单击“确定”按钮即可得到如图 4-37 所示的效果。

2. 分级显示

在图 4-37 中我们可以很清楚地看到每个班级的总分，在工作表的左侧区域多了一个部分，上面是展开按钮(＋)和折叠按钮(－)，用户单击这些按钮就可以分级显示汇总的结果，如图 4-38 所示。

班级	姓名	年龄	分数
1001班	高杰	20	77
1001班	郭飞	20	76
1001班	卢威	20	74
1001班	邓晶晶	19	83
1001班	杨大平	19	49
1001班 汇总			359
1002班	阮景天	20	74
1002班	关小敏	18	73
1002班	刑天	18	60
1002班 汇总			207
1003班	马超	19	73
1003班	李伟	18	88
1003班	郭英雄	18	83
1003班	马静	18	50
1003班 汇总			294
总计			860

图 4-37　分类汇总结果

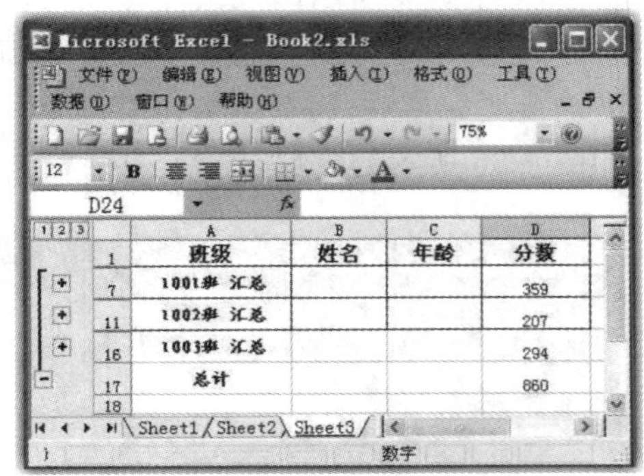

图 4-38　分级显示统计汇总结果

3. 分类汇总的删除

用户使用完分类汇总的功能后需要返回原始的编辑状态，选择“数据”→“分类汇总”命令，弹出“分类汇总”对话框，单击“全部删除”按钮即可。

第5章

演示文稿软件 PowerPoint

幻灯片制作软件 PowerPoint 2003 是 Office 2003 办公软件系列中的一员。PowerPoint 2003 简称 PPT，是用于制作产品的广告宣传、演讲等演示文稿的电子幻灯片，所制作的电子幻灯片可以通过计算机、投影仪来进行播放。PowerPoint 2003 是目前开会、产品介绍、电子教学等场合常用到的工具软件。

5.1 启动与退出 PowerPoint

PowerPoint 2003 的启动和退出的方式与 Word 2003、Excel 2003 的启动和退出的方式大体是一样的。

5.1.1 启动 PowerPoint 2003

常见的启动 PowerPoint 2003 的方法有如下三种。

1. 常规方式

选择“开始”→“所有程序”→“Microsoft Office 2003”→“Microsoft Office PowerPoint 2003”命令，启动 PowerPoint 2003，如图 5-1 所示。

2. 快捷方式

启动 PowerPoint 2003 的快捷方式有如下两种。

1)桌面快捷方式

用户可以在桌面上创建快捷方式，从而使操作更加方便。右击“Microsoft Office 2003”级联菜单中的“Microsoft Office PowerPoint 2003”，并选择“发送到”→“桌面快捷方式”命令，可以在桌面创建该组件的快捷方式，如图 5-2 所示。

双击桌面上的 PowerPoint 2003 应用程序图标即可打开 PowerPoint 2003。

2)程序文件

在“资源管理器”中找到 Microsoft Office 的安装目录，在文件夹中找到 PowerPoint 2003 图标文件，双击打开程序。

3. 命令行方式

利用 Windows 快速命令启动 PowerPoint 2003 程序。选择“开始”→“运行”命令，在弹出的“运行”对话框中输入“powerpnt”，单击“确定”按钮，启动程序，如图 5-3 所示。

5.1.2 退出 PowerPoint 2003

退出 PowerPoint 2003 的方式也有多种。

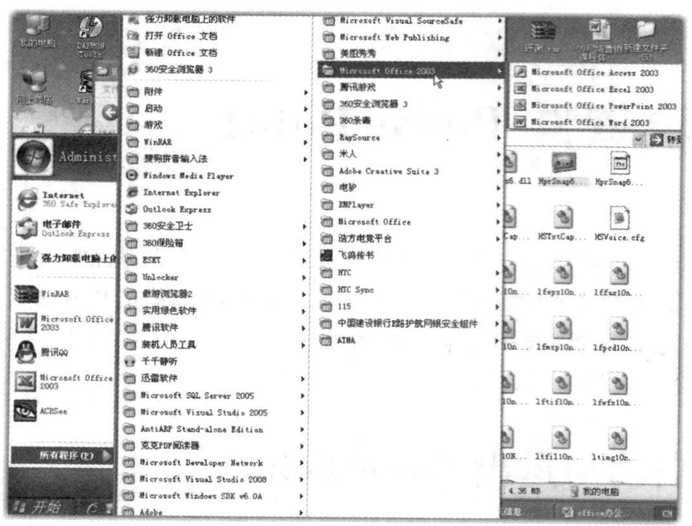

图 5-1　常规方式启动 PowerPoint 2003

图 5-2　PowerPoint 2003 桌面快捷方式

图 5-3　运行命令启动 PowerPoint 2003

(1)单击 PowerPoint 2003 窗口右上角的“关闭”按钮，关闭 PowerPoint 2003。

(2)双击 PowerPoint 2003 窗口左上角的控制图标，关闭 PowerPoint 2003。

(3)按快捷键 Alt+F4，关闭 PowerPoint 2003。

(4)选择“文件”→“关闭”命令，关闭 PowerPoint 2003。

5.2　建立演示文稿

PowerPoint 2003 所创建的电子幻灯片被称为演示文稿，是由一组幻灯片所组成的。幻灯片是一张人为制作的包含各种多媒体元素的电子图片，可以包含图片、文字、声音、影像、动画等。

5.2.1　创建演示文稿

启动 PowerPoint 2003 后系统会自动创建一个空白的演示文稿。用户可以根据自己的需要创建演示文稿。在“开始工作”面板中单击“打开”中的“新建演示文稿”，则“开始工作”面板变为“新建演示文稿”面板，如图 5-4 所示。

在“新建演示文稿”面板中有多种创建演示文稿的方式：空演示文稿、根据设计模板、根据内容提示向导、根据现有演示文稿、相册。用户根据自己的实际需求进行选择。

1. 空演示文稿

选择“空演示文稿”选项，面板切换为如图 5-5 所示的“幻灯片版式”面板，用户可以在“文字版式”和“内容版式”中选择。每种版式有三种选择方式，在版式图标的右侧有下拉菜单，其中包含“应用于幻灯片”“重新应用样式”“插入新幻灯片”等三种方式。用户可以根据自己的需要灵活设置每一张幻灯片的文字和内容版式。

2. 根据设计模板

PowerPoint 2003 提供了丰富的设计合理的幻灯片模板供用户选用，有些模板中还包含丰富的动画元素，这对于新接触 PowerPoint 2003 的用户来说非常方便。

在“新建演示文稿”面板中选择“根据设计模板”选项，面板切换为如图 5-6 所示的“幻灯片设计”面板。

在“幻灯片设计”面板中给出了常用的几种设计模板，供用户选用。要注意的是，用户可以设置当前选择的模板应用于“所有幻灯片”还是“当前页面”。

3. 根据内容提示向导

在“新建演示文稿”面板中选择“根据内容提示向导”，弹出如图 5-7 所示的“内容提示向导”对话框。

在“内容提示向导”对话框的左侧显示的是内容提示的步骤，供用户了解，单击“下一步”按钮，弹出如图 5-8 所示的对话框。

在弹出的对话框中，用户可以选择所要使用的演示文稿的类型，单击“常规”按钮，选择“培训”，单击“下一步”按钮，弹出如图 5-9 所示的对话框。

在图 5-9 所示的对话框中选择“屏幕演示文稿”单选项，其他的选项是根据所制作的演示文稿播放的工具来进行选择的。单击“下一步”按钮，弹出如图 5-10 所示的对话框。

在图 5-10 所示的对话框中填写演示文稿的标题、页脚。单击“完成”按钮，即可生成根据内容提示向导所创建的演示文稿，如图 5-11 所示。

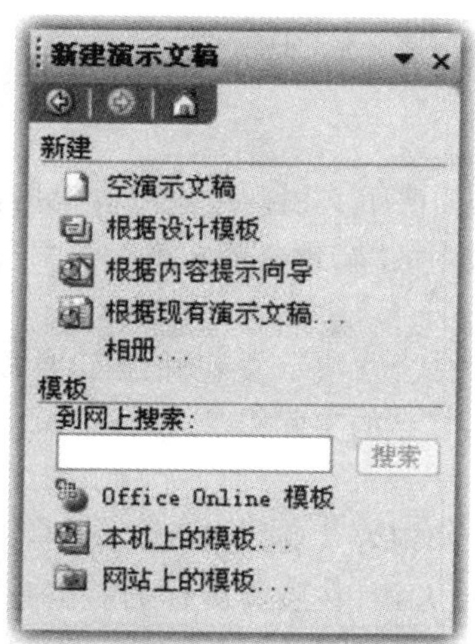

图 5-4 “新建演示文稿”面板

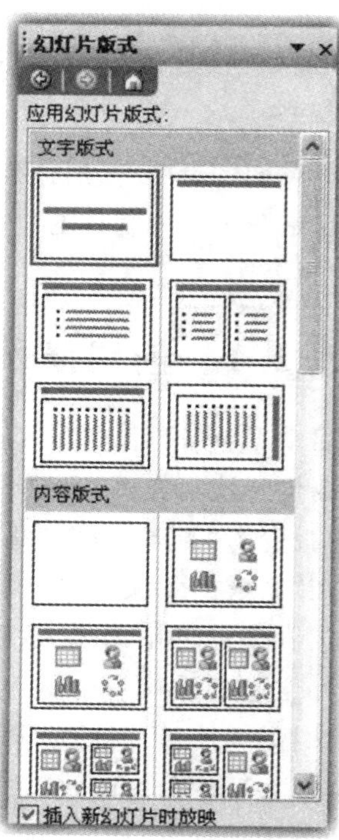

图 5-5 “幻灯片版式”面板

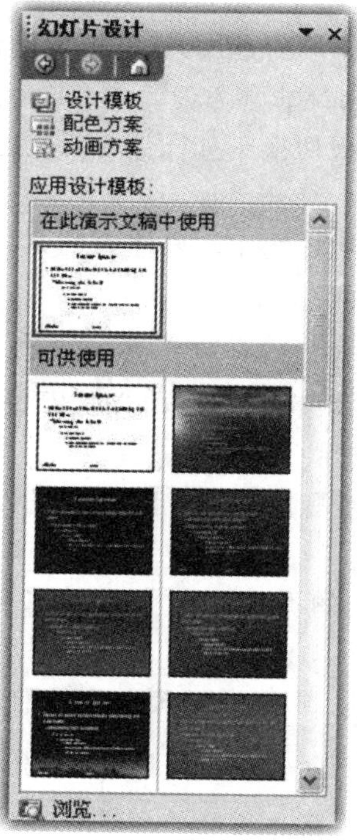

图 5-6 “幻灯片设计”面板

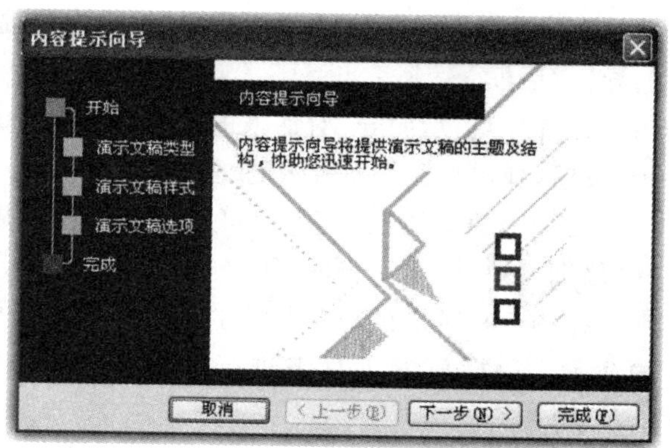

图 5-7 “内容提示向导”对话框

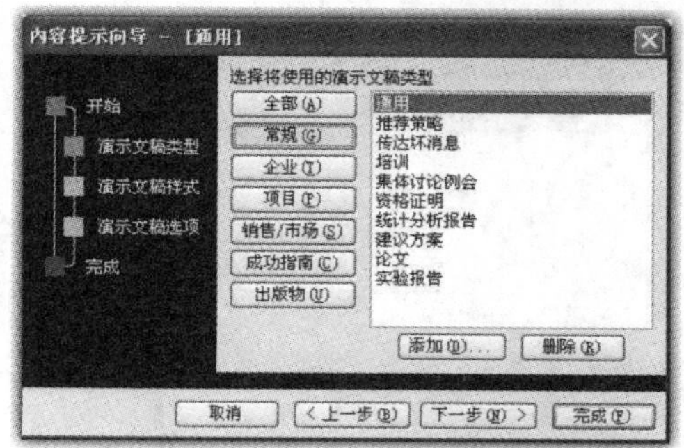

图 5-8　“内容提示向导-[通用]”对话框

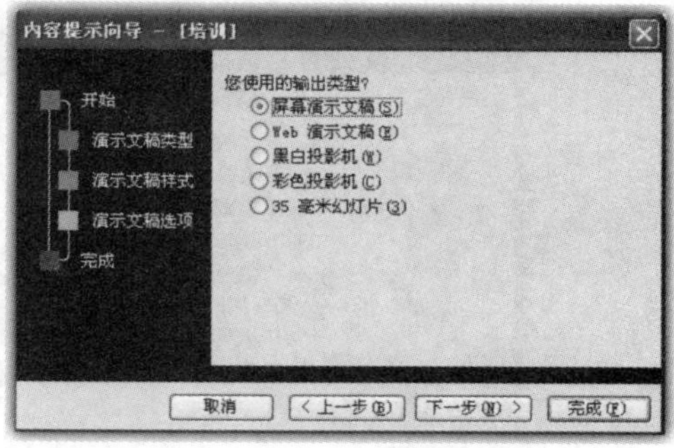

图 5-9　“内容提示向导-[培训]”对话框（选择输出类型）

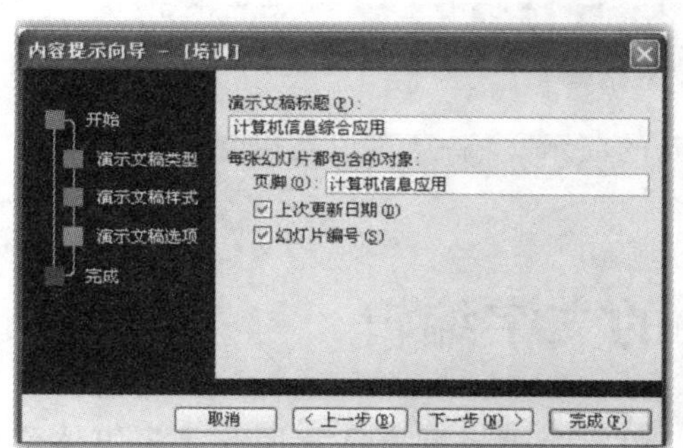

图 5-10　“内容提示向导-[培训]”对话框（填写标题和页脚）

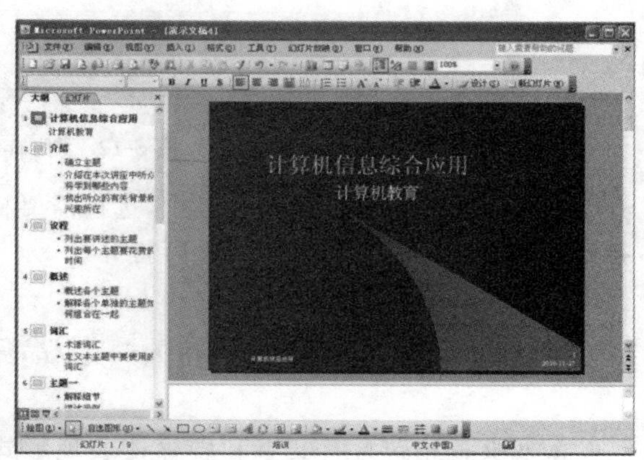

图 5-11　根据内容提示向导所创建的演示文稿

5.2.2　保存演示文稿

PowerPoint 2003 演示文稿的保存一样分为新演示文稿的保存和保存过的演示文稿的覆盖保存。

选择“文件”→“保存”命令，或在工具栏上单击“保存”按钮，或使用快捷键 Ctrl+S，保存演示文稿。如果是未保存过的新演示文稿，会弹出如图 5-12 所示的“另存为”对话框。如果是已保存过的演示文稿，就会在原文件上进行覆盖保存。

在“另存为”对话框中的磁盘驱动器列表中选择需要将演示文稿保存的盘符和文件夹，在“文件名”后的文本框中输入需要保存的演示文稿的文件名。默认状态下，PowerPoint 2003 将演示文稿的类型设置为. ppt 类型的文件，如需更改，单击“保存类型”后的下拉按钮进行选择。设置完毕后，单击“保存”按钮即可完成保存工作。

5.2.3　打开演示文稿

打开演示文稿的方式也有多种，可以通过在 PowerPoint 2003 窗口选择“文件”→“打

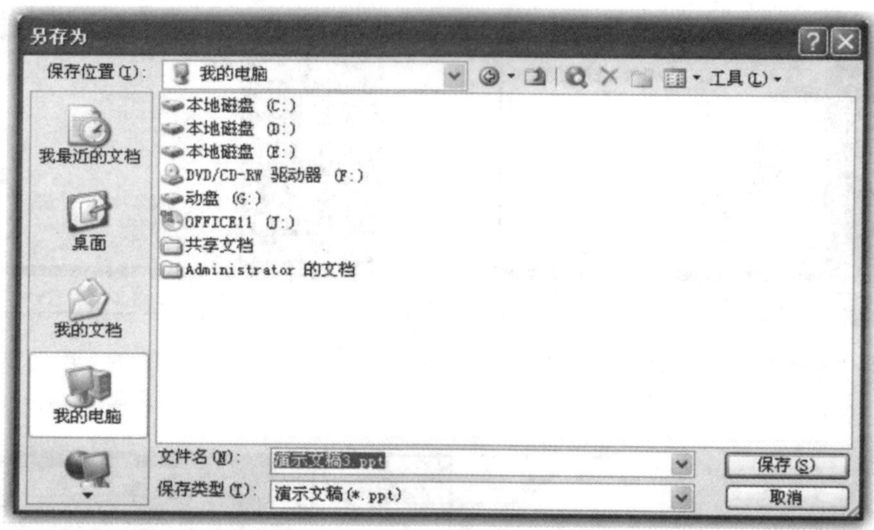

图 5-12 “另存为”对话框

开”命令，在弹出的“打开”对话框中，选择需要打开的演示文稿；还可以在磁盘上找到需要打开的演示文稿的文档，双击，即可打开。

5.3 演示文稿中的文字编辑

演示文稿中包含有文字和多媒体表现形式。只有合理搭配文字和图片等多媒体元素，才能够使演示文稿更加有说服力，更加生动。

5.3.1 在文本框中输入文字

在演示文稿中有很多占位符，双击这些占位符就会弹出一个文本框，在其中输入文本即可。在占位符以外的位置输入文字，就需要创建文本框，然后在其中输入文字。可以说，演示幻灯片中的文字都是存在于文本框中的。

可以在绘图栏单击“文本框”按钮，或选择“插入”→“文本框”命令，在幻灯片上绘制文本框，绘制好后就可以在其中输入文字了。

5.3.2 设置文本格式

PowerPoint 2003 提供了比较完整的文字处理功能，可以设置演示文稿中文字的格式。刚输入的文字是以 PowerPoint 2003 给定的默认格式的字体出现的，用户可以根据自己的需要对其进行格式化操作。

1. 设置字体

选中要进行格式化的字体段落，选择“格式”→“字体”命令，弹出如图 5-13 所示的“字体”对话框。

在“字体”对话框中，可以设置中文字体、西文字体、字形、字号等。用户可以根据自己

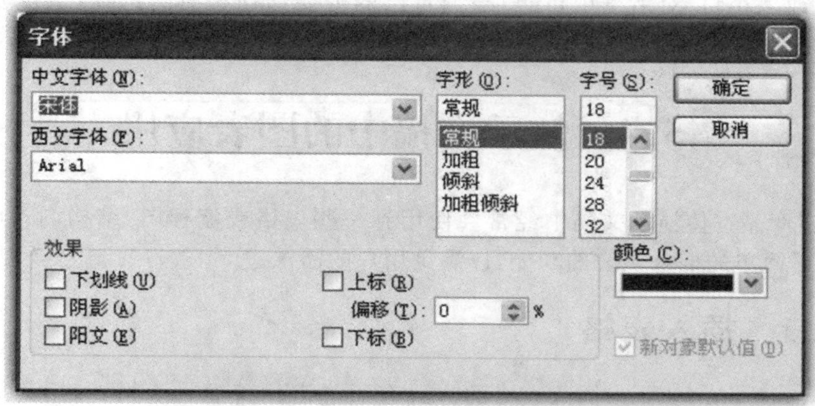

图 5-13　“字体”对话框

的需求进行选择,设置完毕后,单击“确定”按钮即可。

2. 设置字体对齐方式

在一段文字中会出现文字的对齐方式不一致的情况,这时要设置文字对齐方式,使其更加美观。选择“格式”→“字体对齐方式”命令,如图 5-14 所示,在其中选择需要的对齐方式。

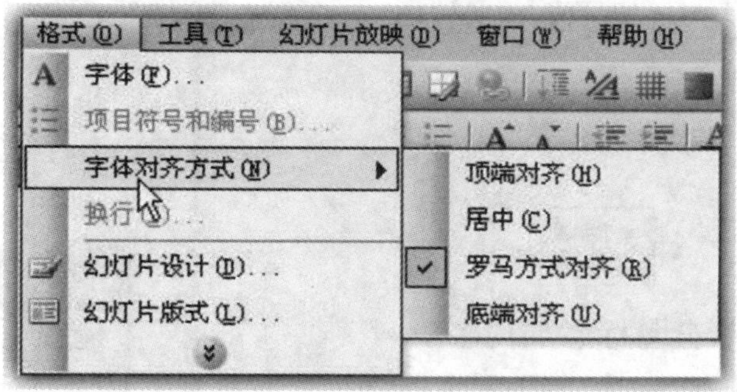

图 5-14　设置字体对齐方式

3. 设置更改字母大小写

在 PowerPoint 2003 可以更改文本中的英文字母的大小写状态。选定要修改的文本,选择“格式”→“更改大小写”命令,弹出如图 5-15 所示的“更改大小写”对话框。

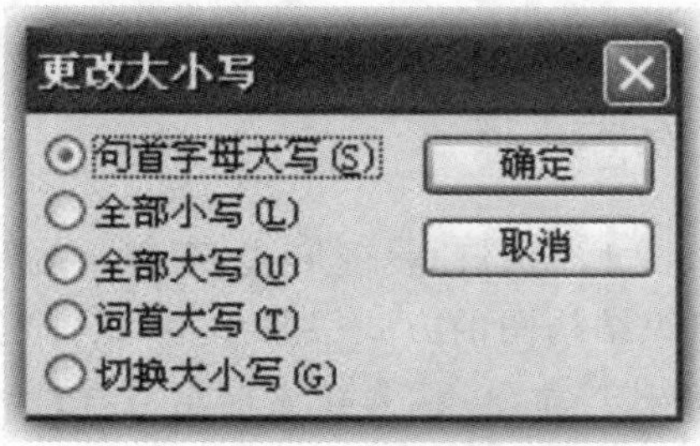

图 5-15　“更改大小写”对话框

在“更改大小写”对话框中，用户根据自己的需要选择相应的选项，选择完毕后单击“确定”按钮即可。

5.4 演示文稿中的图表应用

在许多产品宣传演示文稿中经常会使用到一些表格或流程图、结构图。PowerPoint 2003 提供了简单的插入图表的功能，以满足用户的需求。

5.4.1 插入表格

在 PowerPoint 2003 中插入表格的方式有通过占位符插入表格、利用菜单栏命令或工具栏按钮插入表格。这里主要讲解通过占位符插入表格。

创建一个空白演示文稿，窗口左边出现“幻灯片版式”面板，或在当前幻灯片空白处右击，选择“幻灯片版式”选项。

在“幻灯片版式”面板中，单击一款带有占位符的样式，会出现如图 5-16 所示的效果。

单击占位符中的表格，弹出如图 5-17 所示的“插入表格”对话框。

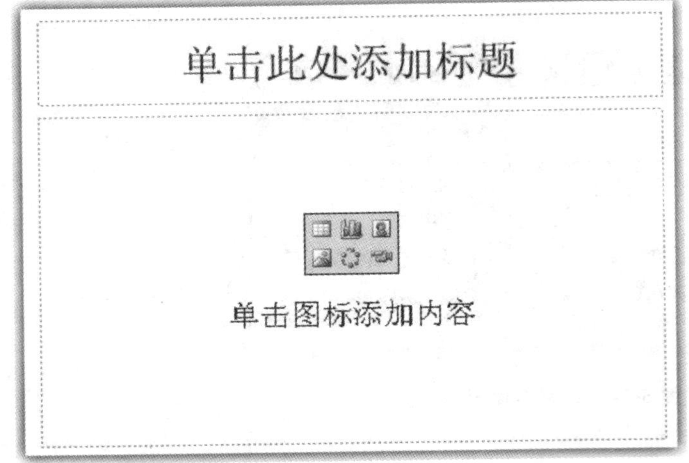

图 5-16 带占位符的样式

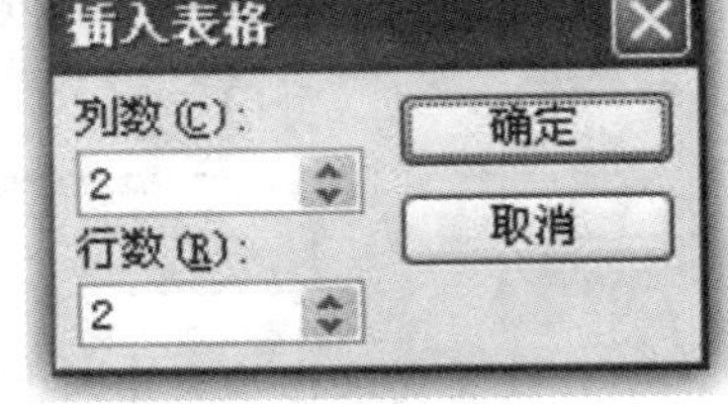

图 5-17 “插入表格”对话框

在“插入表格”对话框中，设置所需要表格的行数和列数，设置完毕后单击“确定”按钮即可。

5.4.2 组织结构图

组织结构图是反映层次结构的一种表现形式，可以清晰地显示组织的结构层次。在 PowerPoint 2003 中插入组织结构图的方式很简单，将鼠标定位于幻灯片空白区域，选择“插入”→“图片”→“组织结构图”命令，就会在当前幻灯片插入设置好的一种组织结构图及“组织结构图”悬浮工具条，如图 5-18 所示。

用户可以根据自己的需要添加文字、设置组织结构图的样式等。

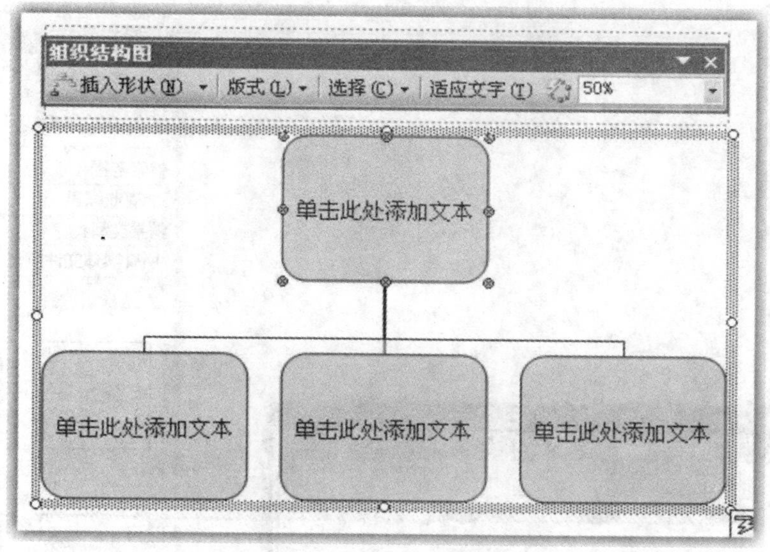

图 5-18　组织结构图

5.5　多媒体剪辑的应用

演示文档是文字和多媒体元素的有机结合。在一个演示文稿中，出色的色彩搭配、美丽的图片和恰当的声音与影像是吸引人们目光的重要所在。在本章中会详细地为大家介绍如何在演示文稿中添加多媒体元素及设置演示文稿的播放。

在 PowerPoint 2003 中的多媒体剪辑主要指的是图片、视频和声音。插入的方式很灵活，用户可以根据自己的实际需求进行合理的添加，这样会使制作出来的演示文稿更加美观。

5.5.1　在幻灯片中插入图片

在 PowerPoint 2003 中插入的图片有两种来源：来自文件、剪贴画。

1. 来自文件

将光标定位于要插入图片的位置，选择"插入"→"图片"→"来自文件"命令，弹出如图 5-19 所示的"插入图片"对话框。

在"插入图片"对话框中选择打开的磁盘和文件夹，找到自己需要的图片文件，单击"插入"按钮即可。

2. 剪贴画

剪贴画是 PowerPoint 2003 制作好的图片，用户可以在图库中搜索需要的剪贴画。

将光标定位于要插入剪贴画的位置，选择"插入"→"图片"→"剪贴画"命令，在 PowerPoint 2003 窗口的右侧出现如图 5-20 所示的"剪贴画"面板。

在"剪贴画"面板中可以按照关键字搜索剪贴画，还可以按照系统分好的收藏集查找剪贴画。如果在本地计算机的剪贴画图库中没有找到需要的图片，还可以在 Office 网上

图 5-19 "插入图片"对话框

图 5-20 "剪贴画"面板

剪辑搜索。用户选择所需要的剪贴画，在右侧的下拉菜单中选择"插入"即可。

5.5.2 在幻灯片中插入音频和视频文件

1. 插入音频文件

PowerPoint 2003 的演示文稿提供了在演示时播放声音的功能。在演示文稿中插入的音频文件的格式有.wav、.mid、.rm 和.mp3 等多种格式。PowerPoint 2003 也提供了一些音频文件供用户使用。

选中要插入音频文件的幻灯片，选择"插入"→"影片和声音"→"文件中的声音"命令，弹出如图 5-21 所示的"插入声音"对话框。

在"插入声音"对话框中，选择磁盘中的声音文件，单击"确定"按钮，弹出如图 5-22 所示的提示对话框。

在提示对话框中我们可以设置声音文件是在幻灯片开始放映时就播放，还是在鼠标单击幻灯片时播放。用户根据自己的实际需要选择即可。

2. 插入视频文件

插入视频文件的方式和插入音频文件的方式基本相同。选择"插入"→"影片和声音"→"文件中的影片"命令，弹出如图 5-23 所示的"插入影片"对话框。

在"插入影片"对话框中，根据自己的需要在磁盘内选择相应的影片文件，选中后，单

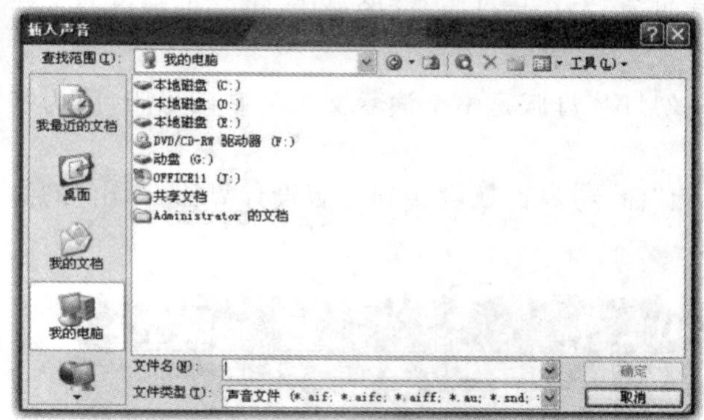

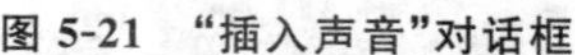

图 5-21　“插入声音”对话框

图 5-22　声音播放提示对话框

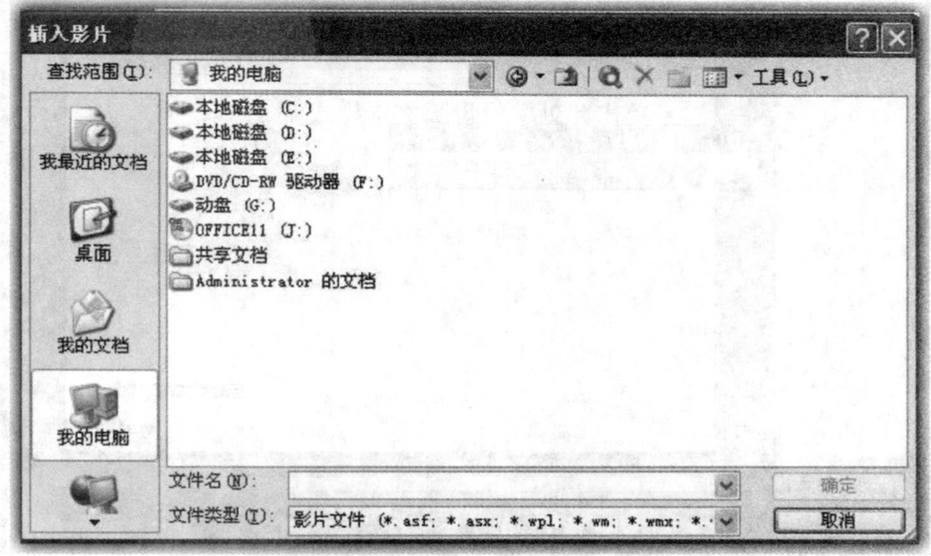

图 5-23　“插入影片”对话框

击“确定”按钮，即会弹出提示对话框，询问用户是在幻灯片放映时播放影片还是在鼠标单击后播放。用户根据自己的需要选择。

5.6　演示文稿的设置

演示文稿需要进行合理的设置才能更加美观，例如设置演示文稿的母版、备注页、播放的设置等。

5.6.1　母版的制作

PowerPoint 2003 中有一种特殊的设置格式：母版。母版控制着整个演示文稿的整体风格。母版主要是对演示文稿的外观进行规划，包括标题格式、背景颜色、文字大小、图形方案等。在 PowerPoint 2003 中母版有四种:幻灯片母版、标题母版、讲义母版以及备注母版。

这里主要介绍幻灯片母版的设置。幻灯片母版是整个演示文稿的基础母版,因为基本的外在表现形式都在其中进行设定。

选择"视图"→"母版"→"幻灯片母版"命令,界面就跳转到母版设计界面,弹出"幻灯片母版视图"悬浮工具栏,如图 5-24 所示。

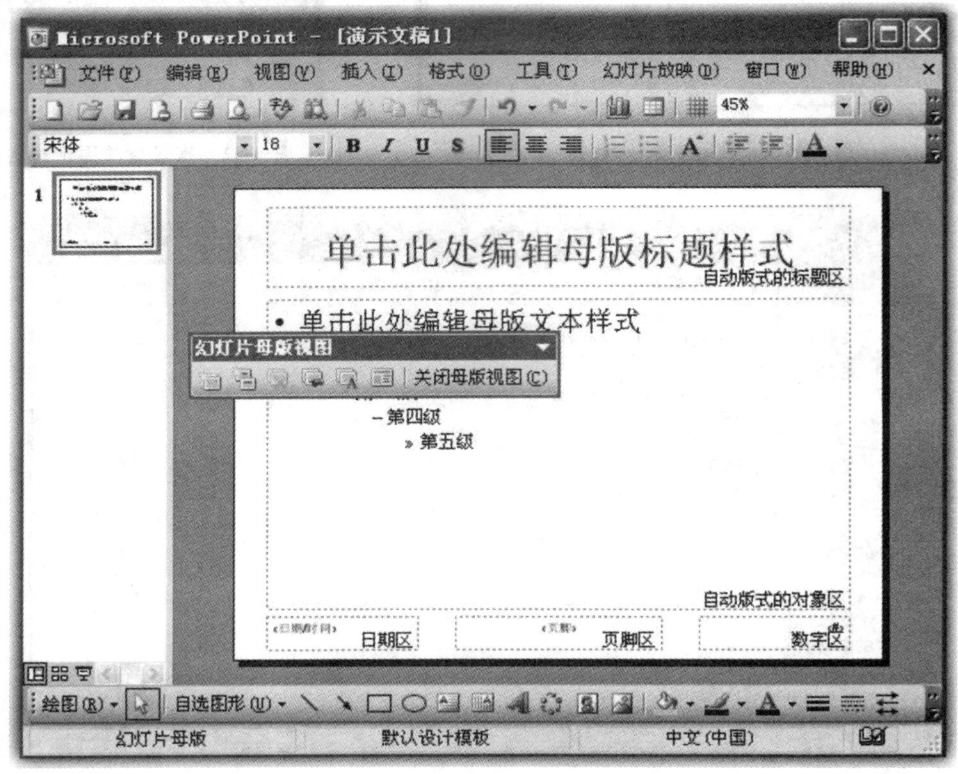

图 5-24　幻灯片母版视图

在幻灯片母版视图中默认有五个区域的占位符,即标题、编辑输入区、日期区、页脚区、数字区,在这里进行设置可以影响使用该母版的所有幻灯片。除了编辑这些占位符之外,还可以编辑母版的背景、颜色、动画等。这就需要在空白处右击,选择"幻灯片设计"命令,打开如图 5-25 所示的"幻灯片设计"面板。

在"幻灯片设计"面板中选择需要的样式进行设置,在对应的方案下拉菜单中可以选择"应用于所选母版"或"所有母版"。

5.6.2 备注页的设置

在 PowerPoint 2003 中我们可以看到每一张幻灯片的下方都有一个文字区域,这就是备注页。备注页适用于对本张幻灯片的解释和注释的相关文字,可以给演讲者以提示。一般在幻灯片播放的时候,备注页是不会被显示出来的。备注页是可以打印出来的。

PowerPoint 2003 提供了备注页视图模式，在备注页视图模式中只能编辑备注页文字，无法编辑幻灯片放映区域。选择“视图”→“备注页”命令，界面转换到备注页视图，如图 5-26 所示。

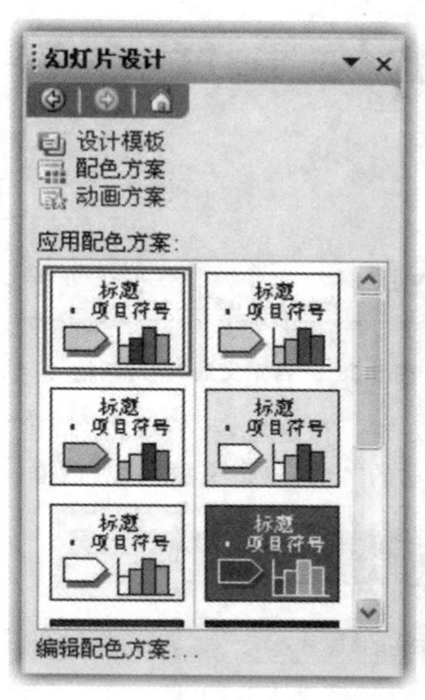

图 5-25 “幻灯片设计”面板

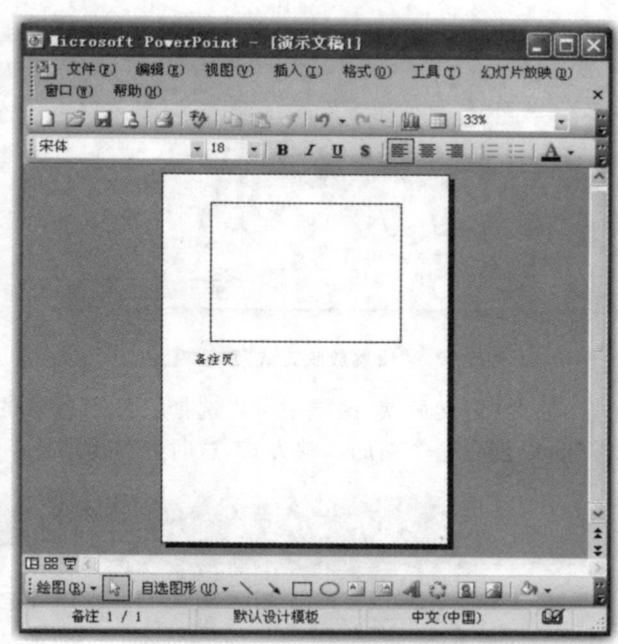

图 5-26 备注页视图

5.6.3 幻灯片播放的设置

1. 设置幻灯片的放映方式

演示文稿编辑完成后，最重要的任务就是放映给观众观看，放映的方式有多种，需要进行简单的设置。

选择“幻灯片放映”→“设置放映方式”命令，弹出如图 5-27 所示的“设置放映方式”对话框。

在“设置放映方式”对话框中设置放映类型、放映的片数、放映选项、换片方式、放映性能等。用户可以根据自己的需要进行设置，设置完毕后单击“确定”按钮即可。

2. 自定义幻灯片的放映方式

在放映幻灯片的时候，因为场合的不同有些幻灯片不需要播放，这就需要采用自定义放映的方式。

1)隐藏幻灯片

在 PowerPoint 2003 窗口左侧的大纲/幻灯片区域，选中需要隐藏的幻灯片，右击，在弹出的快捷菜单中选择“隐藏幻灯片”命令，即可隐藏该幻灯片。

2)创建自定义方式

自定义播放的方式可以设置每张幻灯片播放的顺序，选择“幻灯片放映”→“自定义放映”命令，弹出如图 5-28 所示的“自定义放映”对话框。

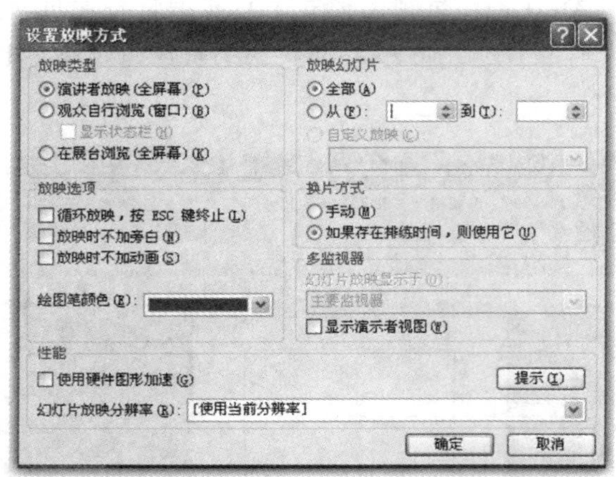

图 5-27 “设置放映方式”对话框

图 5-28 “自定义放映”对话框

在“自定义放映”区域中可以选择已经设置好的放映方式。在这里，我们单击“新建”按钮，以创建一个新的放映方式，这时会弹出如图 5-29 所示的“定义自定义放映”对话框。

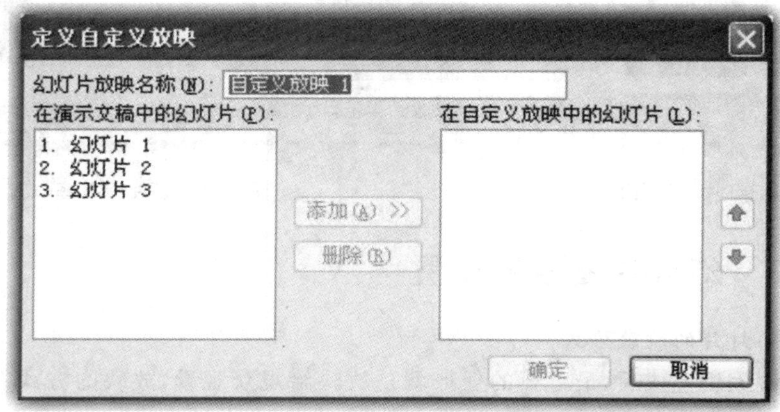

图 5-29 “定义自定义放映”对话框

在“定义自定义放映”对话框中，左边的“在演示文稿中的幻灯片”列表中显示了演示文稿中所有的幻灯片名称，右边的“在自定义放映中的幻灯片”列表中显示要添加的幻灯片页面。在左边列表中选中需要添加的幻灯片，单击“添加”按钮，将其添加到右边列表中，添加完毕后，单击“确定”按钮即可。

5.7 演示文稿的播放

演示文稿播放的操作和设置也是十分重要的。

5.7.1 建立演示文稿的放映文件

保存创作好的演示文稿的格式有多种，普通的后缀名为. ppt 的文件是 PowerPoint 演示文稿文件，双击打开时进入其编辑状态。还有一种是 PowerPoint 播放文件，后缀名为.pps(PowerPoint show)，这种文件被双击后直接放映。

保存演示文稿，选择“文件”→“保存”或“另存为”命令，弹出图 5-30 所示的“另存为”对话框。

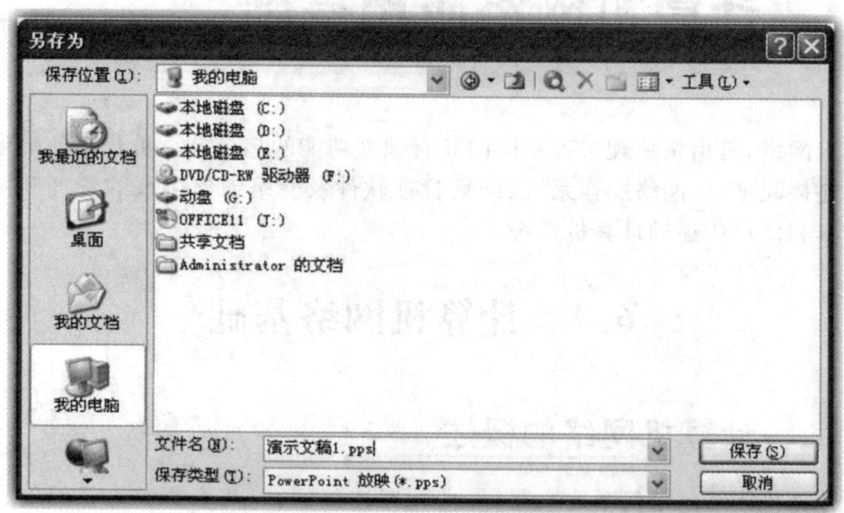

图 5-30　“另存为”对话框

在“保存类型”下拉列表中选择“PowerPoint 放映(＊.pps)”，在文件名文本框中输入文件名，单击“确定”按钮即可。

5.7.2　放映演示文稿

放映演示文稿的方式有三种。

(1)需要放映幻灯片时，可以选择“幻灯片放映”→“观看放映”命令，进行放映。

(2)使用快捷键进行放映，放映幻灯片的快捷键有两种：从开头放映(快捷键 F5)，从当前页放映快捷键(Shift＋F5)。

(3)单击 PowerPoint 2003 窗口左下角的(放映按钮)开始播放，是从当前页开始播放的。

第 6 章

计算机网络应用基础

计算机网络，是指将地理位置不同的具有独立功能的多台计算机及其外部设备，通过通信线路连接起来，在网络操作系统、网络管理软件及网络通信协议的管理和协调下，实现资源共享和信息传递的计算机系统。

6.1 计算机网络基础

6.1.1 计算机网络的概述

关于计算机网络的最简单定义是：一些相互连接的、以共享资源为目的的、自治的计算机的集合。

最简单的计算机网络就是只有两台计算机和连接它们的一条链路，即两个结点和一条链路。因为没有第三台计算机，因此不存在交换的问题。

最庞大的计算机网络就是因特网。它由非常多的计算机网络通过许多路由器互联而成。因此，因特网也称为“网络的网络”。

另外，从网络媒介的角度来看，计算机网络可以看作是由多台计算机通过特定的设备与软件连接起来的一种新的传播媒介。

1. 计算机网络的发展

计算机网络经历了由简单到复杂、由低级到高级的发展过程。计算机网络的发展历史，大致可以划分为以下四个阶段。

1)第一阶段可以追溯到 20 世纪 50 年代

那时人们开始将彼此独立发展的计算机技术与通信技术结合起来，完成了数据通信与计算机通信网络的研究，为计算机网络的出现做好了技术准备，奠定了理论基础。

2)第二阶段分组交换的产生

20 世纪 60 年代，美苏冷战期间，美国国防部领导的远景研究规划局 ARPA 提出，要研制一种崭新的网络应对来自苏联的威胁。因为当时传统的电路交换的电信网虽已经四通八达，但战争期间，一旦正在通信的电路有一个交换机或链路被炸，则整个通信电路就要中断，如要立即改用其他迂回电路，还必须重新拨号建立连接，会延误一些时间。

这个新型网络必须满足以下一些基本要求。

(1)不是为了打电话，而是用于计算机之间的数据传送。

(2)能连接不同类型的计算机。

(3)所有的网络结点都同等重要，这就大大提高了网络的生存性。

(4)计算机在通信时必须有迂回路由。当链路或结点被破坏时,迂回路由能使正在进行的通信自动地找到合适的路由。

(5)网络结构要尽可能简单,但要非常可靠地传送数据。

根据这些要求,一批专家设计出了使用分组交换的新型计算机网络。而且,用电路交换来回传送计算机数据,其线路的传输速率往往很低。因为计算机数据是突发式地出现在传输线路上的,比如,当用户阅读终端屏幕上的信息或输入和编辑一份文件时,或计算机正在进行处理而结果尚未返回时,宝贵的通信线路资源就被浪费了。

分组交换是采用存储转发技术,把欲发送的报文分成一个个的“分组”,在网络中传送。分组的首部是重要的控制信息,因此分组交换的特征是基于标记的。分组交换网由若干个结点交换机和连接这些交换机的链路组成。从概念上讲,一个结点交换机就是一个小型的计算机,但主机是为用户处理信息的,结点交换机是进行分组交换的。每个结点交换机都有两组端口,一组是与计算机相连,链路的速率较低,另一组是与高速链路和网络中的其他结点交换机相连。注意,既然结点交换机是计算机,那输入和输出端口之间是没有直接连线的,它的处理过程是:将收到的分组先放入缓存,结点交换机暂存的是短分组,而不是长报文,短分组暂存在交换机的存储器(即内存)中,而不是存储在磁盘中,这就保证了较高的交换速率。再查找转发表,找出到某个目的地址应从哪个端口转发,然后由交换机构将该分组递给适当的端口转发出去。各结点交换机之间也要经常交换路由信息,但这是为了进行路由选择。当某段链路的通信量太大或中断时,结点交换机中运行的路由选择协议能自动找到其他路径转发分组。通信线路资源利用率会提高:当分组在某链路时,其他段的通信链路并不被目前通信的双方所占用,即使是这段链路,只有当分组在此链路传送时才被占用,在各分组传送之间的空闲时间,该链路仍可被其他主机发送分组。可见,采用存储转发的分组交换实质上是采用了在数据通信的过程中动态分配传输带宽的策略。

3)第三阶段因特网时代

Internet 的基础结构大体经历了三个阶段的演进,这三个阶段在时间上有部分重叠。

(1)从单个网络 ARPAnet 向互联网发展:1969 年美国国防部创建了第一个分组交换网 ARPAnet,它只是单个的分组交换网,所有想连接它的主机都直接与就近的结点交换机相连。它的规模增长很快,到 20 世纪 70 年代中期,人们认识到仅使用单独的网络无法满足所有的通信要求,于是开始研究很多网络互联的技术,这就致使互联网出现。1983 年,TCP/IP 协议称为 ARPAnet 的标准协议。同年,ARPAnet 分解成两个网络,一个进行试验研究用的科研网 ARPAnet,另一个是军用的计算机网络 MILnet。1990 年,ARPAnet 因试验任务完成正式宣布关闭。

(2)建立三级结构的因特网:从 1985 年起,美国国家科学基金会(NSF)就认识到计算机网络对科学研究的重要性。1986 年,NSF 围绕六个大型计算机中心建设计算机网络 NSFnet,它是一个三级网络,分主干网、地区网、校园网。它代替 ARPAnet 成为 Internet 的主要部分。1991 年,NSF 和美国政府认识到因特网不会限于大学和研究机构,于是支持地方网络接入,许多公司纷纷加入,使网络的信息量急剧增加,美国政府就决定将因特网的主干网转交给私人公司经营,并开始对接入因特网的单位收费。

(3)多级结构因特网的形成:从 1993 年开始,美国政府资助的 NSFnet 就逐渐被若干个商用的因特网主干网替代，这种主干网也叫因特网辅助提供者 ISP。考虑到因特网商用化后可能出现很多的 ISP，为了使不同 ISP 经营的网络能够互通，在 1994 年创建了四个网络接入点 NAP，分别由四个电信公司经营，21 世纪初，美国的 NAP 达到了十几个。NAP 是最高级的接入点，它主要向不同的 ISP 提供交换设备，使它们能相互通信。现在的因特网已经很难对其网络结构做出很精细的描述，但大致可分为五个接入级：网络接入点 NAP，多个公司经营的国家主干网，地区 ISP，本地 ISP，校园网、企业或家庭 PC 机上网用户。

4)第四阶段国际互联网与信息高速公路阶段

目前的计算机网络发展正处于第四阶段。这一阶段的重要标志是 20 世纪 80 年代因特网的诞生。进入 20 世纪 80 年代，计算机技术、通信技术及建立在计算机技术和网络技术基础上的计算机网络技术得到了迅猛的发展，因特网作为覆盖全球的信息基础设施之一，已经成为人类最重要的、最大的知识宝库。可以说，网络互联和高速、智能计算机网络正成为新一代计算机网络的发展方向。

2.计算机网络的分类

虽然网络类型的划分标准各种各样，但是从地理范围划分是一种大家都认可的通用网络划分标准。按这种标准可以把各种网络类型划分为局域网(LAN)、城域网(MAN)、广域网(WAN)和互联网四种。不过，在此要说明的一点就是，这里的网络划分并没有严格意义上地理范围的区分，只能是一个定性的概念。下面简要介绍这几种计算机网络。

1)局域网

局域网是我们最常见、应用最广的一种网络。现在局域网随着整个计算机网络技术的发展和提高得到充分的应用和普及。很明显，所谓局域网，就是在局部地区范围内的网络，它所覆盖的地区范围较小。局域网在计算机数量配置上没有太多的限制，少的可以只有两台，多的可达几百台。局域网一般位于一个建筑物或一个单位内，不存在寻径问题，不包括网络层的应用。

这种网络的特点是：连接范围小、用户数少、配置容易、连接速率高。IEEE 的 802 标准委员会定义了多种主要的 LAN 网：以太网、令牌环网、光纤分布式接口网络、异步传输模式网以及最新的无线局域网。这些都将在后面详细介绍。

2)城域网

一般来说，城域网是指在一个城市，但不在同一地理小区范围内的计算机互联的网络。这种网络采用的是 IEEE 802.6 标准。城域网与局域网相比，扩展的距离更长，连接的计算机数量更多，在地理范围上可以说是局域网的延伸。在一个大型城市或都市地区，一个城域网通常连接着多个局域网，如连接政府机构的局域网、医院的局域网、电信的局域网、公司企业的局域网等。光纤连接的引入，使城域网中高速的局域网互联成为可能。

城域网多采用 ATM 技术做骨干网。ATM 是一个用于数据、语音、视频及多媒体应用程序的高速网络传输方法。ATM 包括一个接口和一个协议，该协议能够在一个常规的传输信道上，在比特率不变及变化的通信量之间进行切换。ATM 也包括硬件、软件以及与 ATM 协议标准一致的介质。ATM 提供一个可伸缩的主干基础设施，以便能够适应不同规模、速度以及寻址技术的网络。ATM 的最大缺点就是成本太高。

3)广域网

广域网也称为远程网,它所覆盖的范围比城域网(MAN)更广,它一般是不同城市之间的局域网或者城域网互联,地理范围可从几百公里到几千公里。因为距离较远,信息衰减比较严重,所以这种网络一般要租用专线,通过IMP(接口信息处理)协议和线路连接起来,构成网状结构,解决循径问题。这种城域网因为所连接的用户多,总出口带宽有限,所以用户的终端连接速率一般较低。

4)互联网

互联网无论从地理范围还是从网络规模来讲,都是最大的一种网络。从地理范围来说,它可以是全球计算机的互联,这种网络的最大特点就是不定性,整个网络的计算机每时每刻随着人们网络的接入在不断变化。互联网的优点非常明显,就是信息量大,传播广,无论你身处何地,只要接入互联网,就可以对任何联网用户发出信息。

3. 计算机网络协议

协议是计算机网络技术中很重要的概念。这里介绍协议的概念和较常见的协议类型。

1)协议的组成要素

要想让两台计算机进行通信,必须使它们采用相同的信息交换规则。我们把在计算机网络中用于规定信息的格式以及如何发送和接收信息的一套规则称为网络协议或通信协议。

为了减少网络协议设计的复杂性,网络设计者并不是设计一个单一、巨大的协议来为所有形式的通信规定完整的细节,而是采用把通信问题划分为许多个小问题,然后为每个小问题设计一个单独的协议的方法。这样做使得每个协议的设计、分析、编码和测试都比较容易。分层模型是一种用于开发网络协议的设计方法。本质上,分层模型描述了把通信问题分为几个小问题(称为层次)的方法,每个小问题对应于一层。

计算机网络各结点之间要不断交换数据和控制信息,要保证数据交换的顺利进行,每个结点都必须遵守一些事先规定的通信规则和标准。这些规则和标准规定了网络结点同层对等实体之间交换数据以及控制信息的格式和时序。这些规则和标准的集合称为协议。可见,协议是定义在相同层次对等实体之间交换的数据格式和含义的规则集合。一般来说,协议由语法、语义、时序三个要素所组成。语法确定通信双方之间数据和控制信息的数据结构和格式;语义确定发出何种控制信息,以及执行动作与做出的反应;时序确定事件的实现顺序以及速度匹配。

2)常用协议介绍

(1)TCP/IP协议簇　TCP/IP协议叫作传输控制/网际协议,又叫网络通信协议,它包括上百个各种功能的协议,如远程登录、文件传输和电子邮件等,而TCP协议和IP协议是保证数据完整传输的两个基本的重要协议。通常说TCP/IP是Internet协议簇,而不单单是TCP协议和IP协议。

TCP/IP协议的基本传输单位是数据包(datagram)。TCP协议负责把数据分成若干个数据包,并给每个数据包加上包头;IP协议在每个包头上再加上接收端主机地址,这样数据就能找到自己要去的地方。如果传输过程中出现数据丢失、数据失真等情况,TCP协议会自动要求数据重新传输,并重新组包。总之,IP协议保证数据的传输,TCP协议保证数据传输的质量。

TCP/IP 协议数据的传输基于 TCP/IP 协议的四层结构(应用层、传输层、网络层、接口层),数据在传输时每通过一层就要在数据上加个包头,其中的数据供接收端同一层协议使用,而在接收端,每经过一层要把用过的包头去掉,这样来保证传输数据的格式完全一致。

(2)NetBEUI 协议　NetBEUI,即 NetBIOS 增强用户接口。它是 NetBIOS 协议的增强版本,曾被许多操作系统采用。NetBEUI 是为 IBM 公司开发的非路由协议,用于携带 NetBIOS 通信。

NetBEUI 协议在许多情形下很有用,是 Windows 98 之前的操作系统的缺省协议。总之,NetBEUI 协议是一种短小精悍、通信效率高的广播型协议,安装后不需要进行设置,特别适合于在“网络邻居”传送数据。所以,建议除了 TCP/IP 协议之外,局域网的计算机最好也安上 NetBEUI 协议。

6.1.2　计算机网络的体系结构

本小节讨论两个重要的计算机网络体系结构,即 OSI 参考模型和 TCP/IP 参考模型。OSI 参考模型是国际标准,TCP/IP 是因特网上事实的网络标准。

1. OSI 参考模型

OSI 开放式系统互联,一般都叫 OSI 参考模型,是 ISO(国际标准化组织)在 1985 年研究的网络互联模型。国际标准化组织 ISO 发布的最著名的标准是 ISO/iIEC 7498,又称为 X. 200 协议。该体系结构标准定义了网络互联的七层框架,即 ISO 开放系统互联参考模型。在这一框架下进一步详细规定了每一层的功能,以实现开放系统环境中的互联性、互操作性和应用的可移植性。

ISO 为了使网络应用更为普及,就推出了 OSI 参考模型,推荐所有公司使用这个规范来控制网络,这样所有公司都有相同的规范,就能互联了。提供各种网络服务功能的计算机网络系统是非常复杂的。根据分而治之的原则,ISO 将整个通信功能划分为七个层次,划分原则是:①网络中各结点都有相同的层次;②不同结点的同等层具有相同的功能;③同一结点内相邻层之间通过接口通信;④每一层使用下层提供的服务,并向其上层提供服务;⑤不同结点的同等层按照协议实现对等层之间的通信。

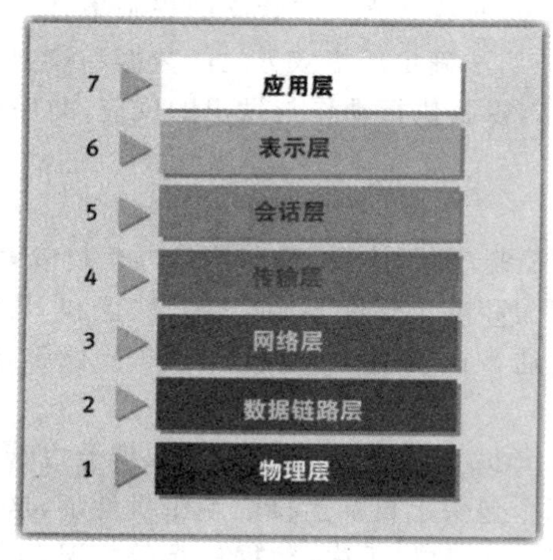

图 6-1　OSI 参考模型

OSI 参考模型将计算机网络划分为七层,由下至上依次是物理层、数据链路层、网络层、传输层、会话层、表示层和应用层,如图 6-1 所示。

1)物理层

第 1 层物理层处于 OSI 参考模型的最底层。物理层的主要功能是利用物理传输介质为数据链路层提供物理连接,以便透明地传送比特流。

物理层规定了激活、维持、关闭通信端点之间的机械特性、电气特性、功能特性及过程特性。该层为上层协议提供了一个传输数据的物理媒体。在这一层,数据的单位称为比特(bit)。属于物理层定义的典型规范代表包括 EIA/TIA RS-232、EIA/TIA RS-449、V.35、RJ-45 等。

2)数据链路层

在第 2 层数据链路层将数据分帧,并处理流控制。本层指定拓扑结构并提供硬件寻址。

数据链路层在不可靠的物理介质上提供可靠的传输。该层的作用包括物理地址寻址、数据的成帧、流量控制、数据的检错等。在这一层,数据的单位称为帧。数据链路层协议的代表包括 SDLC、HDLC、PPP、STP、帧中继等。

3)网络层

第 3 层网络层通过寻址来建立两个结点之间的连接,它包括通过互联网络来路由和中继数据。

网络层负责对子网间的数据包进行路由选择。网络层还可以实现拥塞控制、网际互联等功能。在这一层,数据的单位称为数据包。网络层协议的代表包括 IP、IPX、RIP、OSPF 等。

4)传输层

第 4 层传输层面向连接或无连接进行常规数据递送,包括全双工或半双工、流控制和错误恢复服务。

传输层是第一个端到端即主机到主机的层次。传输层负责将上层数据分段并提供端到端的、可靠的或不可靠的传输。此外,传输层还要处理端到端的差错控制和流量控制问题。在这一层,数据的单位称为数据段。传输层协议的代表包括 TCP、UDP、SPX 等。

5)会话层

第 5 层会话层在两个结点之间建立端连接。此服务包括建立连接是以全双工还是以半双工的方式进行设置。

会话层管理主机之间的会话进程,即负责建立、管理、终止进程之间的会话。会话层还利用在数据中插入校验点来实现数据的同步。

6)表示层

第 6 层表示层主要用于处理两个通信系统中交换信息的表示方式。它包括数据格式交换、数据加密与解密、数据压缩与恢复等功能。

表示层对上层数据或信息进行变换以保证一个主机应用层信息可以被另一个主机的应用程序理解。表示层的数据转换包括数据的加密、压缩、格式转换等。

7)应用层

第 7 层应用层是 OSI 中的最高层。应用层确定进程之间通信的性质,以满足用户的需要。应用层不仅要提供应用进程所需要的信息交换和远程操作,而且还要作为应用进程的用户代理,来完成一些为进行信息交换所必需的功能。它包括文件传送访问和管理 FTAM、虚拟终端 VT、事务处理 TP、远程数据库访问 RDA、制造业报文规范 MMS、目录服务 DS 等协议。

应用层为操作系统或网络应用程序提供访问网络服务的接口。应用层协议的代表包括 Telnet、FTP、HTTP、SNMP 等。

OSI 只是一个参考模型，而不是一个具体的网络协议。但是每一层都定义了明确的功能，每一层都对它的上一层提供一套确定的服务，并且使用相邻下层提供的服务与远程计算机的对等层进行通信。通信传输的信息单位称为协议数据单元。对等通信如图 6-2 所示。

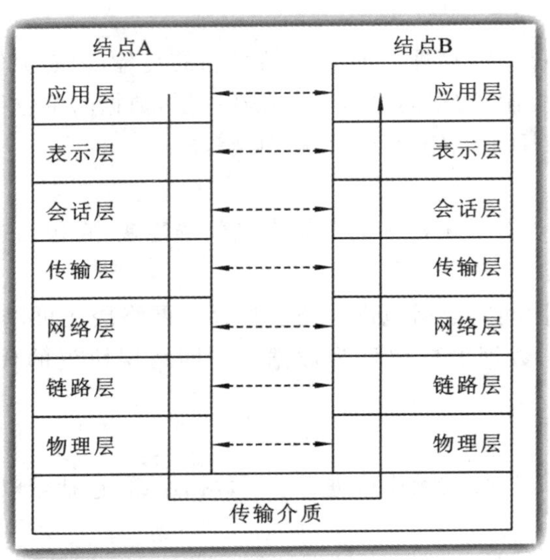

图 6-2 对等通信

虽然 OSI 只是一个参考模型，但是许多网络产品和协议都能在 OSI 中找到对应关系。遵照 OSI 参考模型，生产网络设备时只需满足层与层之间的接口要求和服务功能即可，这样生产厂商就可以开发相互兼容的网络产品。

2. TCP/IP 参考模型

TCP/IP 参考模型是计算机网络的“祖父”ARPAnet 和其后继的因特网使用的参考模型。ARPAnet 是由美国国防部 DoD 赞助的研究网络，逐渐地，它通过租用的电话线连接了数百所大学和政府部门。无线网络和卫星出现以后，现有的协议在和它们相连的时候出现了问题，所以需要一种新的参考体系结构。这个体系结构在它的两个主要协议出现以后，被称为 TCP/IP 参考模型。

由于国防部担心一些珍贵的主机、路由器和互联网关可能会突然崩溃，所以网络必须实现的另一目标是网络不受子网硬件损失的影响，已经建立的会话不会被取消，而且整个体系结构必须相当灵活。

TCP/IP 参考模型是因特网使用的参考模型，如图 6-3 所示。TCP/IP 参考模型共有四层：应用层、传输层、网际层和网络接口层。与 OSI 参考模型相比，TCP/IP 参考模型没有表示层和会话层，将其功能合并到应用层。网际层相当于 OSI 模型的网络层，网络接口层相当于 OSI 参考模型中的物理层和数据链路层。

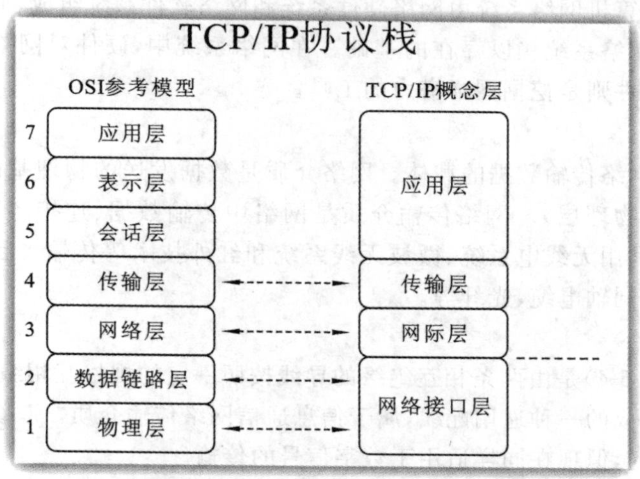

图 6-3　TCP/IP 参考模型

1)网络接口层

网络接口层与 OSI 参考模型中的物理层和数据链路层相对应。事实上,TCP/IP 本身并未定义该层的协议,而由参与互联的各网络使用自己的物理层和数据链路层协议,然后与 TCP/IP 的网络接口层进行连接。

2)网际层

网际层对应于 OSI 参考模型的网络层,主要解决主机到主机的通信问题。该层有四个主要协议:网际协议(IP)、地址解析协议(ARP)、互联网组管理协议(IGMP)和互联网控制报文协议(ICMP)。

IP 协议是网际互联层最重要的协议,它提供的是一个不可靠、无连接的数据报传递服务。

3. 传输层

传输层对应于 OSI 参考模型的传输层,为应用层实体提供端到端的通信功能。该层定义了两个主要的协议:传输控制协议(TCP)和用户数据报协议(UDP)。

TCP 协议提供的是一种可靠的、面向连接的数据传输服务,而 UDP 协议提供的是不可靠的、无连接的数据传输服务。

4. 应用层

应用层对应于 OSI 参考模型的高层(包括会话层、表示层和应用层),为用户提供所需要的各种服务,例如 FTP、Telnet、DNS、SMTP 等。

6.1.3　计算机网络的组成

计算机网络,通俗地讲,就是由多台计算机(或其他计算机网络设备)通过传输介质和软件物理(或逻辑)连接在一起组成的。总体来说,计算机网络的组成基本上包括计算机、网络操作系统、传输介质(可以是有形的,也可以是无形的,如无线网络的传输介质就是空气)以及相应的应用软件四部分。

综合来说，计算机网络系统由网络硬件系统和网络软件系统组成，而网络软件系统和网络硬件系统是网络系统赖以存在的基础。在网络系统中，硬件对网络的选择起着决定性作用，而网络软件则是挖掘网络潜力的工具。

1. 网络介质

网络介质是网络传输数据的载体。网络介质是数据发送的物理基础，它位于 OSI 参考模型的最底层(物理层)。网络传输介质是网络中传输数据、连接各网络站点的实体。网络信息还可以利用无线电系统、微波无线系统和红外技术等传输。目前常见的网络传输介质有双绞线、同轴电缆、光纤等。

1）双绞线

双绞线(见图 6-4)是由两条相互绝缘的导线按照一定的规格互相缠绕(一般以顺时针缠绕)在一起而制成的一种通用配线，属于信息通信网络传输介质。双绞线过去主要是用来传输模拟信号的，但现在同样适用于数字信号的传输。

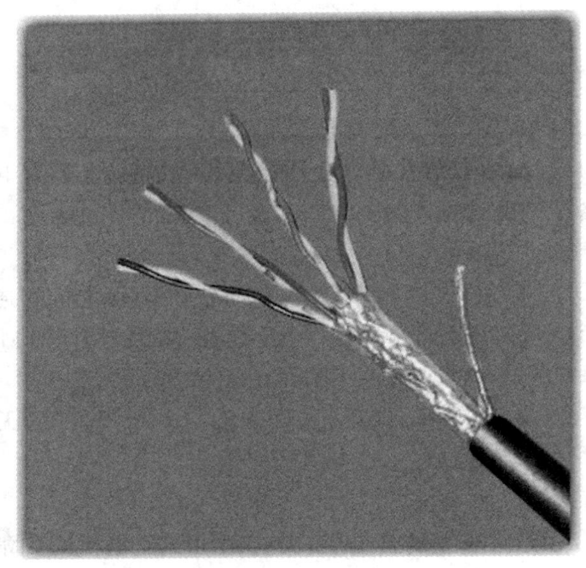

图 6-4　双绞线

双绞线是综合布线工程中最常用的一种传输介质。双绞线采用了一对互相绝缘的金属导线互相绞合的方式来抵御一部分外界电磁波干扰，更主要的是降低自身信号的对外干扰。把两根绝缘的铜导线按一定密度互相绞在一起，可以降低信号干扰的程度，每一根导线在传输中辐射的电波会被另一根线上发出的电波抵消。“双绞线”的名字也是由此而来。

双绞线一般由两根 22-26 号绝缘铜导线相互缠绕而成，实际使用时，是由多对双绞线一起包在一个绝缘电缆套管里使用的。典型的双绞线有四对的，也有更多对双绞线放在一个电缆套管里的。这些我们称之为双绞线电缆。在双绞线电缆(也称双扭线电缆)内，不同线对具有不同的扭绞长度，一般，扭绞长度在 38.1 mm 至 14 cm 内，按逆时针方向扭绞。相临线对的扭绞长度在 12.7 mm 以上，一般扭线越密其抗干扰能力就越强，与其他传输介质相比，双绞线在传输距离、信道宽度和数据传输速度等方面均受到一定限制，但价格较为低廉。

双绞线分为屏蔽双绞线(STP)与非屏蔽双绞线(UTP)。屏蔽双绞线在双绞线与外层绝缘封套之间有一个金属屏蔽层。屏蔽层可减少辐射,防止信息被窃听,也可阻止外部电磁干扰的进入,使屏蔽双绞线比同类的非屏蔽双绞线具有更高的传输速率。非屏蔽双绞线是一种数据传输线,由四对不同颜色的传输线所组成,广泛用于以太网路和电话线中。非屏蔽双绞线电缆最早在 1881 年被用于贝尔发明的电话系统中。1900 年美国的电话线网络亦主要由 UTP 所组成,由电话公司所拥有。

双绞线根据性能又可分为 5 类、6 类和 7 类,现在常用的为 5 类非屏蔽双绞线。双绞线应用最多的是以太网(Ethernet)中。双绞线接头为符合国际标准的 RJ-45 连接器(俗称水晶头),通过它可与网络设备连接,如图 6-5 所示。

2)同轴电缆

同轴电缆(见图 6-6)按用途可分为基带同轴电缆和宽带同轴电缆(即网络同轴电缆和视频同轴电缆)。基带电缆又分细同轴电缆和粗同轴电缆。基带电缆仅仅用于数字传输。

图 6-5　RJ-45 连接器

图 6-6　同轴电缆

局域网中常用到的同轴电缆分为粗缆和细缆两种,粗缆传输性能优于细缆。传输速率为 10Mb/s 时,粗缆网段传输距离可达 500～1000 m,细缆网段传输距离为 200～300 m。

3)光纤

光纤是光导纤维的简写,是一种利用光在玻璃或塑料制成的纤维中的全反射原理而达成的光传导工具。

微细的光纤封装在塑料护套中,使得它能够弯曲而不至于断裂。通常,光纤的一端的发射装置使用发光二极管或一束激光将光脉冲传送至光纤,光纤的另一端的接收装置使用光敏元件检测脉冲。

在日常生活中,由于光在光导纤维中的传导损耗比电在电线中的传导损耗低得多,光纤被用作长距离的信息传递。

通常光纤与光缆两个名词会被混淆。多数光纤在使用前必须由几层保护结构包覆,包覆后的缆线即被称为光缆(见图 6-7)。光纤外层的保护结构可防止周围环境对光纤的伤害，如水、火、电击等。光缆分为光纤、缓冲层及披覆。光纤和同轴电缆相似，只是没有网状屏蔽层，中心是光传播的玻璃芯。

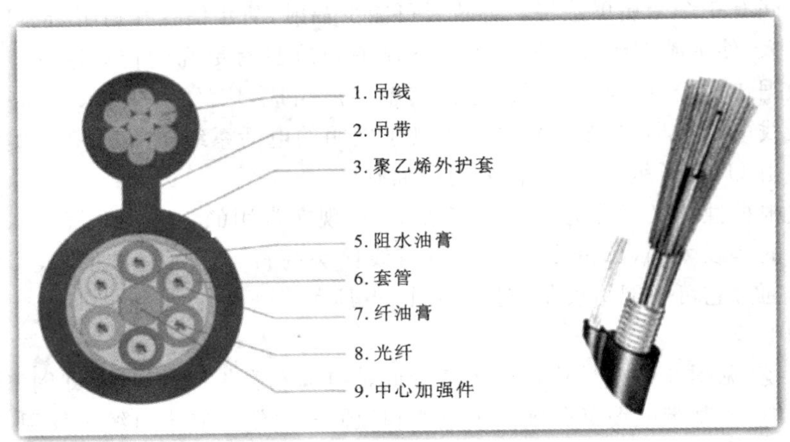

图 6-7　光缆及内部结构

在多模光纤中，芯的直径是 15～50 μm，大致与人的头发的粗细相当。而单模光纤芯的直径为 8～10 μm。芯外面包围着一层折射率比芯低的玻璃封套，以使光线保持在芯内。再外面的是一层薄的塑料外套，用来保护封套。光纤通常被扎成束，外面有外壳保护。纤芯通常是由石英玻璃制成的横截面积很小的双层同心圆柱体，它质地脆，易断裂，因此需要外加一层保护层。

4）无线传输介质

在自由空间利用电磁波发送和接收信号进行通信就是无线传输。地球上的大气层为大部分无线传输提供了物理通道，就是常说的无线传输介质。无线传输所使用的频段很广，人们现在已经利用了好几个波段进行通信。紫外线和更高的波段目前还不能用于通信。无线通信的方法有无线电波、微波、蓝牙和红外线。

2. 网络接口卡

网络接口卡（NIC）又称网络适配器（NIA），也就是常说的网卡。它是一个物理设备，类似于网关，通过它，网络中的任何设备都可以发送和接收数据帧。不同网络中的网络接口卡的名称是不同的。例如，以太网中称为以太网接口卡，令牌环网中称为令牌环网接口卡，等等。

网络接口卡的功能有数据转换、通信服务、网络存取控制。网卡是计算机与网络线缆之间连接的接口电路板，执行计算机与网络之间的信号传输的规范。

网卡的主要工作原理是整理计算机发往网线的数据，并将数据分解为适当大小的数据包之后向网络发送出去。对于网卡而言，每块网卡都有一个唯一的网络结点地址，它是网卡生产厂家在生产时烧入只读存储芯片中的，称为网卡地址（物理地址），且保证绝对不会重复。

我们日常使用的网卡都是以太网网卡。目前网卡按其传输速率可分为 10Mb/s 网卡、10/100Mb/s 自适应网卡及千兆级网卡。如果只是用于一般用途，如日常办公等，使用 10/100Mb/s 自适应网卡比较合适。如果应用于服务器等产品领域，就要选择千兆级网卡。网卡如图 6-8 所示。

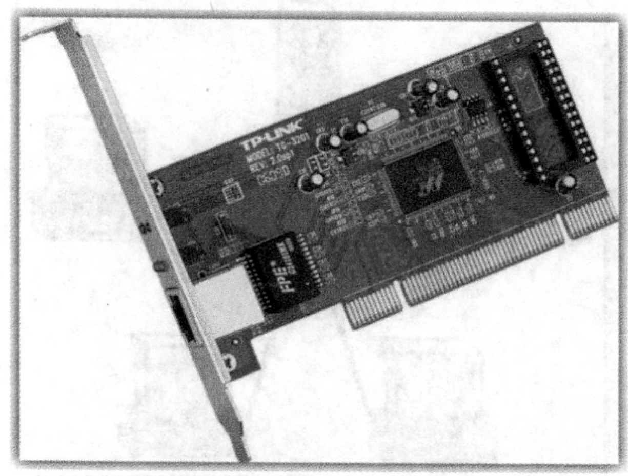

图 6-8　网卡

3. 网络拓扑结构

“拓扑”这个名词是从几何学中借用来的。网络拓扑是网络形状，或者是它在物理上的连通性。构成网络的拓扑结构有很多种。网络拓扑结构是指用传输媒体互联各种设备的物理布局，就是用什么方式把网络中的计算机等设备连接起来。拓扑图给出网络服务器、工作站的网络配置和相互间的连接，它的结构主要有星型结构、总线结构、环型结构、分布式结构、树型结构、网状结构、蜂窝状结构等。

1)星型结构

星型结构是指各工作站以星型方式连接成网，如图 6-9 所示。网络有中央结点，其他结点(工作站、服务器)都与中央结点直接相连，这种结构以中央结点为中心，因此又称为集中式网络。星型拓扑结构便于集中控制，因为端用户之间的通信必须经过中心站。这一特点也带来了易于维护和安全等优点。端用户设备因为故障而停机时也不会影响其他端用户间的通信。同时星型拓扑结构的网络延迟时间较短，传输误差较小。但这种结构非常不利的一点是，中心系统必须具有极高的可靠性，因为中心系统一旦损坏，整个系统便趋于瘫痪。对此，中心系统通常采用双机热备份，以提高系统的可靠性。

星型结构具有如下特点：结构简单，便于管理；控制简单，便于建网；网络延迟时间较短，传输误差较小。但缺点也很明显：成本高，可靠性较低，中央结点负载较重。

2)总线结构

总线上传输信息通常多以基带形式串行传递，每个结点上的网络接口板硬件均具有收发功能，接收器负责接收总线上的串行信息并转换成并行信息送到 PC 工作站；发送器是将并行信息转换成串行信息后广播发送到总线上，总线上发送信息的目的地址与某结点的接口地址相符合时，该结点的接收器便接收信息。由于各个结点之间通过电缆直接连接，所以总线型拓扑结构中所需要的电缆长度是最短的，但总线只有一定的负载能力，因此总线长度又有一定限制，一条总线只能连接一定数量的结点。

总线结构的网络(见图 6-10)特点如下：结构简单，可扩充性好，使用的电缆少，且安装容易；缺点是网络维护难，分支结点故障查找困难。

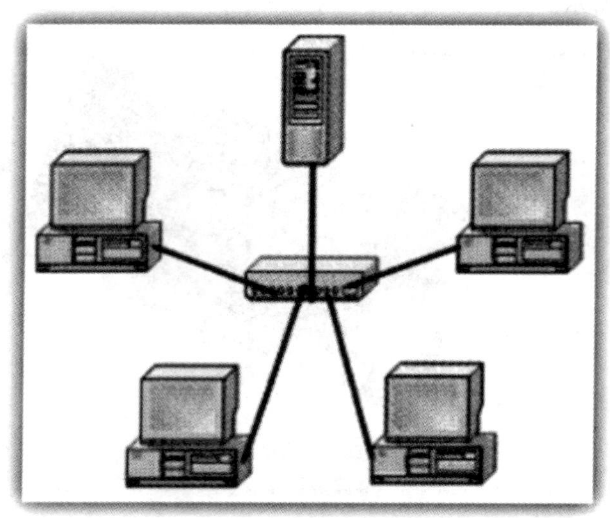

图 6-9　星型网络

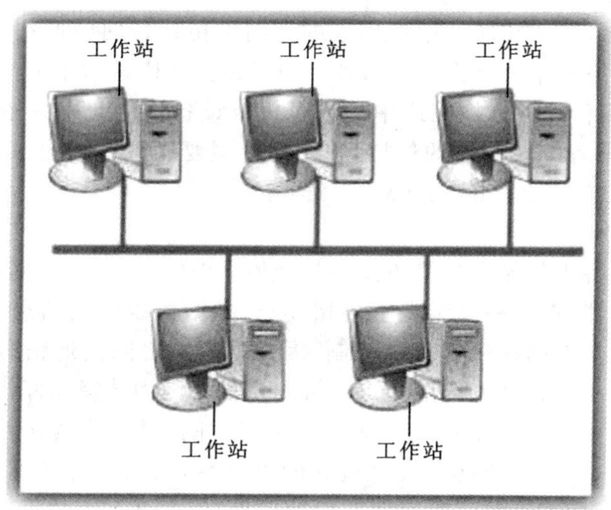

图 6-10　总线网络

3）环型结构

环型结构在 LAN 中使用较多。这种结构中的传输媒体从一个端用户到另一个端用户，直到将所有的端用户连成环型。数据在环路中沿着一个方向在各个结点间传输，信息从一个结点传到另一个结点，如图 6-11 所示。这种结构消除了端用户通信时对中心系统的依赖性。

环型结构的特点是：每个端用户都与两个相邻的端用户相连，因而存在着点到点链路，但总是以单向方式操作，于是便有上游端用户和下游端用户之称；信息流在网中是沿着固定方向流动的，两个结点仅有一条道路，故简化了路径选择的控制；环路上各结点都是自举控制，故控制软件简单；由于信息源在环路中是串行地穿过各个结点，当环路中结点过多时，势必影响信息传输速率，使网络的响应时间延长；环路是封闭的，不便于扩充；

可靠性低，一个结点故障，将会造成全网瘫痪；维护难，对分支结点故障定位较难。

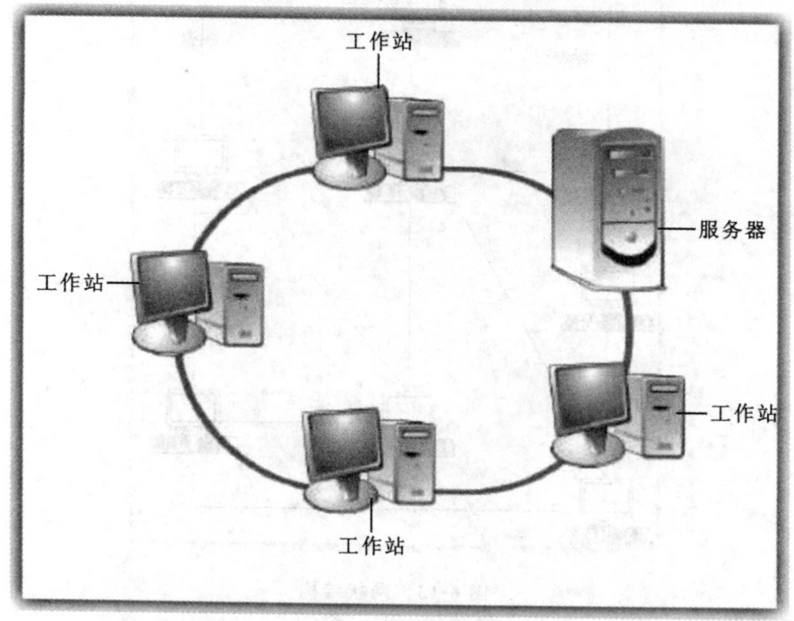

图 6-11　环型网络

4）树型结构

树型结构是分级的集中控制式网络，如图 6-12 所示。与星型结构相比，它的通信线路总长度短，成本较低，结点易于扩充，寻找路径比较方便，但除了叶结点及其相连的线路外，任一结点或其相连的线路故障都会使系统受到影响。

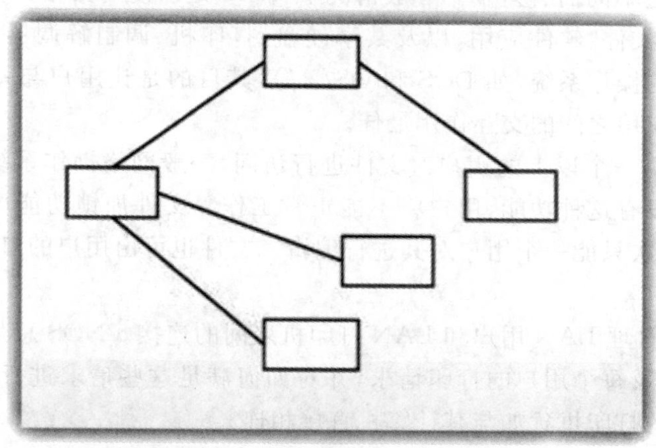

图 6-12　树型网络

5）网状结构

网状结构（见图 6-13）主要指各结点通过传输线互相连接起来，并且每一个结点至少与其他两个结点相连（见图 6-13）。网状结构具有较高的可靠性，但其结构复杂，实现起来费用较高，不易管理和维护，不常用于局域网。

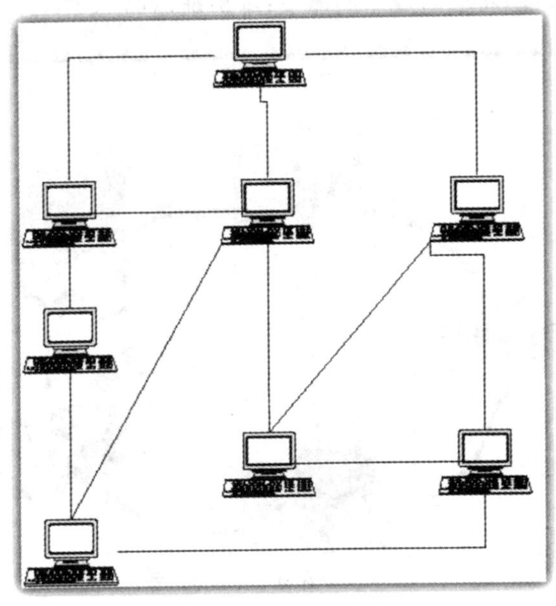

图 6-13　网状结构

4. 网络软件

1)网络操作系统

网络操作系统(NOS)是网络的心脏和灵魂,是向网络计算机提供服务的特殊的操作系统。它在计算机操作系统下工作,使计算机操作系统增加了网络操作所需要的能力。

NOS 与运行在工作站上的单用户操作系统或多用户操作系统(如 Windows 98 等)由于提供的服务类型不同而有差别。一般情况下,NOS 是以使网络相关特性达到最佳为目的的,如共享数据文件、软件应用,以及共享硬盘、打印机、调制解调器、扫描仪和传真机等。一般计算机的操作系统,如 DOS 和 OS/2 等,其目的是让用户与系统及在此操作系统上运行的各种应用之间的交互作用最佳。

为防止一次由一个以上的用户对文件进行访问,一般网络操作系统都具有文件加锁功能。如果系统没有这种功能,用户将不能正常工作。文件加锁功能可跟踪使用中的每个文件,并确保一次只能一个用户对其进行编辑。文件也可由用户的口令加锁,以维持专用文件的专用性。

NOS 还负责管理 LAN 用户和 LAN 打印机之间的连接。NOS 总是跟踪每一台可供使用的打印机,以及每个用户的打印请求,并对如何满足这些请求进行管理,使每个端用户感到进行操作的打印机犹如与其计算机直接相连。

由于网络计算的出现和发展,现代网络操作系统的主要特征之一就是具有上网功能。

目前较为常见的网络操作系统有微软公司的 Windows 2000/2003 SerVer 操作系统、Novell 公司的 Netware 操作系统、UNIX 操作系统和 Linux 操作系统等。

2)网络应用软件

网络应用软件可以分为两类:一类是网络软件开发商开发的通用网络软件,如 Web 浏览器、电子邮件收发软件等;另一类是基于不同用户业务需求开发的用户业务专用软件，如大型数据库软件、办公自动化软件和 ERP(企业资源规则)软件等。

5. 网络互联设备

1)中继器

中继器是网络物理层上面的连接设备，适用于完全相同的两类网络的互联，主要功能是通过对数据信号的重新发送或者转发，来扩大网络传输的距离。中继器是对信号进行再生和还原的网络设备 OSI 参考模型的物理层设备。

2)集线器

集线器的主要功能是对接收到的信号进行再生整形放大，以扩大网络的传输距离，同时把所有结点集中在以它为中心的结点上。它工作于 OSI 参考模型第一层，即物理层。集线器与网卡、网线等传输介质一样，属于局域网中的基础设备，采用 CSMA/CD(一种检测协议)访问方式。

3)网桥

中继器从一个网络电缆里接收信号，放大它们，将其送入下一个电缆。相比较而言，网桥对从关卡上传下来的信息更敏锐一些。网桥是一种对帧进行转发的技术，根据 MAC 分区块，可隔离碰撞。网桥将网络的多个网段在数据链路层连接起来。

4)交换机

交换机是一种用于电信号转发的网络设备。它可以为接入交换机的任意两个网络结点提供独享的电信号通路。最常见的交换机是以太网交换机。其他常见的还有电话语音交换机、光纤交换机等。

5)路由器

路由器连接因特网中各局域网、广域网的设备，它会根据信道的情况自动选择和设定路由，以最佳路径，按前后顺序发送信号的设备。路由器是互联网络的枢纽、“交通警察”。目前路由器已经广泛应用于各行各业，各种不同档次的产品已经成为实现各种骨干网内部连接、骨干网间互联和骨干网与互联网互联互通业务的“主力军”。

6)网关

网关又称网间连接器、协议转换器。网关在传输层上实现网络互联，是最复杂的网络互联设备，仅用于两个高层协议不同的网络互联。网关既可以用于广域网互联，也可以用于局域网互联。网关是一种充当转换重任的计算机系统或设备。在使用不同的通信协议、数据格式或语言，甚至体系结构完全不同的两种系统之间，网关是一个翻译器。与网桥只是简单地传达信息不同，网关对收到的信息要重新打包，以适应目的系统的需求。同时，网关也可以提供过滤和安全功能。大多数网关运行在 OSI 七层协议的顶层——应用层。

6.2　接入 Internet 网络

因特网(Internet)是由全球为数众多的网络互联而成的全球最大的开放式计算机网络。因特网是全球最大的信息资源库，这些信息资源涉及人类社会的方方面面。任何计算机系统和计算机网络，只要遵守 TCP/IP 协议，就可以连入因特网，并方便、快捷地获取信息。

6.2.1 ISP的作用

1. ISP

ISP,互联网服务提供商,即向广大用户综合提供互联网接入业务、信息业务和增值业务的电信运营商。ISP是经国家主管部门批准的正式运营企业,享受国家法律保护。

2. 国内典型ISP介绍

中国电信:拨号上网、ADSL、1X、CDMA1X、EVDO rev. A。

中国移动:GPRS及EDGE无线上网、一少部分FTTx。

中国联通:(GPRS、W-CDMA及CDMA)无线上网、拨号上网、ADSL、FTTx。

电信重组之后,中国网通并入中国联通,剔除中国联通CDMA,组成新联通;中国铁通并入中国移动,为其旗下全资子公司;中国联通CDMA并入中国电信组成新电信。

6.2.2 通过局域网接入因特网

IP接入原理:对于宽带IP进入Internet方式,基本上与ADSL方式类似,在局域网的中心网络设备(千兆以太网交换设备)中,接入Internet的方式可以选择ISDN、ADSL或DDN方式,而在局域网内部,则根据网络用户数量分配IP,如果用户很多,我们甚至可以像使用ADSL一样,动态分配IP(使用DHCP服务器)。

6.2.3 通过电话网接入因特网

1. 拨号上网方式

通过调制解调器将个人计算机与因特网连接。用Modem+电话线是比较普通的接入Internet的方法,它是利用模拟语音电话线通过Modem调制的方法,将数字信号加载在模拟信号上进行传输。经过拨号将计算机通过电信局的服务器接入Internet。使用Modem接入Internet的特点:简单,廉价,不需要附加的线路,传输速率低,上网和通话不能同时进行。一般来说,Modem的数据传输工作由两部分电路共同完成,Modem的核心是数字信号处理部分和控制部分,数据处理部分主要是对收发的数据进行处理,而控制部分负责控制Modem的指令。将这两部分电路集成在Modem的内部芯片中,也就是说,Modem的工作完全由硬件完成,这样的Modem就是"硬猫"。"硬猫"的特点:不占用系统资源、性能好、较稳定,价格比较贵、安装和设置不方便。

随着计算机处理能力和速度的提高,不少Modem制造厂商只保留了Modem中数字处理部分,而将控制部分的功能交由计算机的CPU来完成,这种Modem称为"软猫"。"软猫"的特点如下:生产成本低,价格便宜,可以进行软升级,占用系统资源较大,对计算机要求高,对系统依赖性较强。目前应用在Modem中最为常见的是V.xx标准和MNP系列通信协议。

2. 使用ISDN专线入网

ISDN是以电话综合数字网(IDN)为基础发展而成的通信网络,提供端到端的数字连接,承载包括语音和非语音在内的多种电信业务。

窄带ISDN,提供2B+D,其中B为64kb/s的数字信道,D为16kb/s的数字信道。基群速率接口，也称宽带 ISDN，即 30B＋D 或 23B＋D，其 B 和 D 均为 64kb/s 的数字信道，B 信道主要传输用户信息流，D 信道主要用于传送电路交换的信令信息或传送分组交换的数据信息。

ISDN 的特点：费用低廉，有标准化的接口，能够提供端到端的数字连接即终端到终端之间的通道完全数字化，具有优良的传输性能；而且信息传送速度快，兼容多种业务，可以提供多个用户接口；此外，ISDN 用户能根据需要选择信息速率和交换方式。ISDN 网络终端适配器主要用于在普通电话线上传输和接收数字信号。ISDN 网络终端设备用来将 ISDN 的线路转换成两路普通的模拟线路，可以同时进行拨号和通话。

ISDN 适配卡一般为内置式 ISA 或 PCI 插卡，使计算机可以通过 ISDN 接入 Internet。ISDN 数字电话机是标准的 ISDN 终端设备，可以直接接入 NT1 的 S/T 口，其内部有语音数字化设备，能实现高质量的语音通话，还可以实现 ISDN 所有的附加业务功能。

ISDN 接入 Internet 的方法：一种是使用 ISDN 适配卡；通过 NT＋的 S/T 口，可接入 ISDN 适配卡，便可以 128kb/s 的传输速率访问 Internet。其连接速率快、线路质量高，在下载大的图像或文件时，传输速率比使用 56kb/s Modem 快 2～3 倍。另一种是使用 Modem 接入，这种方式接入，可以实现打电话和上网同时进行。

3. 使用 ADSL 接入因特网

ADSL 技术利用现有的市话铜线进行信号传输。

衰减和串音是决定 ADSL 性能的两项标准，传输速率越高，它们对信号的影响也越大，所以 ADSL 的有效传输距离随着传输率的提高而缩短。

ADSL 是目前国内最常用的接入因特网的方式。

4. 使用 Cable Modem 接入

CATV(有线电视)网络在信息传送容量、普及率和经济方面的优势突出，是一种优良而实惠的网络。

电缆调制解调器 Cable Modem 是一种可以通过有线电视网络进行高速数据接入的装置，一般有两个接口，一个用来接室内的有线电视端口，另一个与计算机相连。一个 Cable Modem 要在两个不同的方向上接收和发送数据，把上、下数字信号用不同的调制方式调制在双向传输的一个 6 MHz(或 8 MHz)带宽的电视频道上。把上行的数字信号转换成模拟射频信号，类似电视信号，所以可以在有线电视上传输。接收下行信号时，Cable Modem 把信号转换为数字信号，以便计算机处理。Cable Modem 的传输速率一般可达 3～50 Mb/s，距离可以达 100 km，甚至更远。

Cable Modem 的种类如下。

(1) 从传输方式的角度，Cable Modem 可以分为双向对称式传输和非对称式传输。

(2) 从网络通信角度，Cable Modem 可分为同步(共享)和异步(交换)两种。同步(共享)类似以太网，网络用户共享同样的带宽，当用户增加到一定数量时，其速率急剧下降，碰撞增加，入网困难。而异步(交换)的 ATM 技术与非对称传输正在成为 Cable Modem 技术的发展主流趋势。

(3) 从接入角度来看，Cable Modem 可分为个人 Cable Modem 和宽带 Cable Modem(多用户)，宽带 Cable Modem 具有网桥的功能，可以将一个计算机局域网接入。

6.3 Internet 应用

6.3.1 Internet 概述

因特网(Internet)是一组全球信息资源的总汇。计算机网络只是传播信息的载体,而Internet 的优越性和实用性则在于本身。因特网最高层域名分为机构性域名和地理性域名两大类,目前主要有 14 种机构性域名。

1. Internet 在中国

我国现在有四大主干网络,分别是中国科技网(CSTNET)、中国教育和科研计算机网(CERNET)、中国公用计算机互联网(CHINANET)、国家公用经济信息通信网络(CHINAGBN,也称为金桥网)。

中国科技网随着国内网络事业的飞速发展,NCFC 中的一部分(主要是中科院网络系统的一部分)与其他一些网络一起演化为中国科技网——CSTNET。CSRNET 现有多条国际出口信道连接 Internet。中国科技网为公益性网络,主要为科技界、科技管理部门、政府部门和高新技术企业服务。目前,中国科技网已接入农业、林业、医学、地震、气象、电子、航空航天、环境保护以及中国科学院分布在全国 45 个城市共 1000 多家科研院所和高新技术企业。中国科技网的服务主要包括网络通信、域名注册、信息资源和超级计算等项目。

中国教育与科研计算机网是由政府资助的全国范围的教育与学术网络。1994 年由国家教委主持,北大、清华等十几所重点大学筹建,到 1995 年年底投入使用。目前已有 800 多所大学和中学的局域网连入中国教育和科研计算机网。中国教育和科研计算机网的最终目标是要把全国所有的大学、中学和小学通过网络连接起来。

中国金桥信息网,简称金桥网,是面向企业的网络基础设施,是中国可商业运营的公用互联网。CHINAGBN 实行天地一网,即天上卫星网和地面光纤网互联互通,互为备用,可覆盖全国各省市和自治区。金桥网在北京、上海、广州等 20 多个大城市建立了骨干网结点,并在各城市建设一定规模的区域网,可为用户提供高速、便捷的服务。中国金桥信息网目前有 12 条国际出口信道同国际互联网络相连。金桥网还提供多种增值服务,如国际和国内的漫游服务、IP 电话服务等。金桥工程的发展目标是覆盖全国 30 个省级行政建制、500 多个大城市,连接国内数万个企业,同时对社会提供开放的 Internet 接入服务。

中国公用计算机互联网是邮电部门主建及经营管理的中国公用 Internet 主干网,1995 年 4 月开通,并向社会提供服务。到 1998 年,CHINANET 已经发展成一个采用先进网络技术、覆盖国内所有省份和几百个城市、拥有数百万用户的大规模商业网络。CHINANET 主要以电话拨号为主,省、市及大部分县一级地域铺设了电话拨号用户接入设备。

随着入网用户的迅速增加,CHINANET 骨干网结点和省网内部通信线路的带宽也在快速增加,从而有效地改善了国内用户使用 CHINANET 访问国外的 Internet 和国外用户访问中国的 Internet 的业务质量。

我国四大主干网发展速度惊人,信息网络的飞速发展,极大地推动了教育科研以及经济建设的发展,对促进社会进步、提高全民族整体素质、缩小与发达国家差距等都将起到不可估量的作用。

2. Internet 地址

Internet 连接着无数台计算机,无论是发送 E-mail、浏览网页、下载文件还是进行远程登录,计算机之间都要交流信息,这就要求必须要有一种方法来识别它们。Internet 上的每一台计算机都有唯一的标识,即 IP 地址。

1)IP 地址

所谓 IP 地址就是给每个连接在 Internet 上的主机分配的一个 32bit 地址。按照 TCP/IP 协议规定,IP 地址用二进制表示,每个 IP 地址长 32bit,比特换算成字节,就是 4 个字节。例如一个采用二进制形式的 IP 地址是"00001010000000000000000000000001",这么长的地址,人们处理起来太费劲了。为了方便人们的使用,IP 地址经常被写成十进制的形式,中间使用符号"."分开不同的字节。于是,上面的 IP 地址可以表示为"10.0.0.1"。IP 地址的这种表示法叫作"点分十进制表示法",这显然比 1 和 0 容易记忆得多。

Internet 上的每台计算机都有唯一的 IP 地址。IP 协议就是使用这个地址在主机之间传递信息,这是 Internet 能够运行的基础。IP 地址的长度为 32 位,分为 4 段,每段 8 位,用十进制数字表示,每段数字范围为 0～255,段与段之间用句点隔开。例如 159.226.1.1。IP 地址由两部分组成,一部分为网络地址,另一部分为主机地址。IP 地址分为 A、B、C、D、E 五类。常用的是 B 和 C 两类。IP 地址就像是我们的家庭住址一样,如果你要写信给一个人,你就要知道他的地址,这样邮递员才能把信送到,计算机发送信息是就好比是邮递员,它必须知道唯一的"家庭地址"才不至于把信送错。只不过我们的地址是使用文字来表示的,计算机的地址用十进制数字表示。

众所周知,在电话通信中,电话用户是靠电话号码来识别的。同样,在网络中为了区别不同的计算机,也需要给计算机指定一个号码,这个号码就是"IP 地址"。

有人会以为,一台计算机只能有一个 IP 地址,这种观点是错误的。我们可以指定一台计算机具有多个 IP 地址,因此在访问互联网时,不要以为一个 IP 地址就是一台计算机。另外,通过特定的技术,也可以使多台服务器共用一个 IP 地址,这些服务器在用户看起来就像一台主机似的。

将 IP 地址分成了网络号和主机号两部分,设计者就必须决定每部分包含多少位。网络号的位数直接决定了可以分配的网络数,主机号的位数则决定了网络中最大的主机数。然而,由于整个互联网所包含的网络规模可能比较大,也可能比较小,设计者最后选择了一种灵活的方案:将 IP 地址空间划分成不同的类别,每一类别具有不同的网络号位数和主机号位数。

2)域名

域名,是由一串用点分隔的名字组成的 Internet 上某一台计算机或计算机组的名称,用于在数据传输时标识计算机的电子方位(有时也指地理位置)。

Internet 地址中的一项,如假设的一个地址与互联网协议(IP)地址相对应的一串容易记忆的字符，由若干个从 a 到 z 的 26 个拉丁字母及 0 到 9 的 10 个阿拉伯数字及“-”“.”符号构成并按一定的层次和逻辑排列。目前也有一些国家在开发其他语言的域名，如中文域名。域名不仅便于记忆，而且即使在 IP 地址发生变化的情况下，通过改变解析对应关系，域名仍可保持不变。

网络是基于 TCP/IP 协议进行通信和连接的，每一台计算机都有唯一的标识固定的 IP 地址，以区别在网络上成千上万个用户和计算机。网络在区分所有与之相连的网络和主机时，均采用了一种唯一、通用的地址格式，即每一台与网络相连接的计算机和服务器都被指派了一个独一无二的地址。为了保证网络上每台计算机的 IP 地址的唯一性，用户必须向特定机构申请注册，该机构根据用户单位的网络规模和近期发展计划，分配 IP 地址。网络中的地址方案分为两套：IP 地址系统和域名地址系统。这两套地址系统其实是一一对应的关系。IP 地址用二进制数来表示，每个 IP 地址由 4 个小于 256 的数字组成，数字之间用点间隔，例如 100.10.0.1 表示一个 IP 地址。由于 IP 地址是数字标识，使用时难以记忆和书写，因此在 IP 地址的基础上又发展出一种符号化的地址方案，用它来代替数字型的 IP 地址。每一个符号化的地址都与特定的 IP 地址对应，这样网络上的资源访问起来就容易得多了。这个与网络上的数字型 IP 地址相对应的字符型地址，就被称为域名。

域名就是上网单位的名称，是一个通过计算机登上网络的单位在该网中的地址。一家公司如果希望在网络上建立自己的主页，就必须取得一个域名，域名也是由若干部分组成的，包括数字和字母。通过该地址，人们可以在网络上找到所需的详细资料。域名是上网单位和个人在网络上的重要标识，起着识别作用，便于他人识别和检索某一企业、组织或个人的信息资源，从而更好地实现网络上的资源共享。除了识别功能外，在虚拟环境中，域名还可以起到引导、宣传、代表等作用。

通俗地说，域名就相当于一个家庭的门牌号码，别人通过这个号码可以很容易地找到你。

以一个常见的域名为例来说明，百度网址是由两部分组成的，标号“baidu”是这个域名的主体，而最后的标号“com”则是该域名的后缀，代表这是一个 com 国际域名，是顶级域名。而前面的 www. 是网络名，为 www 的域名。表 6-1 列出了各种域名及其含义。

表 6-1　各种域名及其含义

国家顶级域名		通用顶级域名		新增顶级域名	
域名	含义	域名	含义	域名	含义
cn	中国	uk	英国	firm	公司、企业
fr	法国	us	美国	store	销售公司或企业
au	澳大利亚	com	商业组织	web	从事与 www 相关业务的单位
ca	加拿大	edu	教育机构	Art	从事文化娱乐的单位
jp	日本	gov	政府部门	Rec	从事休闲娱乐的单位
ch	瑞士	mil	军事机构	info	从事信息服务业务的单位
de	德国	net	网络服务商	Nom	个人
in	印度	org	非营利组织		

DNS 规定，域名中的标号都由英文字母和数字组成，每一个标号不超过 63 个字符，也不区分大小写字母。标号中除连字符(-)外不能使用其他的标点符号。级别最低的域名写在最左边，而级别最高的域名写在最右边。由多个标号组成的完整域名总共不超过 255 个字符。

近年来，一些国家也纷纷开发由本民族语言构成的域名，如德语、法语等。我国也开始使用中文域名，但可以预计的是，在我国国内今后相当长的时期内，以英语为基础的域名(即英文域名)仍然是主流。

3)E-mail 地址

发 E-mail 也要有一个地址，Internet 的电子邮箱地址(即 E-mail 地址)的基本组成格式为 somebody @ domain_name。

此处的 domain_name 为域名的标识符，也就是邮件必须要交付到的邮件目的地的域名。而 somebody 则是在该域名上的邮箱地址。后缀一般代表了该域名的性质与地区的代码。域名从技术上而言是一个邮件交换机，而不是一个机器名。

4)统一资源定位器

统一资源定位器(URL)，又称统一资源定位符。

URL 方案集，包含如何访问 Internet 上的资源的明确指令。

URL 是统一的，因为它们采用相同的基本语法，无论寻址哪种特定类型的资源(网页、新闻组)或描述通过哪种机制获取该资源。

对于 Intranet 服务器或万维网服务器上的目标文件，可以使用统一资源定位符(URL)地址(该地址以"http://"开始)。Web 服务器使用超文本传输协议(HTTP)，它是一种"幕后的"Internet 信息传输协议。Internet 中的常用协议如表 6-2 所示。

表 6-2　Internet 中的常用协议

协　议	描　述
HTTP	超文本传输协议
FTP	文件传输协议
gopher	Gopher 菜单系统
mailto	电子邮件系统
news	Usenet 新闻组
telnet	远程会话系统
wais	广域信息服务器
file	本地文本传输协议

URL 的一般格式为：

scheme://host:port/path? query#fragment

如在地址栏键入 http://www.sina.com.cn(新浪主页的 URL)即可进入新浪主页(见图 6-14)。

图 6-14　新浪主页

6.3.2　Internet 典型的信息服务

网上信息服务多种多样，常见的有 WWW 浏览、收发电子邮件、文件传输等。

1. www 浏览

www 是 world wide web 的缩写，称为全球信息网或万维网。www 是一个资料空间，在这个空间中，一样有用的事物，称为一样资源，并且由一个全域统一资源标识符（URL）标识。这些资源通过超文本传输协议传送给使用者，而后者通过单击链接来获得资源。从另一个观点来看，万维网是一个通过网络存取的互联超文件系统。万维网联盟（W3C），又称 W3C 理事会。1994 年 10 月在拥有“世界理工大学之最”称号的麻省理工学院（MIT）计算机科学实验室成立，建立者是万维网的发明者蒂姆・伯纳斯・李。

万维网常被当成因特网的同义词，不过其实万维网是靠着因特网运行的一项服务。

2. 收发电子邮件

电子邮件（E-mail，也被大家昵称为“伊妹儿”）又称电子信箱，它是一种用电子手段提供信息交换的通信方式，是 Internet 应用最广的服务。通过网络的电子邮件系统，用户可以用非常低廉的价格（不管发送到哪里，都只需负担电话费和网费即可），以非常快速的方式（几秒钟之内可以发送到世界上任何你指定的目的地），与世界上任何一个角落的网络用户联系，这些电子邮件可以是文字、图像、声音等各种方式。同时，用户可以得到大量免费的新闻、专题邮件，并轻松进行信息搜索。

用户可以通过在 Internet 上申请免费或收费邮箱来获取电子邮件服务。

3. 文件传输

FTP 是 file transfer protocol(文件传输协议)的英文简称,而中文简称为文传协议,用于在 Internet 上控制文件的双向传输。同时,它也是一个应用程序。用户可以通过它把自己的 PC 机与世界各地所有运行 FTP 协议的服务器相连,访问服务器上的大量程序和信息。FTP 的主要作用就是让用户连接一台远程计算机(这些计算机上运行着 FTP 服务器程序),查看远程计算机上有哪些文件,然后把文件从远程计算机上复制到本地计算机,或把本地计算机的文件送到远程计算机中。

6.3.3　在 Internet 中搜索信息

Internet 如同一个信息的海洋,在上面寻找所需要的东西,就好像大海捞针。怎样才能快速、准确地找到真正所需要的信息呢?而且 Internet 上的资源在不停地更新变化,如何才能掌握最新、最全面的资料?搜索引擎就是解决这个问题的一种有效途径。

1. 搜索引擎

搜索引擎是指根据一定的策略,运用特定的计算机程序搜集互联网上的信息,在对信息进行组织和处理后,并将处理后的信息显示给用户,是为用户提供检索服务的系统。

互联网发展早期,以雅虎为代表的网站分类目录查询非常流行。网站分类目录由人工整理维护,精选互联网上的优秀网站,并简要描述,分类放置到不同目录下。用户查询时,通过逐层单击来查找自己想找的网站。也有人把这种基于目录的检索服务网站称为搜索引擎,但从严格意义上讲,它并不是搜索引擎。

1990 年,加拿大麦吉尔大学计算机学院的师生开发出 Archie。当时,万维网还没有出现,人们通过 FTP 来共享、交流资源。Archie 能定期搜集并分析 FTP 服务器上的文件名信息,提供查找分别在各个 FTP 主机中的文件。用户必须输入精确的文件名进行搜索,Archie 告诉用户哪个 FTP 服务器能下载该文件。虽然 Archie 搜集的信息资源不是网页(HTML 文件),但和搜索引擎的基本工作方式是一样的:自动搜集信息资源、建立索引、提供检索服务。所以,Archie 被公认为现代搜索引擎的鼻祖。

2. Internet Explorer 提供的搜索功能

单击 Internet Explorer 工具栏中的搜索按钮,在浏览器窗口的左边打开搜索栏,然后再在搜索栏的文本框中输入所查找信息的关键字,然后再单击搜索按钮,稍后就会得到一个搜索结果 Web 地址的列表,在搜索列表中单击感兴趣的 Web 站点,就能进入该 Web 页。

3. 中文搜索引擎

随着 Internet 在中国的日益普及,网上的中文资源也以爆炸式几何级数的方式增长,对中文的检索需要也越来越强烈。在这种市场需求下,一些公司纷纷推出了中文搜索引擎服务,并且都取得了很好的成效。图 6-15 为百度搜索引擎。

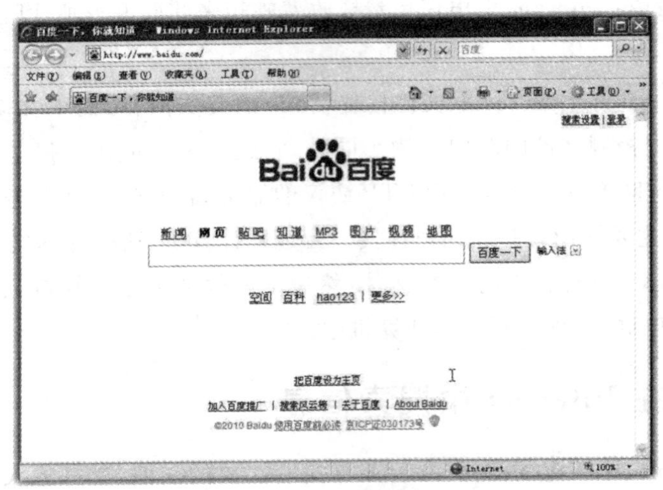

图 6-15　百度搜索引擎

6.4　信息系统安全

信息安全是指信息网络的硬件、软件及其系统中的数据受到保护，不被破坏、更改、泄露，系统连续可靠、正常地运行，信息服务不中断。

信息作为一种资源，它的普遍性、共享性、增值性、可处理性和多效用性，使其对于人类具有特别重要的意义。信息安全的实质就是要保护信息系统或信息网络中的信息资源免受各种类型的威胁、干扰和破坏，即保证信息的安全性。根据国际标准化组织的定义，信息安全性的含义主要是指信息的完整性、可用性、保密性和可靠性。信息安全是任何国家、政府、部门、行业都必须十分重视的问题，是一个不容忽视的国家安全战略。但是，对于不同的部门和行业来说，其对信息安全的要求和重点却是有区别的。

6.4.1　信息安全的基本概念

信息安全是指为保护计算机(硬件、软件、数据)不因偶然因素或恶意因素而遭到破坏、更改或泄漏所建立和采取的一种技术和管理手段。

信息安全是一门涉及计算机科学、网络技术、通信技术、密码技术、信息安全技术、应用数学、数论、信息论等多种学科的综合性学科。现在进入了信息时代，改革开放的深入发展，带来了各方面信息数量的急剧增加，对信息的传输的要求也越来越高。应对这样的市场要求，通信技术获得了飞速的发展，各种有线、无线信息技术得到广泛的应用。与此同时，信息安全成了社会关注的焦点。

1. 信息安全的内容

信息安全包括以下几个方面的内容。

保密性：防止系统内信息的非法泄露。

完整性：防止系统内软件(程序)与数据被非法删改和破坏。

有效性：要求信息和系统资源可以持续有效，而且授权用户可以随时随地以他所喜爱的方式存取资源。

一个安全的计算机信息系统对这三个目标都要支持。换句话说，一个安全的计算机信息系统保护它的信息和计算资源不被未授权访问、篡改，拒绝服务攻击。

2. 信息安全研究的问题

信息安全主要研究以下三个方面的问题：一是信息本身的安全，即在信息传输的过程中是否有人截获信息，尤其是重要文件的截获，造成泄密；另一个是信息系统或网络体系本身的安全，通常称为物理安全；再有一个就是要保障系统的安全运行。

1）信息本身的安全

信息本身的安全是指防止信息财产被故意地或偶然地非授权泄露、更改、破坏，或使信息被非法的系统辨识、控制。避免攻击者利用系统的安全漏洞进行窃听、冒充、诈骗等有损于合法用户的行为。

2）物理安全

物理安全是指保护计算机设备、设施（含网络）以及其他媒体免遭地震、水灾、火灾、有害气体和其他环境事故（如电磁污染等）破坏的措施、过程，特别是避免由于电磁泄漏产生信息泄露，从而干扰他人或受他人干扰。物理安全包括环境安全、设备安全和媒体安全三个方面。

3）运行安全

运行安全是指为保障系统功能的安全实现，提供一套安全措施来保护信息处理过程的安全。它侧重于保证系统正常运行，避免因为系统的崩溃和损坏而对系统所存储、处理和传输的信息造成破坏和使之损失。运行安全包括风险分析、审计跟踪、备份与恢复、应急四个方面。

我国施行的《计算机信息系统国际联网保密管理规定》和《商业密码管理条例》明确要求：凡涉及国家秘密的计算机信息不得直接或间接地与国际互联网或其他公共信息网络相连，必须实行物理隔离；凡涉及国家秘密的信息，不得在国际联网的计算机信息系统中存储、处理、传递；任何个人和单位不得在电子公告系统、聊天室、网络新闻组上发布、谈论和传播国家秘密信息。另外，中国有关部门规定，为了保护国家利益和经济安全，禁止中国公司购买包含外国设计的加密软件产品，国内任何组织和个人都不得出售外国商业性加密产品。

3. 信息安全问题产生的原因

1）计算机系统面临的威胁

计算机系统所面临的威胁主要有两种：自然威胁和人为威胁。

（1）自然威胁是不以人的意志为转移的、不可抗拒的自然事件对计算机系统的威胁。自然威胁可能来自于各种自然灾害、恶劣的场地环境、电磁辐射和电磁干扰以及设备自然老化等。

（2）人为威胁是由于人为因素，使得信息的保密性、完整性、可用性等受到损害，造成不可估量的损失。人为威胁又分为无意威胁和有意威胁两种。

2）安全缺陷

如果计算机系统和网络没有任何缺陷，那么恶意攻击者不可能对信息安全构成威胁。但是，现在所有的网络信息系统都不可避免地存在着缺陷。有些安全缺陷可以通过人为努力加以避免，但有些安全缺陷则是各种折中所必须付出的代价。例如：计算机的硬件存在易受自然灾害和人为破坏的缺陷；计算机操作系统存在大量的安全漏洞；计算机软件常常被留有“后门”；网络的拓扑结构存在安全缺陷；网络协议存在安全漏洞。这些也是产生安全问题不可忽视的重要原因。

6.4.2 黑客

黑客最早源自英文 hacker，早期在美国的电脑界是带有褒义的。但在媒体报道中，黑客一词往往指那些“软件骇客”。黑客一词，原指热心于计算机技术、水平高超的电脑专家，尤其是程序设计人员。但到了今天，黑客一词已被用于泛指那些专门利用电脑网络搞破坏或搞恶作剧的家伙。对这些人的正确英文叫法是 cracker，有人翻译成“骇客”。

1. 认识黑客

黑客是热衷研究、撰写程序的专才，精通各种计算机语言和系统，且必须具备乐于追根究底、穷究问题的特质。他们伴随着计算机和网络的发展而产生、成长。黑客对计算机有着狂热的兴趣和执着的追求，他们不断地研究计算机和网络知识，发现计算机和网络中存在的漏洞，喜欢挑战高难度的网络系统并从中找到漏洞，然后向管理员提出解决和修补漏洞的方法。

黑客的出现推动了计算机和网络的发展与完善。黑客的存在是由于计算机技术的不健全，从某种意义上来讲，计算机的安全需要更多黑客去维护。

但是到了今天，“黑客”一词已经被用于那些专门利用计算机进行破坏或入侵他人计算机的代言词，对这些人正确的叫法应该是 cracker，有人也翻译成“骇客”，也正是由于这些人的出现玷污了“黑客”一词，使人们把黑客和骇客混为一体，黑客被人们认为是在网络上进行破坏的人。

一个黑客即使从意识和技术水平上已经达到黑客水平，也决不会声称自己是一名黑客，因为黑客只有大家推认的，没有自封的，他们重视技术，更重视思想和品质。

在黑客圈中，hacker 一词无疑是带有正面的意义的，例如：system hacker 熟悉操作系统的设计与维护；password hacker 精于找出使用者的密码；若是 computer hacker，则是通晓计算机，可让计算机乖乖听话的高手。

黑客基本上是出于自己的兴趣，而非为了赚钱或工作需要。

根据开放原始码计划创始人 Eric Raymond 对此字的解释，hacker 与 cracker 是分属两个不同世界的族群，基本差异在于，hacker 是有建设性的，而 cracker 则是专门搞破坏的。

hacker 原意是指用斧头砍柴的工人，最早被引进计算机圈则可追溯自 1960 年。加州柏克莱大学计算机教授 Brian Harvey 在考证此字时曾写到，当时麻省理工学院的学生通常分成两派：一派是 tool，意指乖乖牌学生，成绩都拿甲等；另一派则是所谓的 hacker，也就是常逃课，上课爱睡觉，但晚上却又精力充沛喜欢搞课外活动的学生。

2. 黑客规范

尽管每个人的认识有所不同，但对于大多数成熟的黑客而言，他们一般都认同并遵守黑客规范。

黑帽子规范：藐视法律，做事不考虑任何约束的反面黑客。一旦发现漏洞，他们往往会私下传播利用，而不是向社会公布。

白帽子规范：一旦发现漏洞，他们先通知厂商，在发布修补补丁之前，他们不会公布漏洞，一般属于正面黑客行为。

灰帽子规范：介于两者之间，一旦发现漏洞，他们会向黑客群体发布，同时通知厂商，然后观察事态发展。

3. 黑客攻击工具

应该说，黑客很聪明，但是他们并不都是天才，他们经常利用别人在安全领域广泛使用的工具和技术。一般来说，他们如果不自己设计工具，就必须利用现成的工具。在网上，这种工具很多，从 SATAN、ISS 到非常短小实用的各种网络监听工具。

在一个 UNIX 系统中，入侵完成后，系统设置了大大小小的漏洞，完全清理这些漏洞是很困难的，这时候只能重装系统了。攻击者在网络中进行监听，得到一些用户的口令以后，只要有一个口令没有改变，那么系统仍然是不安全的，攻击者在任何时候都可以重新访问这个网络。

对一个网络，困难在于登录目标主机。登录上去以后有许多办法可以用。即使攻击者不做任何事，他仍然可以得到系统的重要信息，并扩散出去，例如，将系统中的 hosts 文件发散出去。严重的情况是，攻击者将得到的口令文件放在网络上进行交流。每个工具由于其特定的设计都有各自独特的限制，因此从使用者的角度来看，所有使用这种工具进行的攻击基本相同。

对于一个新的入侵者来说，他可能会按这些指导生硬地进行攻击，但结果经常令他失望。因为一些攻击方法已经过时了，而且这些攻击会留下攻击者的痕迹。事实上，管理员可以使用一些工具或者一些脚本程序，从系统日志中抽取有关入侵者的信息，这些程序只需具备很强的搜索功能即可（如 Perl 语言就很适合做这件事），当然这种情况下，要求系统日志没有遭到入侵。随着攻击者经验的增长，他们开始研究一整套攻击的特殊方法，其中一些方法与攻击者的习惯有关。由于攻击者意识到了一个工具除了它的直接用途之外，还有其他的用途，在这些攻击中使用一种或多种技术来达到目的，这种类型的攻击称为混合攻击。

攻击工具不局限于专用工具，系统常用的网络工具也可以成为攻击的工具。入侵者将监听程序安装在 UNIX 服务器上，对登录进行监听。

通过用户登录，把所监听到的用户名和口令保存起来，于是黑客就得到了账号和口令。

除了这些工具以外，入侵者还可以利用特洛伊木马程序。例如：攻击者运行了一个监听程序，但有时不想让别人从 ps 命令中看到这个程序在执行（即使给这个程序改名，它的特殊的运行参数也能使系统管理员一眼看出来这是一个网络监听程序）。

所谓黑客攻击工具，是指编写出来的用于进行网络攻击或信息收集的工具软件，包括端口扫描、监测系统等功能。有些是以恶意攻击为目的的攻击性软件，如木马程序、病毒程序、炸弹程序等。有的是为了破解某些软件或系统的密码而编写的，大都出于非正当的目的。

常见的黑客攻击工具有 BO、Smurf、NetBus、NetSpy、Backdoor 等。常见的木马有 BO、NetSpy、冰河、YAI、毒针等。

4. 黑客攻击的手段

黑客攻击手段可分为非破坏性攻击和破坏性攻击两类。非破坏性攻击一般是为了扰乱系统的运行，并不盗窃系统资料，通常采用拒绝服务攻击或信息炸弹；破坏性攻击是以侵入他人计算机系统、盗窃系统保密信息、破坏目标系统的数据为目的。下面为大家介绍四种黑客常用的攻击手段。

1）后门程序

程序员设计一些功能复杂的程序时，一般采用模块化的程序设计思想，将整个项目分割为多个功能模块，分别进行设计、调试，这时的后门就是一个模块的秘密入口。在程序开发阶段，后门便于测试、更改和增强模块功能。正常情况下，完成设计之后需要去掉各个模块的后门，不过有时由于疏忽或者其他原因（如将其留在程序中，便于日后访问、测试或维护），后门没有去掉，一些别有用心的人会利用穷举搜索法发现并利用这些后门，然后进入系统并发动攻击。

2）信息炸弹

信息炸弹是指使用一些特殊工具软件，短时间内向目标服务器发送大量超出系统负荷的信息，造成目标服务器超负荷、网络堵塞、系统崩溃的攻击手段。比如：向未打补丁的 Windows 95 系统发送特定组合的 UDP 数据包，会导致目标系统死机或重启；向某型号的路由器发送特定数据包致使路由器死机；向某人的电子邮件发送大量的垃圾邮件将此邮箱“撑爆”等。目前常见的信息炸弹有邮件炸弹、逻辑炸弹等。

3）拒绝服务

拒绝服务是使用超出被攻击目标处理能力的大量数据包消耗系统可用系统、带宽资源，最后致使网络服务瘫痪的一种攻击手段。攻击者首先需要通过常规的黑客手段侵入并控制某个网站，然后在服务器上安装并启动一个可由攻击者发出的特殊指令来控制进程，攻击者把攻击对象的 IP 地址作为指令下达给进程的时候，这些进程就开始对目标主机发起攻击。这种方式可以集中大量的网络服务器带宽，对某个特定目标实施攻击，因而威力巨大，顷刻之间就可以使被攻击目标带宽资源耗尽，导致服务器瘫痪。比如 1999 年美国明尼苏达大学遭到的黑客攻击就属于这种方式。

4）网络监听

网络监听是一种监视网络状态、数据流以及网络上传输信息的管理工具，它可以将网络接口设置为监听模式，并且可以截获网上传输的信息。也就是说，黑客登录网络主机并取得超级用户权限后，若要登录其他主机，使用网络监听可以有效地截获网上的数据，这是黑客使用最多的方法。但是，网络监听只能应用于物理上连接于同一网段的主机，通常被用做获取用户口令。

5. 黑客行为特征

黑客分为 hacker 和 craker。hacker 专注于研究技术，一般不去做破坏性的事；而 craker 则是人们常说的骇客，是专门以破坏计算机为目的的人。

黑客大体上应该分为“正”“邪”两类，正派黑客依靠自己掌握的知识帮助系统管理员找出系统中的漏洞并加以完善，而邪派黑客则是通过各种黑客技能对系统进行攻击、入侵或者做其他一些有害于网络的事情，因为邪派黑客所从事的事情违背了《黑客守则》，所以他们真正的名字叫“骇客”（cracker），而非“黑客”。

黑客的行为主要有以下几种。

1)学习技术

互联网上的新技术一旦出现,黑客就必须立刻学习,并用最短的时间掌握这些技术,这里所说的掌握并不是一般的了解,而是阅读有关的"协议",深入了解这些技术的机理。一旦停止学习,那么依靠他以前掌握的内容,并不能长久维持他的"黑客身份"。

今天的互联网给读者带来了很多信息,这就需要初学者进行选择,初学者不能贪多,应该尽量寻找一本完整的教材,循序渐进地进行学习。

2)伪装自己

黑客的一举一动都会被服务器记录下来,所以黑客必须伪装自己使得对方无法辨别其真实身份,这需要有熟练的技巧,用来伪装自己的 IP 地址、使用跳板逃避跟踪、清理记录扰乱对方线索、巧妙躲开防火墙等。

伪装是需要非常过硬的基本功才能实现的,初学者不可能在短时间内学会伪装。

3)发现漏洞

漏洞对于黑客来说是最重要的信息,黑客要经常学习别人发现的漏洞,并努力寻找未知漏洞,从海量的漏洞中寻找有价值的、可被利用的漏洞进行试验,当然他们最终的目的是利用漏洞进行破坏或者修补这个漏洞。

黑客对寻找漏洞的执着是常人难以想象的,黑客也用自己的实际行动向世人印证了这一点——世界上没有"不存在漏洞"的程序。在黑客眼中,所谓的"天衣无缝"不过是"没有找到"而已。

4)利用漏洞

对于正派黑客来说,漏洞要被修补;对于邪派黑客来说,漏洞要用来搞破坏。而他们的基本前提是"利用漏洞",黑客利用漏洞可以做下面的事情。

(1)获得系统信息:有些漏洞可以泄露系统信息,暴露敏感资料,从而进一步入侵系统。

(2)入侵系统:通过漏洞进入系统内部,或取得服务器上的内部资料或完全掌管服务器。

(3)寻找下一个目标:一个胜利意味着下一个目标的出现,黑客应该充分利用自己已经掌管的服务器作为工具,寻找并入侵下一个系统。

(4)做一些好事:正派黑客在完成上面的工作后,就会修复漏洞或者通知系统管理员,做出一些维护网络安全的事情。

(5)做一些坏事:邪派黑客在完成上面的工作后,会判断服务器是否还有利用价值。如果有利用价值,他们会在服务器上植入木马或者后门,便于下一次来访;而对没有利用价值的服务器,他们决不留情。

6. 著名黑客事件

1983 年,凯文・米特尼克使用大学里的一台计算机擅自进入今日互联网的前身 ARPA 网,并通过该网进入了美国五角大楼的计算机,因此被判在加州的青年管教所管教了 6 个月。

1988 年,凯文・米特尼克被执法当局逮捕,原因是:DEC 指控他从公司网络上盗取了价值 100 万美元的软件,并造成了 400 万美元的损失。

1993 年，自称为“骗局大师”的组织将目标锁定美国电话系统，这个组织成功入侵美国国家安全局和美利坚银行，他们建立了一个能绕过长途电话呼叫系统而侵入专线的系统。

1995 年，来自俄罗斯的黑客弗拉季米尔·列宁在互联网上上演了精彩的偷天换日，他是历史上第一个通过入侵银行计算机系统来获利的黑客。1995 年，他侵入美国花旗银行并盗走一千万元，他于 1995 年在英国被国际刑警逮捕，之后，他把账户里的钱转移至美国、芬兰、荷兰、德国、爱尔兰等地。

1999 年，梅利莎病毒(Melissa)使世界上 300 多家公司的计算机系统崩溃，该病毒造成的损失接近 4 亿美元，它是首个具有全球破坏力的病毒，该病毒的编写者戴维·斯密斯在编写此病毒的时候年仅 30 岁。戴维·斯密斯被判处 5 年徒刑。

年仅 15 岁，绰号黑手党的男孩在 2000 年 2 月 6 日到 2000 年 2 月 14 日期间成功侵入包括雅虎、eBay 和 Amazon 在内的大型网站服务器，他成功阻止服务器向用户提供服务，他于 2000 年被捕。

2000 年，日本右翼势力在大阪集会，称南京大屠杀是“20 世纪最大谎言”，公然为南京大屠杀翻案，在中国政府和南京等地的人民抗议的同时，内地网虫和海外华人黑客也没有闲着，他们多次进攻日本网站，用实际行动回击日本右翼的丑行。据日本媒体报道，日本总务厅和科技厅的网站被迫关闭，日本政要对袭击浪潮表示遗憾。

中美撞机事件发生后，中美黑客之间发生的网络大战愈演愈烈。自 2001 年 4 月 4 日以来，美国黑客组织不断袭击中国网站。对此，我国的网络安全人员积极防备美方黑客的攻击。中国一些黑客组织则在“五一”期间打响了“黑客反击战”。

2002 年 11 月，伦敦黑客 Gary McKinnon 在英国被指控侵入美国军方 90 多个计算机系统。

2006 年 10 月 16 日，中国骇客 whboy(李俊)发布“熊猫烧香”木马，在短短时间内，致使中国数百万用户受到感染，并波及周边国家，比如日本。他于 2007 年 2 月 12 日被捕。

2007 年 4 月 27 日，爱沙尼亚拆除苏军纪念碑以来，该国总统和议会的官方网站、政府各大部门网站、政党网站的访问量就突然激增，服务器由于过于拥挤而陷于瘫痪。全国 6 大新闻机构中有 3 家遭到攻击，此外还有两家全国最大的银行和多家从事通信业务的公司网站纷纷中招。

2007 年，俄罗斯黑客成功劫持 Windows Update 下载器。根据 Symantec 研究人员的消息，他们发现已经有黑客劫持了 BITS，可以自由控制用户下载更新的内容，而 BITS 是完全被操作系统安全机制信任的服务，连防火墙都没有任何警觉。这意味着利用 BITS，黑客可以很轻松地把恶意内容以合法的手段下载到用户的计算机上并执行。

2007 年，中国 QQ 网名为 The Silent's(折羽鸿鹄)和孤独懒人的黑客在 6 月至 11 月成功侵入包括 CCTV、TOM 等在内的中国大型门户服务器。

2008 年，一个全球性的黑客组织利用 ATM 欺诈程序在一夜之间从世界 49 个城市的银行中盗走了 900 万美元。黑客们攻破的是一种名为 RBS WorldPay 的银行系统，取得了数据库内的银行卡信息，并在 11 月 8 日午夜，利用团伙作案从世界 49 个城市总计超过 130 台 ATM 机上提取了 900 万美元。

2009 年 7 月，韩国遭受有史以来最猛烈的一次攻击，韩国总统府、国会、国情院和国防部等国家机关，以及金融界、媒体和防火墙企业网站被攻击。

2010 年 1 月 12 日上午 7 点钟开始，全球最大中文搜索引擎“百度”遭到黑客攻击，长时间无法正常访问，主要表现为跳转到雅虎出错页面、伊朗网军图片，出现“天外符号”等，范围涉及四川、福建、江苏、吉林、浙江、北京、广东等省市。这次攻击百度的黑客疑似来自境外，利用了 DNS 记录篡改的方式。这是自百度建立以来所遭遇的持续时间最长、影响最严重的黑客攻击，网民访问百度时，会被定向到一个位于荷兰的 IP 地址，百度旗下所有子域名均无法正常访问。

7. 防御黑客入侵的方法

1）实体安全的防范

实体安全的防范主要包括控制机房、网络服务器、线路和主机等的安全。加强对实体安全的检查和监护是网络维护的首要和必备措施。除了做好环境的安全保卫工作以外，更主要的是对系统进行整体的动态监控。

2）基础安全防范

用授权认证的方法防止黑客和非法使用者进入网络并访问信息资源，为特许用户提供符合身份的访问权限并有效地控制权限。

利用加密技术对数据和信息传输加密，解决密钥管理和权威部门的密钥分发工作，保证信息的完整性，进行数据加密传输、密钥解读和数据存储加密等安全控制。

3）内部安全防范机制

内部安全防范机制主要是预防和制止内部信息资源或数据的泄露，防止他人从内部把“堡垒”攻破。该机制的主要作用是：保护用户信息资源的安全；防止和预防内部人员的越权访问；对网内所有级别的用户进行实时监测；提供全天候动态检测和报警功能；提供详尽的访问审计功能。

参考文献

[1] 郭建伟,向渝霞.大学计算机应用基础[M].北京:清华大学出版社,2010.

[2] 陈勇.计算机基础[M].天津:天津科学技术出版社,2011.

[3] 王家海,邓长春.计算机基础[M].沈阳:东北大学出版社,2010.

[4] 单继周,程建军,莫小群.计算机应用基础[M].成都:电子科技大学出版社,2011.

[5] 郭秀娟,王祥瑞,张树彬.大学计算机基础[M].北京:清华大学出版社,2012.

[6] 聂丹,宁涛.计算机应用基础[M].北京:北京大学出版社,2010.

[7] 边新红,刘玉章.计算机基础[M].北京:机械工业出版社,2012.

[8] 刘宏.计算机应用基础[M].北京:机械工业出版社,2010.